水利工程
管理与施工技术研究

陆相荣 著

吉林科学技术出版社

图书在版编目（CIP）数据

水利工程管理与施工技术研究 / 陆相荣著. -- 长春：
吉林科学技术出版社，2022.9
ISBN 978-7-5578-9767-3

Ⅰ．①水… Ⅱ．①陆… Ⅲ．①水利工程管理－研究②
水利工程－工程施工－研究 Ⅳ．①TV6②TV52

中国版本图书馆 CIP 数据核字(2022)第 179477 号

水利工程管理与施工技术研究

著　　　陆相荣
出 版 人　宛　霞
责任编辑　周振新
封面设计　南昌德昭文化传媒有限公司
制　　版　南昌德昭文化传媒有限公司
幅面尺寸　185mm×260mm
字　　数　360 千字
印　　张　16.75
印　　数　1－1500 册
版　　次　2022年9月第1版
印　　次　2023年4月第1次印刷

出　　版　吉林科学技术出版社
发　　行　吉林科学技术出版社
地　　址　长春市福祉大路5788号
邮　　编　130118
发行部电话/传真　0431-81629529 81629530 81629531
　　　　　　　　　81629532 81629533 81629534
储运部电话　0431-86059116
编辑部电话　0431-81629518
印　　刷　三河市嵩川印刷有限公司

书　　号　ISBN 978-7-5578-9767-3
定　　价　120.00元

《水利工程管理与施工技术研究》
编审会

前　言

　　水是国民经济的命脉，也是人类发展的命脉。水利水电建设关乎国计民生，水利水电工程是我国最重要的基础设施工程建设之一，对于我国经济发展、人民日常生活都具有重要作用。

　　在我国社会经济发展的推动下，我国水利工程蓬勃发展，取得了一定的成就。随着我国人民生活水平的不断提高，对水利工程的建设也提出了新的要求。为适应时代背景下的水利工程发展要求，实现水利工程的现代化，必须确保水利工程的质量符合标准。

　　水利工程施工是按照设计提出的工程结构、数量、质量、进度及造价等要求修建水利工程的工作。水利工程的运用、操作、维修以及保护工作，是水利工程管理的重要组成部分，水利工程建成后，必须通过有效的管理，才能够实现预期的效果和验证原来规划、设计的正确性；工程管理的基本任务是保持工程建筑物和设备的完整、安全，使其处于良好的技术状况；正确运用水利工程设备，以控制、调节、分配、使用水资源，充分发挥其防洪，灌溉、供水、排水、发电、航运、环境保护等效益。

　　本书是根据多年的实践经验编著而成的，包括包括的内容，分别是：水利基础知识、防汛抢险，水利工程施工组织，施工导流、堤防施工，水闸施工、土石方施工混凝土施工、钢筋施工，水利工程质量，水利工程管理、水利工程招投标，水利工程合同管理，施工安全管理、风险与信息管理、工程资料整编等。

　　本书在编写过程中参考和引用大量的教材、专著和其他资料，在此仅向这些文献的作者表示衷心的感谢。对所有关心、支持本书编写的人员，在此一并表示衷心的感谢！

　　由于时间仓促，编者水平有限，缺点和错误在所难免，恳请广大读者批评指正。

目　录

第一章 水利工程管理概述

第一节 水利工程管理的基本概念

一、工程

（一）工程的定义

工程是应用科学、经济、社会和实践知识，以创造、设计、建造、维护、研究、完善结构、机器、设备、系统、材料以及工艺。术语"工程"（engineering）是从拉丁语"ingenium"和"ingeniare"派生而来的，前者意指"聪明"，后者指"图谋、制定"。工程也就是科学和数学的某种应用，通过这一应用，使自然界的物质和资源的特性能够通过各种结构、机器、产品、系统和过程，以最短的时间和精而少的人力作出高效、可靠且对人类有用的东西。工程初始含义是有关兵器制造、具有军事目的的各项应用（如成立于19世纪美国著名的工程机构"美国陆军工程兵团"，USACE，U.S.Army Corps of Engineers），后来随社会进步扩展到许多领域，如建筑屋宇、制造机器、架桥修路等。

（二）工程的内涵和外延

从工程的定义可知，工程的内涵包括两个方面：各种知识的应用和材料、人力等某种组合以达到一定功效的过程。所以，工程活动具有"狭义"和"广义"之分。狭义工程指将某个（或某些）现有实体（自然的或人造的）转化为具有预期使用价值的人造产品过程；就广义而言，工程则定义是由一群人为达到某种目的，在一个较长时间周期内进行协作活动的过程。工程学即指将自然科学的理论应用到具体工农业生产部门中形成的各学科的总称。根据工程特征，传统工程可分为四类：化学工程、土木工程（水利工程是其一个分支）、电气工程、机械工程。随着科学技术的发展和新领域的出现，产生了新的工程分支，如人类工程、地球系统工程等。实际建设工程是以上这些工程的综合。

二、水利工程

（一）水利工程的含义

水利工程是用于控制和调配自然界的地表水和地下水，达到了除害兴利目的而修建的工程，也称为水工程，包括防洪、排涝、灌溉、水力发电、引（供）水、滩涂治理、水土保持、水资源保护等各类工程。水是人类生产和生活必不可少的宝贵资源，但其自然存在的状态并不完全符合人类的需要。只有修建水利工程，才能控制水流，防止洪涝灾害，并进行水量的调节和分配，以满足人民生活和生产对水资源的需要。水利工程主要服务于防洪、排水、灌溉、发电、水运、水产、工业用水、生活用水和改善环境等方面。

（二）我国水利工程的分类

水利工程的分类可以有两种方式：从投资和功能进行分类。

1. 按照工程功能或服务对象可分为以下六大类：

①防洪工程：防止洪水灾害的防洪工程；

②农业生产水利工程：为农业、渔业服务的水利工程总称，具体包括以下几类：农田水利工程：防止旱、涝、渍灾，为农业生产服务的农田水利工程（或称灌溉和排水工程）；渔业水利工程：保护和增进渔业生产的渔业水利工程；海涂围垦工程：围海造田，满足工农业生产或交通运输需要的海涂围垦工程等。

③水力发电工程：将水能转化为电能的水力发电工程；

④航道和港口工程：改善和创建航运条件的航道和港口工程；

⑤供（排）水工程：为了工业和生活用水服务，并处理和排除污水和雨水的城镇供水和排水工程；

⑥环境水利工程：防止水土流失和水质污染，维护生态平衡的水土保持工程和环境水利工程。

一项水利工程同时为防洪、灌溉、发电、航运等多种目标服务的，称为综合利用水利工程。

2. 按照水利工程投资主体的不同性质，水利工程可以区分这样几种不同的情况：

①中央政府投资的水利工程。这种投资也称国有工程项目。这样的水利工程一般都是跨地区、跨流域，建设周期长、投资数额巨大的水利工程。对社会和群众的影响范围广大而深远，在国民经济的投资中占有一定比重，其产生的社会效益和经济效益也非常明显。如黄河小浪底水利枢纽工程、长江三峡水利枢纽工程、南水北调工程等。

②地方政府投资兴建的水利工程。有一些水利工程属地方政府投资的，也属国有性质，仅限于小流域、小范围的中型水利工程，但其作用并不小，在当地发挥的作用相当大，不可忽视。也有一部分是国家投资兴建的，之后又交给地方管理的项目，这也属于地方管辖的水利工程。如陆浑水库、尖岗水库等。

③集体兴建的水利工程。这是计划经济时期大集体兴建的项目，由于农村经济体制改革，又加上长年疏于管理，这些工程有的已经废弃，有的处于半废状态，只有一

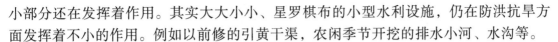

小部分还在发挥着作用。其实大大小小、星罗棋布的小型水利设施，仍在防洪抗旱方面发挥着不小的作用。例如以前修的引黄干渠，农闲季节开挖的排水小河、水沟等。

④个体兴建的水利工程。这是在改革开放之后，尤其是在 20 世纪 90 年代之后才出现的。这种工程虽然不大，但一经出现便表现出很强的生命力，既有防洪、灌溉功能，又有恢复生态的功能，还有旅游观光的功能，工程项目管理得也好，这正是我们局部地区应当提倡和兴建的水利工程。但是，政府在这方面要加强宏观调控，防止盲目重复上马。

（三）我国水利工程的特征

水利工程原是土木工程的一个分支，但随着水利工程本身的发展，逐渐具有自己的特点，以及在国民经济中的地位日益重要，并成为一门相对独立的技术学科，具有以下几大特征。

1. 规模大，工程复杂

水利工程一般规模大，工程复杂，工期较长。工作中涉及天文地理等自然知识的积累和实施，其中又涉及各种水的推力、渗透力等专业知识与各地区的人文风情和传统。水利工程的建设时间很长，需要几年甚至更长的时间准备和筹划，人力物力的消耗也大。例如丹江口水利枢纽工程、三峡工程等。

2. 综合性强，影响大

水利工程的建设会给当地居民带来很多好处，消除自然灾害。可是由于兴建会导致人与动物的迁徙，有一定的生态破坏，同时也要与其他各项水利有机组合，符合国民经济的政策。为了使损失和影响面缩小，就需要在工程规划设计阶段系统性、综合性地进行分析研究，从全局出发，统筹兼顾，达到经济以及社会环境的最佳组合。

3. 效益具有随机性

每年的水文状况或其他外部条件的改变会导致整体的经济效益的变化。农田水利工程还与气象条件的变化有密切联系。

4. 对生态环境有很大影响

水利工程不仅对所在地区的经济和社会产生影响，而且对江河、湖泊以及附近地区的自然面貌、生态环境、自然景观都将产生不同程度的影响。甚至会改变当地的气候和动物的生存环境。这种影响有利有弊。

从正面影响来说，主要是有利于改善当地水文生态环境，修建水库可以将原来的陆地变为水体，增大水面面积，增加蒸发量，缓解局部地区在温度和湿度上的剧烈变化，在干旱和严寒地区尤为适用；可以调节流域局部小气候，主要表现在降雨、气温、风等方面。由于水利工程会改变水文和径流状态，因此会影响水质、水温和泥沙条件，从而改变地下水补给，提高地下水位，影响土地利用。

从负面影响来说，因为工程对自然环境进行改造，势必会产生一定的负面影响。以水库为例，兴建水库会直接改变水循环和径流情况。从国内外水库运行经验来看，蓄水后的消落区可能出现滞流缓流，从而形成岸边污染带；水库水位降落侵蚀，会导致水土流失严重，加剧地质灾害发生；周围生物链改变、物种变异，影响生态系统稳定。

任何事情都有利有弊，关键在于如何最大限度地削弱负面影响，随着技术的进步，水利工程的作用，不仅要满足日益增长的人民生活和工农业生产发展对水资源的需要，而且要更多地为保护和改善环境服务。

（四）我国水利工程规模、质量、效益等基本情况

经过几十年的投资建设，我国兴建许多大大小小的水利工程，小到农村的蓄水库，大到三峡大坝、南水北调等大型水利工程，形成47万多个水利工程管理单位，并且形成的固定资产达到了数千亿元，集排涝、发电、灌溉、供水、防洪、养殖、旅游、水运等功能，为国民经济发展和居民生活改善发挥了基础性的决定作用。从工程具体功能来说，我国可分为九大水利工程，即水库、水电站、水闸、堤防、泵站、灌溉排水渠系、取水井、农村供水、塘坝与窖池。分析这些水利工程的数量、分布、规模等对水利工程管理政策和发展战略形成是非常必要的。

1. 水库

水库是指在河道、山谷或低洼地带修建挡水坝或堤堰形成的具有拦洪蓄水和调节水流功能的水利工程。作为水资源开发利用最为重要的水利工程，水库对地表水资源的调控作用是其他工程不可替代的。大中型水库主要集中在大江大河上，对大江大河水资源的开发利用起着极为重要的调控作用。小型水库主要分布在中小河流上，数量众多，分布较广，对于中小河流水资源开发利用起着重要作用。

据普查统计，全国共有库容10万立方米及以上的水库大约为9.8万座，其中，大型水库数、总库容分别占全国水库总量和总库容的0.77%、80%。其余均为中、小型水库。全国大多数水库以防洪、发电、灌溉和供水为主要功能，占全国水库总数量的98.3%。从水库规模看，以灌溉为主的水库，多为小型水库，水库数量较多，但库容较小；以发电和防洪为主的水库多为大型水库，其水库的总库容较大，但数量较少，尤其是以发电为主的水库数量仅占全国水库总数量的5.0%。从水库的调节能力来看，除辽河区、海河区和黄河区的水库调节能力达到40%以上，其他各区的水库调节能力均不到20%，尤其西南诸河区的水库调节能力仅为5.3%。

从水资源一级区看，南方地区的水库数量和总库容明显高于北方地区，南方4区水库占全国水库数量和总库容的79.8%和67.4%；北方6区水库占全国水库数量和总库容的20.2%和32.6%。南方地区大型水库的数量也明显多于北方地区，是北方地区大型水库数量的1.73倍。从省级行政区看，水库主要分布在中南地区和华东地区的湖南、江西、广东、四川、湖北、山东和云南7省，占全国水库总数量的61.7%。

2. 水电站

总体上我国水力资源的开发程度较高，技术可开发量已达到50%以上，其中大部分在70%以上。水电站再开发的整体潜力不大，但部分河流仍具备开发大中型水电站的条件，如长江干流和雅砻江等。

据统计，全国共有水电站4.67万座，装机容量3.3亿千瓦，其中，装机容量500千瓦及以上的水电站和装机容量分别占全国水电站总数量以及总装机容量的47.5%和98.3%；装机容量小于500千瓦的水电站和装机容量分别占全国水电站总数量和总装

机容量的 52.5% 和 1.7%。

从水资源一级区看，北方 6 区水电站和装机容量分别占了全国水电站数量和装机容量的 8.6% 和 15.2%；南方 4 区水电站和装机容量分别占 91.4% 和 84.8%。南方地区的水电站数量远高于北方地区，其大型水电站的数量也较多，是北方地区大型水电站数量的 3.36 倍。大型水电站主要分布在长江区、黄河区和珠江区。

长江区和珠江区的区域面积大，河流水系发达，降雨量多且经济发展水平高，其水电站的数量和规模占全国的比重较大；松花江区、辽河区和海河区虽经济相对发达，但降雨较少，区域地形平缓，所建设的水电站数量较少，且规模较小。

从省级行政区看，水电站主要分布在雨量丰沛、河流众多、落差较大、水力资源蕴藏量丰富、宜于水电站开发的广东、四川、福建、湖南和云南 5 省，分别占全国水电站数量的 56%；装机容量较大的是四川、云南和湖北 3 省，分别占全国水电站装机容量的 51.6%。其中四川和云南是我国水能资源的开发基地。

3. 水闸

水闸是指修建在河道和渠道上利用闸门控制流量和调节水位的低水头水工建筑物，起到防洪、蓄水和通航等作用。根据工程承担的任务，水闸分为节制闸、分（泄）洪闸、引（进）水闸、排（退）水闸、挡潮闸 5 类。其中，节制闸数量最多，占全国水闸总数的 56.8%；其次是排水闸、引（进）水闸，分别占了全国的 17.7% 和 11.3%；最小的是分（泄）洪闸和挡潮闸，分别占全国的 8.2% 和 6%。从水资源空间分布看，引（进）水闸主要分布在长江区和淮河区，节制闸主要分布在长江区和淮河区，排（退）水闸主要分布在长江区和珠江区，分（泄）洪闸主要分布在长江区和珠江区，挡潮闸主要分布在珠江区和东南诸河区。从水闸数量和规模来看，小型引（进）水闸数量较多，引水能力较大，大中型引（进）水闸数量较少，引水能力较小。

从水资源一级区看，南北方水闸数量差异较小，南方 4 区略高于北方 6 区。南方 4 区的水闸占全国的 58.5%，其中长江区数量较多，占全国的 39.4%；北方 6 区水闸占全国的 41.5%，其中淮河区数量较多，占全国的 20.9%。从省级行政区看，水闸主要分布在河流水系发达、降雨丰沛的江苏、湖南、浙江、广东和湖北 5 省，共占全国水闸数量的 54.8%。

4. 堤防

沿河、渠、湖、海岸或行洪区、分洪区、围垦区的边缘修筑的挡水建筑物统称为堤防。这是世界上最早广为采用的一种重要防洪工程，堤防工程的类型较多，可分为河（江）堤、湖堤、海堤和围（圩、圈）堤 4 种类型。据统计，我国堤防总长度为 41.4 万公里，其中 5 级及以上堤防长度占全国堤防总长度的 66.6%，达标率 61.6%；5 级以下的堤防占全国堤防总长度的 33.4%。总体上，堤防级别越高达标率越高，1、2 级堤防多建在大江大河及重要河流上，达标率较高，防洪安全保障程度相对较高；3、4、5 级堤防多建在中小河流上，其达标率较低，抗洪水风险能力较低。其中，河（江）堤数量最多，占全国堤防的 83.2%，达标率 60%；湖堤占全国堤防的 2%，达标率 42.1%；海堤占全国堤防的 3.7%，达标率 68.7%；围（圩、圈）堤占全国堤防的 11%，达标率 74.8%。

从省级行政区看，堤防主要分布在河流湖泊众多、经济相对发达的华东地区和中南地区，包括江苏、山东、广东、安徽、河南、湖北和浙江 7 省，其长度共占全国的 61.3%，达标率 60.9%。但由于各地区地理位置和河流分布情况存在差异，不同类型的堤防呈现不同的分布特点，其中，河（江）堤主要分布在江苏、山东、河南、安徽、广东以及湖北 6 省，其总长度占全国河（江）堤的 51.2%；湖堤主要分布在湖北、江苏和安徽 3 省，总长度占全国湖堤的 61.7%；海堤主要分布在浙江和广东 2 省，总长度占全国海堤的 51.5%；围（圩、圈）堤主要分布在江苏省的河网地区，总长度占全国围（圩、圈）堤的 68.9%。

5. 泵站

据统计，全国共有泵站 42.43 万处。其中，装机流量 1 立方米／秒及以上或装机功率 50 千瓦及以上的泵站占全国泵站总数的 21%，并且绝大多数为小型泵站，占了 95.5%，大、中型泵站总共只占 4.5%；装机流量 1 立方米／秒以下且装机功率 50 千瓦以下的泵站占全国泵站的 79%。对于装机流量 1 立方米／秒及以上或装机功率 50 千瓦及以上的泵站，根据其用途，又分为供水泵站、排水泵站和供排结合泵站 3 种类型，所占比例分别为 52%、38%、10%。

从水资源一级区看，南方地区各种类型泵站数量都远高于北方地区。南方 4 区河流水系发达，降雨丰沛，水资源蕴藏量大，泵站数量较多，占全国的 61.2%，其中长江区泵站数量最多，占全国的 49.6%；北方 6 区泵站占全国的 38.8%，其中淮河区泵站数量最多，占全国的 19.5%。大型泵站主要分布在长江区、淮河区和珠江区，南方地区和北方地区的数量相差较小。从省级行政区看，泵站主要分布在江苏、湖北、安徽、湖南和四川 5 省，总数占全国的 54.1%。

6. 灌溉排水工程

①灌溉面积数量及分布。据统计，全国共有灌溉面积 10.00 亿亩，其中，耕地灌溉面积 9.22 亿亩，占全国灌溉面积的 92.2%；园林草地等非耕地灌溉面积 0.78 亿亩，占全国灌溉面积的 7.8%。按水源工程类型分，有水库灌溉、塘坝灌溉、河湖引水闸（坝、堰）灌溉、河湖泵站灌溉、机电井灌溉等，和利用多种水源工程灌溉。在各类水源灌溉面积中，以机电井灌溉面积和河湖引水闸（坝、堰）灌溉面积为主，两类合计为 6.33 亿亩，其中机电井灌溉面积主要分布在华北、东北地区，河湖引水闸（坝、堰））灌溉面积分布在西北和华东地区。

灌溉面积最多的 8 个省（自治区），分别为新疆、山东、河南、河北、黑龙江、安徽、江苏、内蒙古，其灌溉面积合计占全国的 55.5%。除了新疆，这些省份皆属粮食主产区，大部分地处河流冲积平原，灌溉水源条件好，灌排基础设施比较雄厚，灌溉历史悠久，同时辖区面积较大，其灌溉面积、耕地灌溉面积均较大。新疆灌溉面积达到 9000 多万亩，位列全国第一。

从水资源一级区来分析，耕地面积分布不均衡，水资源时空分布不协调，北方 6 区灌溉面积占全国的 63%；南方 4 区灌溉面积占全国的 37%。其中，长江区的灌溉面积最大，占全国的 24.8%；其次是淮河区，占全国的 18.1%。西南诸河区的灌溉面积最小，仅占全国灌溉面积的 1.8%。不同水源工程灌溉面积中，长江区的水库、塘坝、河湖引水闸、河湖泵站灌溉面积最大，且所占比例相近，约占 1/4；西北诸河区以河湖引水闸（坝、堰）灌溉面积为主，海河区、辽河区、松花江区以机电井灌溉面积为主；黄河区以机电井和河湖引水闸（坝、堰）灌溉面积为主；淮河区以机电井和河湖泵站灌溉面积为主；东南诸河区以水库和河湖引水闸（坝、堰）灌溉面积为主；珠江区以水库和河湖引水闸（坝、堰）灌溉面积为主；西南诸河和西北诸河区都以河湖引水闸（坝、堰）灌溉面积为主。

②灌区数量与分布。据统计，全国共有 50 亩及以上的灌区 206.6 万处，灌溉面积 8.43 亿亩，占全国灌溉面积的 84.3%。其中，大、中型灌区现状灌溉面积与小型灌区现状灌溉面积基本各占我国灌溉面积的一半。

灌区数量超过 10 万处的有河南、河北、内蒙古、安徽、山东、黑龙江等省（自治区），6 省（自治区）灌区数量之和占全国 50 亩及以上灌区总数的 64.45%。新疆、山东、河南等省区灌溉面积较大，共占全国 50 亩及以上灌区灌溉面积的 26%；上海、北京城镇化水平高，耕地面积少，故两市灌区灌溉面积都少。

③灌区灌排渠系。灌区灌排渠系包括灌溉渠道及建筑物、灌排结合渠道及建筑物灌区、排水沟及建筑物三类。

灌溉渠道及建筑物。全国 2000 亩和以上灌区的灌溉渠道 82.97 万条，总长度 114.83 万公里，渠系建筑物合计 310.79 万座。灌区灌溉渠道总长度较长的有新疆、湖南、江苏、湖北、甘肃等省（自治区），其中新疆最长，占全国灌溉渠道总长度的 16.5%。灌溉渠系建筑物数量较多的省（自治区）为新疆、甘肃、江苏、湖南、湖北，5 省（自治区）合计建筑物数量占全国灌溉渠系建筑物数量的 55.3%。

灌排结合渠道及建筑物。沿江、沿湖以及河网地区的一些渠道既承担引水灌溉的任务，又承担排水、排涝的功能，这种既灌溉又排水的渠系称之为灌排结合渠道。全国 2000 亩及以上灌区共有灌排结合渠道 45.20 万条、总长度 51.64 万公里、渠系建筑物 120.41 万座。灌排结合渠道长度较长的主要分布在湖北、湖南、山东、江苏、安徽等省，其中湖北、湖南最长，两省灌排结合渠道总长度占全国的 33.7%。上海、宁夏无灌排结合渠道。

灌区排水沟及建筑物。灌区排水沟主要用于农田除涝、排渍、防盐，有时也起到蓄水和滞水作用。排水沟主要分布在江苏、湖南、湖北、山东、安徽等省，5 省的排水沟长度占全国排水沟长度的 65.6%。其中，江苏省排水沟长度最长，主要是由于省内河网密布、湖泊众多，平原洼地多，降雨过多或过于集中，容易形成涝渍，需及时排除地表水和地下水以控制地下水位。排水沟建筑物数量分布与排水沟长度分布一致，主要集中在江苏、湖北、湖南等。

7. 取水井工程

取水井分为机电井和人力井。机电井是指电动机、柴油机等动力机械带动水泵抽取地下水的水井；人力井是指以人力或畜力提取地下水的水井，如手压井、轴辘井等。其中机电井按不同的规模标准划分为规模以上机电井和规模以下机电井，井口井管内径 200 毫米及以上的灌溉机电井和日取水量 20 立方米及以上的供水机电井为规模以上机电井。规模以上机电井占取水井总数的 4.6%；规模以下机电井占取水井总数的

50.6%；人力井占总数的 44.8%。

从取水井的取水用途看，规模以上机电井以灌溉用途为主，规模以下机电井以生活和工业供水为主，人力井主要用来生活供水。全国灌溉井占地下水取水井总数的8.7%；生活及工业用途供水井占地下水取水井总数的 91.3%。从所取用的地下水类型看，浅层地下水取水井占地下水取水井总数的 99.7%；深层承压水取水井占地下水取水井总数的 0.3%，全部为规模以上机电井。

从水资源分区看，全国地下水取水井数量呈现北方多、南方少的特点，尤其是规模以上机电井，北多南少的特征更为明显。从取水井总数而言，南北方差异不大，北方略多于南方。北方 6 区地下水取水井数量占地下水取水井总数的 55.5%；南方 4 区取水井数量占总数的 44.5%。规模以上机电井主要集中在北方，尤其集中在黄淮海地区。其中，北方 6 区规模以上机电井占全国总数的 96.2%；南方 4 区占全国总数的 3.8%。北方规模以下机电井略多于南方，南北方人力井数量基本相当。北方 6 区人力井数量占全国人力井总数的 49%；南方 4 区占全国人力井总数的 51%。

从行政分区看，全国各省级行政区地下水取水井数量差异较大，规模以上机电井数量差异更为明显。其中，地下水取水井数量较多的河南、安徽、山东、四川 4 省合计占全国取水井总数的 42.4%，均为人口大省；规模以上机电井主要集中在黄淮海地区的河南、河北、山东 3 省，合计占全国规模以上机电井总数的 63.7%。规模以下机电井和人力井分布情况和取水井数量分布类似，主要分布在河南、四川等人口大省。

8. 农村供水工程

农村供水工程分集中式供水工程和分散式供水工程两大类。集中式供水工程指集中供水人口 20 人及以上，且有输配水管网的农村供水工程；分散式供水工程为除集中式供水工程以外、无配水管网、以单户或联户为单元的供水工程。据统计，全国共有农村供水工程 5887 万处、受益人口 8.09 亿人。其中，集中式供水工程数占全国供水工程总数的 1.56%，但受益人口数占全国受益人口总数的 67.5%。可见集中式供水工程的规模效益是很明显的。

从省级行政区看，农村供水工程数量较多的省份为河南、四川、安徽和湖南 4 省，合计占全国农村供水工程总数的 45.4%。这主要是因为这 4 省的分散式供水工程的数量较大。农村供水工程数量较少的为上海、北京和天津市，3 市的农村人口少，供水多被规模化的集中式供水所覆盖，分散式供水工程数量少。农村供水工程受益人口较多的为山东、河南、四川、广东、河北、江苏、安徽、湖南和广西 9 省（自治区），9 省（自治区）受益人口之和占全国农村供水工程受益人口总数的 56.7%。受益人口较少的为上海、西藏、青海和宁夏 4 省（自治区、直辖市）。

集中式供水工程按水源类型分为地表水和地下水两大类。其中以地表水和地下水为水源的工程以及受益人口的构成比例，两者均接近 50%。分散式供水工程分为分散供水井工程、引泉供水工程、雨水集蓄供水工程 3 类，其中，绝大部分为分散供水井工程，占工程总数的 92.1%。农村分散式供水工程较多的为河南、四川、安徽和湖南 4 省，上海无分散式供水工程。

9. 塘坝与窖池

塘坝与窖池是为解决农村缺水地区而修建的蓄水工程。塘坝工程是指在地面开挖修建或在洼地上形成的拦截和贮存当地地表径流，用于农业灌溉、农村供水的蓄水工程。窖池工程是指采取防渗措施拦蓄、收集天然来水，用于农业灌溉、农村供水的蓄水工程。

根据普查资料，全国共有塘坝工程 456.3 万处，总容积为 301 亿立方米。从省级行政区看，塘坝数量最多的省份为湖南、湖北、安徽、四川、江西等，工程数量合计占全国塘坝工程总数量的 82.15%。这 5 个省均位于长江流域，多年平均降雨量在 800 毫米以上，山地、丘陵分布较广，具备较好的地表径流汇集条件，农作物以种植水稻为主，因此塘坝工程数量较多，分布规律是合理的。

全国共有窖池工程 689.3 万处，总容积为 2.5 亿立方米。从省级行政区分布看，窖池工程数量最多的省是云南、甘肃、四川、贵州、陕西 5 省，窖池工程数量之和占全国窖池工程总数的 70.9%。这主要因为这些省的山丘区较多，干旱少雨，长期缺水，地形复杂难以修建一定规模的蓄引提灌溉工程，但适宜修建以农户自提、自管为主的微型蓄水工程，以解决当地抗旱水源和人畜饮水困难。

三、水利工程管理

（一）水利工程管理的概念

从专业角度看，水利工程管理分为狭义水利工程管理和广义水利工程管理。狭义的水利工程管理是指对已建成的水利工程进行检查观测、养护修理和调度运用，保障工程正常运行并发挥设计效益的工作。广义的水利工程管理是指除以上技术管理工作外，还包括水利工程行政管理、经济管理和法治管理等方面，例如水利事权的划分。显然，我们更关注广义水利工程管理，即在深入区别各种水利工程的性质和具体作用的基础之上，尽最大可能趋利避害，充分发挥水利工程的社会效益、经济效益和生态效益，加强对水利工程的引导和管理。只有通过科学管理，才能发挥水利工程最佳的综合效益；保护和合理运用已建成的水利工程设施，调节水资源，为社会经济发展和人民生活服务。

（二）工程技术视角下我国水利工程管理的主要内容

从利用和保障水利工程的功能出发，我国水利工程管理工作的主要内容包括：水利工程的使用，水利工程的养护工作，水利工程的检测工作，水利工程的防汛抢险工作，水利工程扩建和改建工作。

1. 水利工程的使用

水利工程和河川径流有着密切的关系，其变化同河川径流一样是随机的，具有多变性和复杂性，但径流在一定范围内有一定的变化规律，要根据其变化规律，对工程进行合理运用，确保工程的安全和发挥最大效益。工程的合理运用主要是制定合理的工程防汛调度计划和工程管理运行方案等。

2. 水利工程的养护工作

由于各种主观原因和客观条件的限制，水利工程建筑物在规划、设计和施工过程中难免会存在薄弱环节，使其在运用过程之中，出现这样或那样的缺陷和问题。特别是水利工程长期处在水下工作，自然条件的变化和管理运用不当，将会使工程发生意外的变化。所以，要对工程进行长期的监护，发现问题及时维修，消除隐患，保持工程的完好状态和安全运行，以发挥其应有的作用。

3. 水利工程的检测工作

水利工程的检测工作也是水利工程的重要工作内容。要做到定期对水利工程进行检查，在检查中发现问题，要及时进行分析，找出问题的根源，尽快进行整改，以此来提高工程的运用条件，从而不断提高科学技术管理水平。

4. 水利工程的防汛抢险工作

防汛抢险是水利工程的一项重点工作。特别是对于那些大中型的病险工程，要注意日常的维护，以避免危情的发生。同时，防汛抢险工作要立足于大洪水，提前做好防护工作，确保水利工程的安全。

5. 水利工程扩建和改建工作

对于原有水工建筑物不能满足新技术、新设备、新的管理水平的要求时，在运用过程中发现建筑物有重大缺陷需要消除时，应对原有建筑物进行改建和扩建，从而提高工程的基础能力，满足工程的运行管理的发展以及需求。

基于我国水利工程的特点及分类，我国水利工程管理也成立了相应的机构、制定了相应的管理规则。从流域来说，成立了七大流域管理局，负责相应流域水行政管理职责，包括长江水利委员会、黄河水利委员会、淮河水利委员会、海河水利委员会、松辽水利委员会、珠江水利委员会、太湖流域管理局。对于特大型水利工程成立专门管理机构，如三峡工程建设委员会、小浪底水利枢纽管理中心、南水北调办公室等，以及针对各种水利设施的管理，如农村农田水利灌溉管理、水库大坝安全管理等等。

（三）科学管理视角下我国水利工程管理的主要内容

从科学管理的视角出发，我国水利工程管理的主要内容是指水利事权的划分。水利事权即处理水利事务的职权和责任。我国水旱灾害频发，兴水利、除水害，历来是安邦治国的重大任务。合理划分各级政府的水利事权是我国全面深化水利改革的重要内容和有效制度保障。历史上水利工程事权、财权划分格局主要表现为两个特征：一是政府组织建设与管理关系国计民生的重要公益性水利工程，例如防洪工程；二是政府与受益群众分担投入具有服务性质的一些工程例如农田水利工程。新中国成立后，由于水利部门职能的转变，水利事权也在不断发生着变化，大致分为以下四个阶段：

第一阶段（1949 年—1996 年），中央、地方分级负责，中央主要负责兴建重大水利工程以治理大江大河，其他水利工程建设与管理主要以地方和群众集体的力量为主，国家支援为辅。

第二阶段（1997 年—2002 年），根据 1997 年国务院印发的《水利产业政策》（国发 [1997]35 号），水利工程项目按事权被划分为中央项目和地方项目；按效益被区分为甲类(以社会效益为主)和乙类(以经济效益为主),或者说公益性项目与经营性项目。国家主要负责跨省(自治区、直辖市)、对国民经济全局有重大影响的项目,局部受益的地方项目由地方负责。具体的,中央项目的投资由中央和受益省(自治区、直辖市)按受益程度、受益范围、经济实力共同分担,其中重点水土流失区的治理主要由地方负责,中央适当给予补助。

第三阶段(2002年—2011年),根据2002年国务院转发的《水利工程管理体制改革实施意见》(国办发[2002]45号),水利基本建设项目被区分为公益性、准公益性和经营性三类;中央项目在第二阶段的基础上扩大到对国民经济全局、社会稳定和生态与环境有重大影响的项目,或中央认为负有直接建设责任的项目,从而解决了准公益性项目的管理问题。

第四阶段(2011年至今),根据2011年中央1号文件《关于加快水利改革发展的决定》,以及2014年水利部印发的《关于深化水利改革的指导意见》,水利事权划分进入全面深化改革阶段。中央事权被进一步明确为"国家水安全战略和重大水利规划、政策、标准制订,跨流域、跨国界河流湖泊和事关流域全局的水利建设、水资源管理、河湖管理等涉水活动管理";地方事权具体为"区域水利建设项目、水利社会管理和公共服务"以及"由地方管理更方便有效的水利事项"。中央和地方共同事权被确定为"跨区域重大水利项目建设维护等";同时,企业和社会组织的事权也得以明确,即"对适合市场、社会组织承担的水利公共服务,要引入竞争机制,通过合同、委托等方式交给市场和社会组织承担"。

(四)我国水利工程管理的目标

水利工程管理的目标是确保项目质量安全,延长工程使用的寿命,保证设施正常运转,做好工程使用全程维护,充分发挥工程和水资源的综合效益,逐步实现工程管理科学化、规范化,为国民经济建设提供更好的服务。

1.确保项目的质量安全

因水利工程涉及防洪、抗旱、治涝、发电、调水、农业灌溉、居民用水、水产经济、水运、工业用水、环境保护等重要内容,一旦出现工程质量问题,所有与水利相关的生活生产活动都将受到阻碍,沿区上游和下游都将受到威胁。因此工程的质量安全不仅关系着一方经济的发展,更承担着人民身体健康与安全。

2.延长工程的使用寿命

由于水利工程消耗资金较多,施工规模较大,影响范围较广,所以一项工程的运转就是百年大计。因此水利工程管理要贯穿项目的始末,从图纸设计到施工内容、竣工验收、工程使用等各个方面在科学合理的范围内对如何延长使用寿命进行管理,以减少资源的浪费,充分发挥最大效益。

3.保证设施的正常运转

水利工程管理具有综合性、系统性特征,所以水利工程项目的正常运转需要各个环节的控制、调节与搭配,正确操作器械和设备,协调多样功能的发挥,提高工作效率、加强经营管理,提高经济效益,减少事故发生,确保各项事业不受影响。

4.做好工程使用的全程维护

对于综合性的大型项目或大型组合式机械设备来说，都需要定期进行保养和维护。由于设备某一部分或单一零件出现问题，都会对工程的使用和寿命造成影响，因此水利工程管理工作还要对出现的问题在使用的整个过程中进行维护，更新零部件，及时发现隐患，促进工程的正常使用。

5.最大限度发挥水利工程的综合效益

除了从工程方面保障水利工程的正常运行和安全外，水利工程管理还应当通过不断深化改革，最大限度地发挥水利工程的综合效益。正如 2019 年水利部印发的《关于深化水利改革的指导意见》所提出的，我国必须"坚持社会主义市场经济改革方向，充分考虑水利公益性、基础性、战略性特点，构建有利于增强水利保障能力、提升水利社会管理水平、加快水生态文明建设的科学完善的水利制度体系"。

第二节 水利工程管理的地位

水利工程是指在江河、湖泊和地下水源上开发、利用、控制、调配和保护水资源的各类工程。人类社会为了生存和可持续发展的需要，采取各种措施，适应、保护、调配和改变自然界的水和水域，以求在与自然和谐共处、维护生态环境的前提下，合理开发利用水资源，并为防治洪、涝、干旱、污染等各种灾害。为达到这些目的而修建的工程称为水利工程。在人类的文明史上，四大古代文明都发祥于著名的河流，如古埃及文明诞生于尼罗河畔，中华文明诞生于黄河、长江流域。因此丰富的水力资源不仅滋养了人类最初的农业，并且孕育了世界的文明。水利是农业的命脉，人类的农业史，也可以说是发展农田水利，克服旱涝灾害的战天斗地史。

人类社会自从进入 21 世纪后，社会生产规模日益扩大，对能源需求量越来越大，而现有的能源又是有限的。人类渴望获得更多的清洁能源，补充现在能源的不足，同时加上洪水灾害一直威胁着人类的生命财产安全，人类在积极治理洪水的同时又努力利用水能源。水利工程既满足了人类治理洪水的愿望，又满足了人类的能源需求。水利工程按服务对象或目的可分为：将水能转化为电能的水力发电工程；为防止、控制洪水灾害的防洪工程；防止水质污染以及水土流失，维护生态平衡的环境水利工程和水土保持工程；防止旱、渍、涝灾害而服务于农业生产的农田水利工程，即排水工程、灌溉工程；为工业和生活用水服务，排除、处理污水和雨水的城镇供、排水工程；改善和创建航运条件的港口、航道工程；增进、保护渔业生产的渔业水利工程；满足交通运输需要、工农业生产的海涂围垦工程等。一项水利工程同时为发电、防洪、航运、灌溉等多种目标服务的水利工程，称为综合水利工程。我国正处在社会主义现代化建设的重要时期，为满足社会生产的能源需求及保证人民生命财产安全的需要，我国已进入大规模的水利工程开发阶段。水利工程给人类带来了巨大的经济、政治、文化效益。它具备防洪、发电、航运功能，对于促进相关区域的社会、经济发展具有战略意义。水利工程引起的移民搬迁，促进了各民族间的经济、文化交流，有利于社会稳定。

水利工程是文化的载体，大型水利工程所形成的共同的行为规则，促进了工程文化的发展，人类在治水过程中形成的哲学思想指导着水利工程实践。长期以来繁重的水利工程任务也对我国科学的水利工程管理产生巨大的需求。

一、我国水利工程在国民经济和社会发展中的地位

我国是水利大国，水利工程是抵御洪涝灾害、保障水资源供给和改善水环境的基础建设工程，在国民经济中占有非常重要的地位。水利工程在防洪减灾、粮食安全、供水安全、生态建设等方面起到了很重要的保障作用，其公益性、基础性、战略性毋庸置疑。2014年李克强总理在十二届全国人大二次会议上所作的政府工作报告中指出："国家集中力量建设一批重大水利工程，今年拟安排中央预算内水利投资700多亿元，支持引水调水、骨干水源、江河湖泊治理、高效节水灌溉等重点项目。各地要加强中小型水利项目建设，解决好用水'最后一公里'问题。"因而水利工程在促进经济发展，保持社会稳定，保障供水和粮食安全，提高人民生活水平，改善人居环境和生态环境等方面具有极其重要的作用。

我们国家向来重视水利工程的建设，治水历史源远流长，一部中华文明史也就是中国人民的治水史。古人云：治国先治水，有土才有邦。水利的发展直接影响到国家的发展，治水是个历史性难题。历史上著名的治水英雄有大禹、李冰、王景等。他们的治水思想都闪耀着中国古人的智慧光华，在治水方面取得了卓越的成绩。人类进入21世纪，科学技术日新月异，为根治水患，各种水利工程也相继开建。特别是近十年来水利工程投资规模逐年加大，各地众多大型水利工程陆续上马，初步形成了防洪、排错、灌溉、供水、发电等工程体系。由此可见，水利工程是支持国民经济发展的基础，其对国民经济发展的支撑能力主要表现为满足国民经济发展的资源性水需求，提供生产、生活用水，提供了水资源相关的经济活动基础，如航运、养殖等，同时为国民经济发展提供环境性用水需求，发挥净化污水、容纳污染物、缓冲污染物对生态环境冲击等作用。如以商品和服务划分，则水利工程为国民经济发展提供了经济商品、生态服务和环境服务等。

长期以来，洪水灾害是世界上许多国家都发生的严重自然灾害之一，也是中华民族的心腹之患。由于中国水文条件复杂，水资源时空分布不均，与生产力布局不相匹配。独特的国情水情决定了中国社会发展对科学的水利工程管理的需求，这包括防治水旱灾害的任务需求，中国是世界上水旱灾害最为频发和威胁最大的国家，水旱灾害几千年来始终是中华民族生存和发展的心腹之患；新中国成立后，国家投入大量人力、物力和财力对七大流域和各主要江河进行大规模治理。由于人类活动的长期影响，气候变化异常，水旱灾害交替发生，并呈现愈演愈烈的趋势。长期干旱，土地沙漠化现象日益严重，从而更加剧了干旱的形势。而中国又拥有世界上最多的人口，支撑的人口经济规模特别巨大，是世界第二大经济体，中国过去三十年创造了世界最快经济增长纪录，面临的生态压力巨大，中国生态环境状况整体脆弱，庞大的人口规模和高速经济增长导致生态环境系统持续恶化。随人口的增长和城市化的快速发展，干旱造成的用水缺口将会不断增大，干旱风险及损失亦将持续上升。而水利工程在防洪减灾方

面，随着经济社会的快速发展，水利建设进程加快，以三峡工程、南水北调工程为标志，一大批关系国计民生和经济发展的重点水利工程相继开工建设。我国已初步形成了大江大河大湖的防洪排错工程体系，有效地控制了常遇洪水，抗御了大洪水和特大洪水，减轻了洪涝灾害损失，特别是确保黄河的岁岁安澜。总的来看，七大江河现有的防洪工程对占全国的 1/3 的人口，1/4 的耕地，包括京、津、沪在内的许多重要城市，以及国家重要的铁路、公路干线都起到了安全保障的作用。

在支撑经济社会发展方面，大量蓄水、引水、提水工程有效提升了我国水资源的调控能力和城乡供水保障能力。1949 年到 2020 年，全国总供水量有显著增加。供水工程建设为国民经济发展、工农业生产、人民生活提供了必要的供水保障条件，发挥了重要的支撑作用。农村饮水安全人口、全国水电总装机容量、水电年发电量均有显著增加。因水利工程的建设以及科学的水利工程管理作用，全国水土流失综合治理面积也日益增加。

水利工程之所以能够发挥如此重要的作用，与科学的水利工程管理密不可分。由此可见水利工程管理在我国国民经济和社会发展中占据十分重要的地位。

二、我国水利工程管理在工程管理中的地位

工程管理是指为实现预期目标，有效地利用资源，对工程所进行的决策、计划、组织、指挥、协调与控制，是对具有技术成分的活动进行计划、组织、资源分配以及指导和控制的科学和艺术。工程管理的对象和目标是工程，是指专业人员运用科学原理对自然资源进行改造的一系列过程，可为人类活动创造更多便利条件。工程建设需要应用物理、数学、生物等基础学科知识，并在生产生活实践中不断总结经验。水利工程管理作为工程管理理论以及方法论体系中的重要组成部分，既有与一般专业工程管理相同的共性，又有与其他专业工程管理不同的特殊性，其工程的公益性（兼有经营性、安全性、生态性等特征），使水利工程管理在工程管理体系中占有独特的地位。水利工程管理又是生态管理、低碳管理和循环经济管理，是建设"两型"社会的必要手段，可以作为我国工程管理的重点和示范，对于我国转变经济发展方式、走可持续发展道路和建设创新型国家的影响深远。

水利工程管理是水利工程的生命线，贯穿于项目的始末，包含着对水利工程质量、安全、经济、适用、美观、实用等方面的科学、合理的管理，以充分发挥工程作用、提高使用效益。由于水利工程项目规模过大，施工条件比较艰难、涉及环节较多、服务范围较广、影响因素复杂、组成部分较多、功能系统较全，所以技术水平有待提高，在设计规划、地形勘测、现场管理、施工建筑阶段难免出现问题或纰漏。另外，由于水利设备长期处于水中作业受到外界压力、腐蚀、渗透、融冻等各方面影响，经过长时间的运作磨损速度较快，所以需要通过管理进行完善、修整、调试，以更好的进行工作，确保国家和人民生命与财产的安全，社会的进步与安定、经济的发展和繁荣，因此水利工程管理具有重要性和责任性。

第三节　水利工程管理的作用

一、我国水利工程管理对国民经济发展的推动作用

大规模水利工程建设可以取得良好的社会效益和经济效益，为经济发展和人民安居乐业提供基本保障，为国民经济健康发展提供有力支撑，水利工程是国民经济的基础性产业。大型水利工程是具有综合功能的工程，它具有巨大的防洪、发电、航运功能和一定的旅游、水产、引水和排涝等效益。它的建设对我国的华中、华东、西南三大地区的经济发展，促进相关区域的经济社会发展，具有重要的战略意义，对我国经济发展可产生深远的影响。大型水利工程将促进沿途城镇的合理布局与调整，使沿江原有城市规模扩大，促进新城镇的建立和发展、农村人口向城镇转移，使城镇人口上升，加快城镇化建设的进程。同时，科学的水利工程管理也和农业发展密切相关。而农业是国民经济的基础，建立起稳固的农业基础，首先要着力改善农业生产条件，促进农业发展。水利是农业的命脉，重点建设农田水利工程，优先发展农田灌溉是必然的选择。正是新中国成立之后的大规模农田水利建设，为我国粮食产量超过万亿斤，实现"十连增"奠定了基础。农田水利还为国家粮食安全保障做出巨大贡献，巩固了农业在国民经济中的基础地位，从而保证国民经济能够长期持续地健康发展以及社会的稳定和进步。经济发展和人民生活的改善都离不开水，水利工程为了城乡经济发展、人民生活改善提供了必要的保障条件，科学的水利工程管理又为水利工程的完备建设提供了保障。

我国水利工程管理对国民经济发展的推动作用主要体现在如下两方面。

（一）对转变经济发展方式和可持续发展的推动作用

可持续发展观是相对于传统发展观而提出的一种新的发展观。传统发展观以工业化程度来衡量经济社会的发展水平。自18世纪初工业革命开始以来，在长达200多年的受人称道的工业文明时代，借助科学技术革命的力量，大规模地开发自然资源，创造了巨大的物质财富和现代物质文明，同时也使全球生态环境和自然资源遭到了最严重的破坏。显然，工业文明相对于小生产的"农业文明"而言，是一个巨大飞跃。但它给人类社会与大自然带来了巨大的灾难和不可估量的负效应，带来生态环境严重破坏、自然资源日益枯竭、自然灾害泛滥、人与人的关系严重异化、人的本性丧失等。"人口爆炸、资源短缺、环境恶化、生态失衡"已成为困扰全人类的四大显性危机。面对传统发展观支配下的工业文明带来的巨大负效应和威胁，自20世纪30年代以来，世界各国的科学家们开始不断地发出警告，理论界苦苦求索，人类终于领悟了一种新的发展观——可持续发展观。

从水资源与社会、经济、环境的关系来看，水资源不但是人类生存不可替代的一种宝贵资源，而且是经济发展不可缺少的一种物质基础，也是生态与环境维持正常状

态的基础条件。因此，可持续发展，也就是要求社会、经济、资源、环境的协调发展。然而，随着人口的不断增长和社会经济的迅速发展，用水量也在不断增加，水资源的有限与社会经济发展、水与生态保护的矛盾愈来愈突出，例如出现的水资源短缺、水质恶化等问题。如果再按目前的趋势发展下去，水问题将更突出，甚至对人类的威胁是灾难性的。

水利工程是我国全面建成小康社会和基本实现现代化宏伟战略目标的命脉、基础和安全保障。在传统的水利工程模式下，单纯依靠兴修工程防御洪水、依靠增加供水满足国民经济发展对于水的需求，这种通过消耗资源换取增长、牺牲环境谋取发展的方式，是一种粗放、扩张、外延型的增长方式。这种增长方式在支撑国民经济快速发展的同时，也付出了资源枯竭、环境污染、生态破坏的沉重代价，因而是不可持续的。

面对新的形势和任务，科学的水利工程管理利于制定合理规范的水资源利用方式。科学的水利工程管理有利于我国经济发展方式从粗放、扩张、外延型转变为集约、内涵型。且我国水利工程管理有利于开源节流、全面推进节水型社会建设，调节不合理需求，提高用水效率和效益，进而保障水资源的可持续利用与国民经济的可持续发展。再者其以提高水资源产出效率为目标，降低万元工业增加值用水量，提高工业水重复利用率，发展循环经济，为了现代产业提供支撑。

当前，水资源供需矛盾突出仍然是可持续发展的主要瓶颈。马克思和恩格斯把人类的需要分成生存、享受和发展三个层次，从水利发展的需求角度就对应着安全性、经济性和舒适性三个层次。从世界范围的近现代治水实践来看，在水利事业发展面临的"两对矛盾"之中，通常优先处理水利发展与经济社会发展需求之间的矛盾。水利发展大体上可以由防灾减灾、水资源利用、水系景观整治、水资源保护和水生态修复五方面内容组成。以上五个方面之中，前三个方面主要是处理水利发展和经济社会系统之间的关系。后两个方面主要是处理水利发展与生态环境系统之间的关系。各种水利发展事项属于不同类别的需求。防灾减灾、饮水安全、灌溉用水等，主要是"安全性需求"；生产供水、水电、水运等，主要是"经济性需求"；水系景观、水休闲娱乐、高品质用水，主要是"舒适性需求"；水环境保护和水生态修复，则安全性需求和舒适性需求兼而有之，这是生态环境系统的基础性特征决定的，比如，水源地保护和供水水质达标主要属于"安全性需求"，而更高的饮水水质标准如纯净水和直饮水的需求，则属于"舒适性需求"。水利发展需求的各个层次，很大程度上决定了水利发展供给的内容。无论是防洪安全、供水安全、水环境安全，还是景观整治、生态修复，这些都具有很强的公益性，均应纳入公共服务的范畴。这决定了水利发展供给主要提供的是公共服务，水利发展的本质是不断提高水利的公共服务能力。根据需求差异，公共服务可分为基础公共服务和发展公共服务。基础公共服务主要是满足"安全性"的生存需求，为社会公众提供从事生产、生活、发展以及娱乐等活动都需要的基础性服务，如提供防洪抗旱、除涝、灌溉等基础设施；发展公共服务是为满足社会发展需要所提供的各类服务，如城市供水、水力发电、城市景观建设等，更强调满足经济发展的需求及公众对舒适性的需求。一个社会存在各种各样的需求，水利发展需求也在其中。在经济社会发展的不同水平，水利发展需求在社会各种需求中的相对重要性在不断发生变化。随着经济的发展，水资源供需矛盾也日益突出。在水资源紧缺的同时，用水浪费严重，水资源利用效率较低。全国工业万元产值用水量 91 立方米，是发达国家的 10 倍以上，水的重复利用率仅为 40%，而发达国家已达 75% ~ 85%；农业灌溉用水有效利用系数只有 0.4 左右，而发达国家为 0.7 ~ 0.8；我国城市生活用水浪费也很严重，仅供水管网跑冒滴漏损失就达 20% 以上，家庭用水浪费现象也十分普遍。当前，解决水资源供需矛盾，必然需要依靠水利工程，然而科学的水利工程管理是可持续发展的推动力。

（二）对农业生产和农民生活水平提高的促进作用

水利工程管理是促进农业生产发展、提高农业综合生产能力的基本条件。农业是第一产业，民以食为天，农村生产的发展首先是以粮食为中心的农业综合生产能力的发展，而农业综合生产能力提高的关键在于农业水利工程的建设和管理，在一些地区农业水利工程管理十分落后，重建设轻管理，已经成为农业发展的瓶颈了。另外，加强农业水利工程管理有利于提高农民生活水平与质量。社会主义新农村建设的一个十分重要的目标就是增加农民收入，提高农民生活水平，而加强农村水利工程等基础设施建设和管理成为基本条件。如可以通过农村饮水工程保障农民饮水安全，通过供水工程的有效管理，可以带动农村环境卫生和个人条件的改善，降低各种流行疾病的发病率。

水利工程在国民经济发展中具有极其重要的作用，科学的水利工程管理会带动很多相关产业的发展。如农业灌溉、养殖、航运、发电等。水利工程使人类生生不息，且促进了社会文明的前进。从一定程度上讲，水利工程推动现代产业的发展，若缺失了水利工程，也许社会就会停滞不前，人类的文明也将受到挑战。而科学的水利工程管理可推动各产业的发展。

科学的水利工程管理可推动农业的发展。"有收无收在于水、收多收少在于肥"的农谚道出了水利工程对粮食和农业生产的重要性。我国农业用水方式粗放，耕地缺少基本灌溉条件，现有灌区普遍存在标准低、配套差、老化失修等问题，严重影响农业稳定发展和国家粮食安全。近年来水利建设在保障和改善民生方面取得了重大进展，一些与人民群众生产生活密切相关的水利问题特别是农村水利发展的问题与农民的生活息息相关。而完备的水利工程建设离不开科学的水利工程管理。首先，科学的水利工程管理，有利于解决灌溉问题，消除旱情灾害。农业生产主要追求粮食产量，以种植水稻、小麦、油菜为主，但是这些作物如果在没有水或者在水资源比较缺乏的情况下会极大地影响它们的产量，比如遇到大旱之年，农作物连命都保不住，哪还来的产量，可以说是颗粒无收，这样农民白白辛苦了一年的劳作将毁于一旦，收入更无从提起，农民本来就是以种庄稼为主，如今庄稼没了，这会给农民的经济带来巨大的损失，因此加强农田水利工程建设可以满足粮食作物的生长需要，解决了灌溉问题，消除了灾情的灾害，给农民也带来可观的收益。其次，科学的水利工程管理有利于节约农田用水，减少农田灌溉用水损失。

在大涝之年农田通水不缺少的情况下，可以利用水利工程建设将多余的水积攒起来，以便日后需要时使用。另外，蔬菜、瓜果、苗木实施节水灌溉是促进农业结构调整的必要保障。加大农业节水力度、减少灌溉用水损失，有利于解决农业面的污染，有利于转变农业生产方式，有利于提高农业生产力。这就大大减少了水资源的不必要的浪费，起到了节约农田用水的目的。最后，科学的水利工程管理有利于减少农田的水土流失。大涝天气会引起农田水土流失，影响了农村生态环境。当发生大涝灾害时，水土资源会受到极大的影响，肥沃的土地肥料会因洪涝的发生而减少，丰富的土质结构也会遭到破坏，农作物产量亦会随之减少。而科学的水利工程管理，促进渠道兴修，引水入海，利于减少农田水土流失。

（三）对其他各产业发展的推动作用

科学的水利工程管理可推动水产养殖业的发展。首先，科学的水利工程管理有利于改良农田水质。水产养殖受水质的影响很大。近年来，水污染带来的水环境恶化、水质破坏问题日益严重，水产养殖受此影响很大。而随着水产养殖业的发展，水源水质的标准要求也随之更加严格。当水源污染、水质破坏发生时，水产养殖业的发展就会受到影响。而科学的水利工程管理，有利于改良农田水质，促进水产养殖业的发展。其次，科学的水利工程管理有利于扩大鱼类及水生物生长环境，为渔业发展提供有利条件。如三峡工程建坝后，库区改变原来滩多急流型河道的生态环境，水面较天然河道增加近两倍，上游有机物质、营养盐将有部分滞留库区，库水湿度变肥、变清，有利于饵料生物以及鱼类繁殖生长。冬季下游流量增大，鱼类越冬条件将有所改善。这些条件的改善，均利于推动水产养殖业的发展。

科学的水利工程管理可推动航运的发展。以三峡工程为例，据预测，川江下水运量到2030年将达到5000万吨。目前川江通过能力仅约1000万吨。主要原因是川江航道坡陡流急，在重庆至宜昌660公里航道上，落差120米，共有主要碍航滩险139处，单行控制段46处。三峡工程修建后，航运条件明显改善，万吨级船队可直达重庆，运输成本可降低35%～37%。不修建三峡工程，虽可采取航道整治辅以出川铁路分流，满足5000万吨出川运量的要求，但工程量很大，且无法改善川江坡陡流急的现状，万吨级船队不能直达重庆，运输成本也难大幅度降低。而三峡水利工程的修建，推动了三峡附近区域的航运发展。而欲使三峡工程尽最大限度的发挥其航运作用，需对其予以科学的管理。故而科学的水利工程管理可推动航运的发展。

科学的水利工程管理还可为旅游业发展起到推动作用。水利工程的建设推动了各地沿河各种水景区景点的开发建设，科学的水利工程管理有助于水利工程旅游业的发展。水利工程旅游业的发展既可以发掘各地沿河水资源的潜在效益，带动沿线地方经济的发展，促进经济结构、产业结构的调整，也可以促进水生态环境的改善，美化净化城市环境，提高人民生活质量，并提高居民收入。由于水利工程旅游业涉及交通运输、住宿餐饮、导游等众多行业，依托水利工程旅游，可以提高地方整体经济水平，并增加就业机会，甚至吸引更多劳动人口，进而推动旅游服务业的发展，提高居民的收入水平和生活标准。

科学的水利工程管理也有助于优化电能利用。科学的水利工程管理可促进水电资

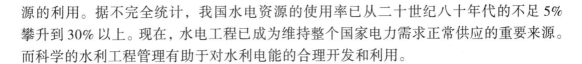

源的利用。据不完全统计，我国水电资源的使用率已从二十世纪八十年代的不足 5% 攀升到 30% 以上。现在，水电工程已成为维持整个国家电力需求正常供应的重要来源。而科学的水利工程管理有助于对水利电能的合理开发和利用。

二、我国水利工程管理对社会发展的推动作用

随着工业化和城镇化的不断发展，科学的水利工程管理有利于增强防灾减灾能力，强化水资源节约保护工作，扭转听天由命的水资源利用局面，进而推动社会的发展。

（一）对社会稳定的作用

水利工程管理有利于构建科学的防洪体系，而科学的防洪体系可减轻洪水的灾害，保障人民生命财产安全和社会稳定。全国主要江河初步形成了以堤防、河道整治、水库、蓄滞洪区等为主的工程防洪体系，在抗御历年发生的洪水中发挥了重要作用，有利于社会稳定。

社会稳定首先涉及的是人与人、不同社会群体、不同社会组织之间的关系。这种关系的核心是利益关系，而利益关系与分配密切相关，利益分配是否合理，是社会稳定与否的关键。分配问题是个大问题。当前，中国的社会分配出现了很大的问题，分配不公和收入差距拉大已经成为不争的事实，是导致社会不稳定的基础性因素。而科学的水利工程管理，有利于水利工程的修建与维护，有利于提高水利工程沿岸居民的收入水平，有利于缩小贫富差距，改善分配不均的局面，进而有利于来维护社会稳定。其次，科学的水利工程管理有助于构建社会稳定风险系统控制体系，从而将社会稳定风险降到最低，进而保障社会稳定。由于水利工程本来就是大型国家民生工程，其具有失事后果严重、损失大的特点，而水情又是难以控制的，一般水利工程都是根据百年一遇洪水设计，而无法排除是否会遇到更大设计流量的洪水。当更大流量洪水发生时，所造成的损失必然是巨大的，也必然会引发社会稳定问题，而科学的水利工程管理可将损失降到最小。同时水利工程的修建可能会造成大量移民，而这部分背井离乡的人是否能得到妥善安置也与社会稳定与否息息相关，此时必然得依靠科学的水利工程管理。

大型水利工程的移民促进了汉族与少数民族之间的经济、文化交流。促进了内地和西部少数民族的平等、团结、互助、合作、共同繁荣的谁也离不开谁的新型民族关系的形成。工程是文化的载体。而水利工程文化是其共同体在工程活动中所表现或体现出来的各种文化形态的集结或集合。水利工程在工程活动中则会形成共同的风格、共同的语言、共同的办事方法及其存在着共同的行为规则。作为规则，水利工程活动则包含着决策程序、审美取向、验收标准、环境和谐目标、建造目标、施工程序、操作守则、生产条例及劳动纪律等，这些规则促进了水利工程文化的发展，哲学家将其上升为哲理指导人们水利工程活动。李冰在修建都江堰水利工程的同时也修建了中华民族治水文化的丰碑，是中华民族治水哲学的升华。都江堰水利工程是一部水利工程科学全书：它包含系统工程学、流体力学、生态学，体现了尊重自然、顺应自然规律并把握其规律的哲学理念。它留下的"治水"三字经、八字真言如："深淘滩、低作

堰""遇弯截角、逢正抽心",至今仍是水利工程活动的主导哲学思想,其哲学思想促进了民族同胞的交流,促进民族大团结。再者,水利工程能发挥综合的经济效益,给社会经济的发展提供强大的清洁能源支持,为养殖、旅游、灌溉、防洪等提供条件,从而提高相关区域居民的物质生活条件,促进了社会稳定。概括起来,水利工程管理对社会稳定的作用主要可以概括为:

第一,水利工程管理为社会提供了安全保障。水利工程最初的一个作用就是可以进行防洪,减少水患的发生。依据以往的资料记载,我国的洪水主要是发生在长江、黄河、松花江、珠江以及淮河等河流的中下游平原地区,水患的发生不仅仅影响到了社会经济的健康发展,同时对人民群众的安全也会造成一定的影响。通过在河流的上游进行水库的兴建,在河流的下游扩大排洪,使得这些河流的防洪能力得到了很好的提升。随着经济社会的快速发展,水利建设进程加快,以三峡工程、南水北调工程为标志,一大批关系国计民生的重点水利工程相继进入建设、使用和管理阶段。当前,我国已初步形成了大江大河大湖的防洪排错工程体系,有效地控制了常遇洪水,抗御了大洪水和特大洪水,减轻了洪错灾害损失,特别是确保黄河的岁岁安澜。总的来看,七大江河现有的防洪工程对占全国 1/3 的人口,1/4 的耕地,包括京、津、沪在内的许多重要城市,以及国家重要的铁路、公路干线都起到安全保障作用。

第二,水利工程管理有助于促进农业生产。水利工程对农业有着直接的影响,通过兴修水利,可以使得农田得到灌溉,农业生产的效率得到提升,促进农民丰产增收。灌溉工程为农业发展特别是粮食稳产、高产创造有利的前提条件,奠定了农业长期稳步发展的基础,巩固了农业在国民经济发展中的基础地位。根据《大型灌区续配套和节水改造"十四五"规划》,到 2020 年,我国可完成 190 处大型、800 处重点中型灌区的续建配套与节水改造任务,启动实施 1500 处一般中型灌区节水改造。同时,在水土资源条件好、粮食增产潜力大的地区,科学规划,新建一批灌区,作为国家粮食后备产区,确保"十二五"期间净增农田有效灌溉面积 4000 万亩。虽然我国人口众多,但是因为水利工程的兴建与管理使得土地灌溉的面积大大的增加,这使得全国人民的基本口粮得到了满足,为解决 14 亿人口的穿衣吃饭问题立下不可代替的功劳。

第三,水利工程管理有助于提高城乡人民生产生活水平。大量蓄水、引水、提水工程有效提升了我国水资源的调控能力和城乡供水保障能力。1949 年到 2020 年,全国总供水量从 1031 亿立方米增加到 6131.2 亿立方米。水利工程管理向城乡提供清洁的水源,有效地推动了社会经济的健康发展,保障了人民群众的生活质量,也在一定程度上促进了经济和社会的健康发展。如兴凯湖饮水工程竣工之后,为黑龙江省鸡西市直接供水,解决了几百万人口和饮水问题,也为鸡西市的经济发展和创建旅游城市奠定了很好的基础。另外,在扶贫方面,大多数水利工程,尤其是大型水利枢纽的建设地点多数选在高山峡谷、人烟稀少地区,水利枢纽的建设大大加速了地区经济和社会的发展进程,甚至会出现跨越式发展。我国的小水电建设还解决了山区缺电问题,不仅促进了农村乡镇企业发展和产业结构调整,还加快了老少边穷地区农牧民脱贫致富。

（二）对和谐社会建设的推动作用

社会主义和谐社会是人类孜孜以求的一种美好社会，马克思主义政党不懈追求的一种社会理想。构建社会主义和谐社会，是我们党以马克思列宁主义、毛泽东思想、邓小平理论和"三个代表"重要思想为指导，全面贯彻落实科学发展观，从中国特色社会主义事业总体布局和全面建设小康社会全局出发提出的重大战略任务，反映了建设富强民主文明和谐的社会主义现代化国家的内在要求，体现全党全国各族人民的共同愿望。人与自然的和谐关系是社会主义和谐社会的重要特征，人与水的关系是人与自然关系中最密切的关系。只有加强和谐社会建设，才能实现人水和谐，使人与自然和谐共处，促进水利工程建设可持续发展。水利工程发展与和谐社会建设具有十分密切的关系，水利工程发展是和谐社会建设的重要基础和有力支撑，有助于推动和谐社会建设。

水利工程活动与社会的发展紧密相连，和谐社会的构建离不开和谐的水利工程活动。树立当代水利工程观，增强其综合集成意识，有益于和谐社会的构建。从历史的视野来看，中西方文化对于人与自然的关系有着不同的理解。中国古代哲学主张人与自然和谐相处和"天人合一"，如都江堰水利工程则是"天人合一"的最高典范。自然是人类认识改造的对象，工程活动是人类改造自然的具体方式。传统的水利工程活动通常认为水利工程是改造自然的工具，人类可以向自然无限制的索取以满足人类的需要，这样就导致水利工程活动成为破坏人与自然关系的直接力量。在人类物质极其缺乏科技不发达时期，人类为满足生存的需要，这种水利工程观有其合理性。随着社会发展，社会系统与自然系统相互作用不断增强，水利工程活动不但对自然界造成影响，而且还会影响社会的运行发展。在水利工程活动过程中，会遇到各种不同的系统内外部客观规律的相互作用的问题。如何处理它们之间的关系是水利工程研究的重要内容。因而，我们必须以当代和谐水利工程观为指导，树立水利工程综合集成意识，推动和谐社会的构建步伐。要使大型水利工程活动与和谐社会的要求相一致，就必须以当代水利工程观为指导协调社会规律、科学规律、生态规律，综合体现不同方面的要求，协调相互冲突的目标。摒弃传统的水利工程观念及其活动模式，探索当代水利工程观的问题，揭示大型水利工程与政治、经济、文化、社会和环境等相互作用的特点及其规律。在水利工程规划、设计、实施中，运用科学的水利工程管理，化冲突为和谐，为和谐社会的构建做出水利工程实践方面的贡献。

人与自然和谐相处是社会和谐的重要特征和基本保障，而水利是统筹人与自然和谐的关键。人与水的关系直接影响人与自然的关系，进而会影响人与人的关系、人与社会的关系。如果生态环境受到严重破坏、人民的生产生活环境恶化，如果资源能源供应高度紧张、经济发展与资源能源矛盾尖锐，人与人的和谐、人与社会的和谐就无法实现，建设和谐社会就无从谈起。科学的水利工程管理以可持续发展为目标，尊重自然、善待自然，保护自然，严格按自然经济规律办事，坚持防洪抗旱并举，兴利除害结合，开源节流并重，量水而行，以水定发展，在保护中开发，在开发中保护，按照优化开发、重点开发、限制开发以及禁止开发的不同要求，明确不同河流或不同河段的功能定位，实行科学合理开发，强化生态保护。在约束水的同时，必须约束人的行为；在防止水对人的侵害的同时，更要防止人对水的侵害；在对水资源进行开发、利用、治理的同时，更加注重对水资源的配置、节约和保护；从无节制的开源趋利、以需定供转变为以供定需，由"高投入、高消耗、高排放、低效益"的粗放型增长方式向"低投入、低消耗、低排放、高效益"的集约型增长方式转变；由以往的经济增长为唯一目标，转变为经济增长与生态系统保护相协调，统筹考虑各种利弊得失，大力发展循环经济和清洁生产，优化经济结构，创新发展模式，节能降耗，保护环境；在以水利工程管理手段进一步规范和调节与水相关的人与人、人与社会的关系，实行自律式发展。科学的水利工程管理利于科学治水，在防洪减灾的方面，给河流以空间，给洪水以出路，建立完善工程和非工程体系，合理利用雨洪资源，尽力减少灾害损失，保持社会稳定；在应对水资源短缺方面，协调好生活、生产、生态用水，全面建设节水型社会，大力提高水资源利用效率；在水土保持生态建设方面，加强预防、监督、治理和保护，充分发挥大自然的自我修复能力，改善生态环境；在水资源保护方面，加强水功能区管理，制定水源地保护监管的政策和标准，核定水域纳污能力和总量，严格排污权管理。依法限制排污，尽力保证人民群众饮水安全，进而推动和谐社会建设。概括起来，水利工程管理对和谐社会建设的作用可以概括如下：

第一，水利工程管理通过改变供电方式有利于经济、生态等多方面和谐发展。

水力发电已经成为我国电力系统十分重要的组成部分。新中国成立之后，一大批大中型的水利工程的建设为生产和生活提供大量的电力资源，极大地方便了人民群众的生产生活，也在一定程度上改变我国过度依赖火力发电的局面，这也有利于环境的改善。我国不管是水电装机的容量还是水利工程的发电量，都处在世界前列。特别是农村小水电的建设有力地推动了农村地区乡镇企业的发展，为进行农产品的深加工、进行农田灌溉等做出了巨大的贡献。三峡工程、小浪底水利工程、二滩水利工程等一大批有着世界影响力的水利枢纽工程的建设，预示我国水利发电的建设已经进入了一个十分重要的阶段。

第二，水利工程管理有助于保护生态环境，促进旅游等第三产业发展。

水利建设为改善环境做出了积极贡献，其中水土保持和小流域综合治理改善了生态环境，水力发电的发展减少了环境污染，为改善大气环境做出了贡献，农村小水电不仅解决了能源问题，还为实施封山育林、恢复植被等创造了条件，另外污水处理与回用、河湖保护与治理也有效地保护了生态环境。水利工程在建成之后，库区的风景区使得山色、瀑布、森林以及人文等紧密地融合在一起，呈现出一派山水林岛的和谐画面，是绝佳的旅游胜地。如：举世瞩目的三峡工程在建设之后，也成为一个十分著名的旅游景点，吸引了大量的游客前往参观，感受三峡工程的魅力，这在很大程度上促进了旅游收益的提升，增加了当地群众的经济收入。

第三，水利工程管理具有多种附加值，有利于推动航运等相关产业发展。

水利工程管理在对水利工程进行设计规划、建设施工、运营、养护等管理过程中，有助于发掘水利工程的其他附加值，比如航运产业的快速发展。内河运输的一个十分重要的特点就是成本较低，通过进行水运可以增加运输量，降低运输的成本，满足交通发展的需要的同时促进经济的快速发展。水利工程的兴建与管理使得内河运输得到了发展，长江的"黄金水道"正是在水利工程的不断完善和兴建的基础之上得到发展和壮大的。

三、我国水利工程管理对生态文明的促进作用

生态文明是人类文明发展的一个新的阶段，即工业文明之后的文明形态；生态文明是人类遵循人、自然、社会和谐发展这一客观规律而取得的物质和精神成果的总和；生态文明是以人与自然、人与人、人与社会和谐共生、良性循环、全面发展、持续繁荣为基本宗旨的社会形态。它以尊重和维护生态环境为主旨，以可持续发展为根据，以未来人类的继续发展为着眼点。这种文明观强调人的自觉与自律，强调人与自然环境的相互依存、相互促进、共处共融。三百年的工业文明以人类征服自然为主要特征。世界工业化的发展使征服自然的文化达到极致；一系列全球性生态危机说明地球再没能力支持工业文明的继续发展。需要开创一个新的文明形态来延续人类的生存，这就是生态文明。如果说农业文明是黄色文明，工业文明是黑色文明，那生态文明就是绿色文明。生态，指生物之间以及生物与环境之间的相互关系与存在状态，亦即自然生态。自然生态有着自在自为的发展规律。人类社会改变了这种规律，把自然生态纳入到人类可以改造的范围之内，这就形成了文明。生态文明，是指人类遵循人、自然、社会和谐发展这一客观规律而取得的物质与精神成果的总和；是指人与自然.人与人、人与社会和谐共生、良性循环、全面发展、持续繁荣为基本宗旨的文化伦理形态。

生态文明是人类文明的一种形态，它以尊重和维护自然为前提，以人与人、人与自然、人与社会和谐共生为宗旨，以建立可持续的生产方式和消费方式为内涵，以引导人们走上持续、和谐的发展道路为着眼点。生态文明在刘惊铎的《生态体验论》中定义为从自然生态、类生态和内生态之三重生态圆融互摄的意义上反思人类的生存发展过程，系统思考和建构人类的生存方式。生态文明强调人的自觉与自律，强调人与自然环境的相互依存、相互促进、共处共融，既追求人与生态的和谐，也追求了人与人的和谐，而且人与人的和谐是人与自然和谐的前提。可以说，生态文明是人类对传统文明形态特别是工业文明进行深刻反思的成果，是人类文明形态和文明发展理念、道路和模式的重大进步。

科学的水利工程管理可以转变传统的水利工程活动运转模式，使水利工程活动更加科学有序，同时促进生态文明建设。若没有科学的水利工程理念作指导，水利工程会对水生态系统造成某种胁迫，如水利工程会造成河流形态的均一化和不连续化，引起生物群落多样性水平下降。但科学合理的水利工程管理有助于减少这一现象的发生，尽量避免或减少水利工程所引起的一些后果。

若不考虑科学的水利工程管理，仅仅从水利工程出发，则势必会造成对生态的极大破坏。因为水利工程活动主要关注人对自然的改造与征服，忽视自然的自我恢复能力，忽略了过度的开发自然会造成自然对人类的报复，既不考虑水利工程对社会结构及变迁的影响，也不考虑社会对水利工程的促进与限制。且在水利工程的决策、运行与评估的过程之中，只考虑人的社会活动规律与生态环境的外在约束条件，没将其视为水利工程活动的内在因素。但运用科学的水利工程管理，可形成科学的水利工程理

念。此时水利工程考虑的不再仅仅是人对自然的征服改造，它是在科学发展观的基础上，协调人与自然的关系，工程活动既考虑当代人的需要又考虑到了后代人的需求，是和谐的水利工程。运用科学水利工程管理理念的水利工程转变了传统水利工程的粗放发展方式。运用科学水利工程管理理念的水利工程活动是一种集约式的工程活动，与当代的经济发展模式相适应，其具备较完善的决策、实施、评估等相关系统。也会成为知识密集型、资源集约型的造物活动，具备更高的科技含量。再者、其在改造环境的同时保护环境，使生态环境能够可持续发展，将生态环境作为工程活动的外在约束条件，以生态因素作为水利工程的决策、运行、评估内在要素。

科学的水利工程管理对生态文明的促进作用主要体现在以下两方面。

（一）对资源节约的促进作用

节约资源是保护生态环境的根本之策。节约资源意味着价值观念、生产方式、生活方式、行为方式、消费模式等多方面的变革，涉及各行各业，与每个企业、单位、家庭、个人都有关系，需要全民积极参与。必须利用各种方式在全社会广泛培育节约资源意识，大力倡导珍惜资源、节约资源风尚，明确确立和牢固树立节约资源理念，形成节约资源的社会共识和共同行动，全社会齐心合力共同建设资源节约型、环境友好型社会。资源是增加社会生产和改善居民生活的重要支撑，节约资源的目的并不是减少生产和降低居民消费水平，而是使生产相同数量的产品能够消耗更少的资源，或者用相同数量的资源能够生产更多的产品、创造更高的价值，使有限资源能更好满足人民群众物质文化生活需要。只有通过资源的高效利用，才能实现这个目标。因此，转变资源利用方式，推动资源高效利用是节约利用资源的根本途径。要通过科技创新和技术进步深入挖掘资源利用效率，促进资源利用效率不断提升，真正实现资源高效利用，努力用最小的资源消耗支撑经济社会发展。科学的水利工程管理，有助于完善水资源管理制度，加强水源地保护和用水总量管理，加强用水总量控制和定额管理，制定和完善江河流域水量分配方案，推进水循环利用建设节水型社会。科学的水利工程管理，可以促进水资源的高效利用，减少资源消耗。

我国经济社会快速发展和人民生活水平提高对水资源的需求和水资源时空分布不均以及水污染严重的矛盾，对建设资源节约型和环境友好型社会形成倒逼机制。人的命脉在田，在人口增长和耕地减少的情况下保障国家粮食安全对农田水利建设提出了更高的要求。水利工作需要正确处理经济社会发展和水资源的关系，全面考虑水的资源功能、环境功能和生态功能，对水资源进行合理开发、优化配置、全面节约和有效保护。水利面临的新问题需要有新的应对之策，而水利工程管理也是由问题倒逼而产生，同时又在不断解决问题中得以深化。

（二）对环境保护的促进作用

从宇宙来看，地球是一个蔚蓝色的星球，地球的储水量是很丰富的，共有 14.5 亿立方千米之多，其 72% 的表面积覆盖水。但实际上，地球上 97.5% 的水是咸水，又咸又苦，不能饮用，不能灌溉，也很难在工业应用，能直接被人们生产和生活利用的，少得可怜，淡水仅有 2.5%。而在淡水中，将近 70% 冻结在南极和格陵兰的冰盖中，其余的大部分是土壤中的水分或是深层地下水，难以供人类开采使用。江河、湖泊、水库等来源的水较易于开采供人类直接使用，但其数量不足世界淡水的1%，约占地球上全部水的0.007%。全球淡水资源不但短缺而且地区分布极不平衡。而我国又是一个干旱缺水严重的国家。淡水资源总量为28000亿立方米，占全球水资源的6%，仅为世界平均水平的1/4、美国的1/5，在世界上名列121位，是全球13个人均水资源最贫乏的国家之一。扣除难以利用的洪水泾流和散布在偏远地区的地下水资源后，中国现实可利用的淡水资源量则更少，仅为11000亿立方米左右，人均可利用水资源量约为900立方米，并且其分布极不均衡。到20世纪末，全国600多座城市中，已有400多个城市存在供水不足问题，其中比较严重的缺水城市达110个，全国城市缺水总量为60亿立方米。其中北京市的人均占有水量为全世界人均占有水量的1/13，连一些干旱的阿拉伯国家都不如。更糟糕的是我国水体水质总体上呈恶化趋势。北方地区"有河皆干，有水皆污"，南方许多重要河流、湖泊污染严重。水环境恶化，严重影响了我国经济社会的可持续发展。而科学的水利工程管理可以促进淡水资源的科学利用，加强水资源的保护。对环境保护起到促进性的作用。水利是现代化建设不可或缺的首要条件，是经济社会发展不可替代的基础支撑，当然也是生态环境改善不可分割的保障系统，其具有很强的公益性、基础性及战略性。

同时，科学的水利工程管理可以加快水力发电工程的建设，而水电又是一种清洁能源，水电的发展有助于减少污染物的排放，进而保护环境。水力发电相比于火力发电等传统发电模式在污染物排放方面有着得天独厚的优势，水力发电成本低，水力发电只是利用水流所携带的能量，无需再消耗其他动力资源，水力发电直接利用水能，几乎没有任何污染物排放。当前，大多数发达国家的水电开发率很高，有的国家甚至高达90%以上，而发展中国家的水电资源开发水平极低，一般在10%左右。中国水能资源开发也只达到百分之十几。水电是清洁、环保、可再生能源，可以减少污染物的排放量，改善空气质量；还可以通过"以电代柴"有效地保护山林资源，提高森林覆盖率并且保持水土。

一般情况下，地区性气候状况受大气环流所控制，但修建大、中型水库及灌溉工程后，原先的陆地变成了水体或湿地，使局部地表空气变得较湿润，对局部小气候会产生一定的影响，主要表现在对降雨、气温、风和雾等气象因子的影响。而科学的水利工程管理就可对地区的气候施加影响，因时制宜，因地制宜，利于水土保持。而水土保持是生态建设的重要环节，也是资源开发和经济建设的基础工程，科学的水利工程管理，可以快速控制水土流失，提高水资源利用率，通过促进退耕还林还草及封禁保护，加快生态自我修复，实现生态环境的良性循环，改善生产、生活和交通条件，为开发创造良好的建设环境，对于环境保护具有重要的促进作用。

而大型水利工程通常既是一项具有巨大综合效益的水利枢纽工程，又是一项改造生态环境的工程。人工自然是人类为了满足生存和发展需要而改造自然环境，建造一些生态环境工程。例如，三峡工程具有巨大的防洪效益，可以使荆江河段的防洪标准由十年一遇提高到百年一遇，即使遇到类似1987年的特大洪水，也可避免发生毁灭性灾害，这样就可以有效减免洪水灾害对长江中游富庶的江汉平原和洞庭湖区生态环境的严重破坏。最重要的是可以避免人口的大量伤亡，避免洪灾带来的饥荒、救灾赈济和灾民安置等一系列社会问题，也可减免洪灾对人们心理上造成的威胁，减缓洞庭湖淤积速度，延长湖泊寿命，还可改善中下游枯水期的时间。三峡水电站每年发电847亿千瓦时，与火电相比，为国家节省大量原煤，可以有效地减轻对周围环境的污染，具有巨大的环境效益。每年可少排放上万吨二氧化碳，上百万吨二氧化硫，上万吨一氧化碳，37万吨氮氧化合物，以及大量的废水、废渣；可减轻因有害气体的排放而引起酸雨的危害。三峡工程还可使长江中下游枯水季节的流量显著增大，有利于珍稀动物白鳍豚及其他鱼类安全越冬，减免因水浅而发生的意外死亡事故，还有利于减少长江口盐水上溯长度和入侵时间，减少上海市区人民吃"咸水"的时间，由此看来三峡工程的生态环境效益是巨大的。水生态系统作为生态环境系统的重要部分，在物质循环、生物多样性、自然资源供给和气候调节等方面起到举足轻重的作用。

（三）对农村生态环境改善的促进作用

促进生态文明是现代社会发展的基本诉求之一，建设社会主义新农村也要实现村容整洁，就必须加强农业水利工程建设，统筹考虑水资源利用、水土流失与污染等一系列问题及其防治措施，实现保护和改善农村生态环境的目的。水利工程管理是现代农业建设不可或缺的首要条件，是经济社会发展不可替代的基础支撑，是生态环境改善不可分割的保障系统，具有很强的公益性、基础性、战略性。加快水利工程发展，不仅事关农业农村发展，而且事关经济社会发展全局；不但关系到防洪安全、供水安全、粮食安全，而且关系到经济安全、生态安全、国家安全。要把水利工程管理工作摆上党和国家事业发展更加突出的位置，着力加快农田水利工程建设和管理，推动水利工程管理实现跨越式发展。

水利工程管理对农村生态环境改善的促进作用可以具体归纳以下几点：（1）解决旱涝灾害。水资源作为人类生存和发展的根本，具有不可替代的作用，但是对于我国而言，由于不同气候条件的影响，水资源的空间分布极其不均匀，南方水资源丰富，在雨季常常出现洪涝灾害，而北方水资源相对不足，常见干旱，这两种情况都在很大程度上影响了农业生产的正常进行，影响着人们的日常生产和生活。而水利工程管理，可以有效解决我国水资源分布不均的问题，解决旱涝灾害，促进经济的持续健康发展，如南水北调工程，就是其中的代表性工程。（2）改善局部生态环境。在经济发展的带动下，人们的生活水平不断提高，人口数量不断增加，对于资源和能源的需求也在不断提高，现有的资源已经无法满足人们的生产和生活需求。而通过水利工程的兴建和有效管理，不仅可以有效消除旱涝灾害，还可以对局部区域的生态环境进行改善，增加空气湿度，促进植被生长，为了经济的发展提供良好的环境支持。（3）优化水文环境。水利工程管理，能够对水污染情况进行及时有效的治理，对河流的水质进行优化。以黄河为例，由于上游黄土高原的土地沙化现象日益严重，河流在经过时，会携带大量的泥沙，产生泥沙的淤积和拥堵现象，而通过兴修水利工程，利用蓄水、排水等操作，可以大大增加下游的水流速度，对泥沙进行排泄，保证河道的畅通。

第二章 水利工程施工导流

第一节 施工导流

施工导流是指在水利水电工程中为了保证河床中水工建筑物干地施工而利用围堰围护基坑，并将天然河道河水导向预定的泄水道，向下游宣泄的工程措施。

一、全段围堰法导流

全段围堰法导流就是在河床主体工程的上、下游各建一道断流围堰，使水流经河床以外的临时或永久泄水道下泄。在坡降很陡的山区河道上，若泄水建筑物出口处的水位低于基坑处河床高程时，也可不修建下游围堰。主体工程建成或接近建成时，再将临时泄水道封堵。这种导流方式又称为河床外导流或一次拦断法导流。

按照泄水建筑物的不同，全段围堰法通常又可划分为明渠导流、隧洞导流和涌管导流。

（一）明渠导流

明渠导流是在河岸或滩地上开挖渠道，在基坑上、下游修建围堰，使河水经渠道向下游宣泄。一般适用于河流流量较大、岸坡平缓或有宽阔滩地的平原河道，如图 2-1（a）所示。在规划时，应尽量利用有利条件以取得经济合理的效果。如利用当地老河道，或利用裁弯取直开挖明渠，或和永久建筑物相结合，埃及的阿斯旺坝就是利用了水电站的引水渠和尾水渠进行施工导流，如图 2-1（b）所示。目前导流流量最大的明渠为中国三峡工程导流明渠，其轴线长 3410.3m，断面为高低渠相结合的复式断面，最小底宽 350m，设计导流流量为 79000m³/s，通航流量为 20000 ~ 35000m³/s。

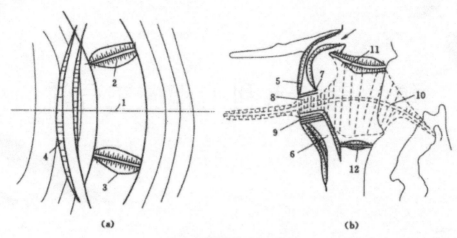

图 2-1　明渠导流示意图

（a）在岸坡上开挖的明渠；（b）利用水电站引水渠和尾水渠的导流明渠

1—水工建筑物轴线；2—上游围堰；3—下游围堰；4—导流明渠；5—电站引水渠；

6—电站尾水渠；7—电站进水口；8—电站引水隧洞；9—电站厂房；

10—大坝坝体；11—上游围堰；12—下游围堰

　　导流明渠的布置设计，一定要为了保证水流顺畅、泄水安全、施工方便、缩短轴线及减少工程量为原则。明渠进、出口应与上下游水流平顺衔接，与河道主流的交角以 30° 左右为宜；为保证水流畅通，明渠转弯半径应大于 5b（b 为渠底宽度）；明渠进出上下游围堰之间要有适当的距离，一般以 50～100m 为宜，以防明渠进出口水流冲刷围堰的迎水面。此外，为减少渠中水流向基坑内入渗，明渠水面到基坑水面之间的最短距离宜大于（2.5～3.0）H（H 为明渠水面和基坑水面的高差，以 m 计）。同时，为避免水流紊乱和影响交通运输，导流明渠一般单侧布置。

　　此外，对于要求施工期通航的水利工程，导流明渠还应考虑通航所需的宽度、深度以及长度的要求。

（二）隧洞导流

　　隧洞导流是在河岸山体中开挖隧洞，在基坑的上下游修筑围堰，一次性拦断河床形成基坑，保护主体建筑物干地施工，天然河道水流全部或部分由导流隧洞下泄的导流方式。这种导流方法适用于河谷狭窄、两岸地形陡峻及山岩坚实的山区河流，如图 2-2所示。例如，xx 水利枢纽工程导流洞工程，级别为 4 级，洞长约 572m、洞口净断面为11m×13m，设计流量为 1750m³/s；xx 隧洞工程，标准断面宽 × 高为 17.5m×23m，两条洞长度分别为 1.03km 和 1.1km，设计流量 13500m³/s（图 2-3）。

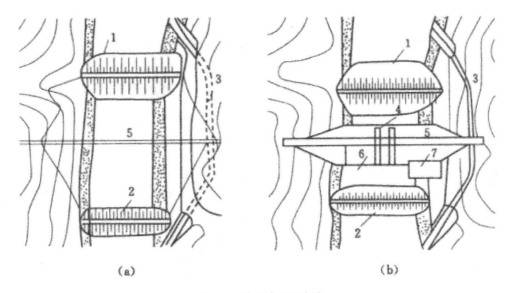

图 2-2　隧洞导流示意图

（a）隧洞导流；（b）隧洞导流并配合底孔宣泄汛期洪水

1—上游围堰；2—下游围堰；3—导流隧洞；4—底孔；

5—坝轴线；6—溢流坝段；7—水电站厂房

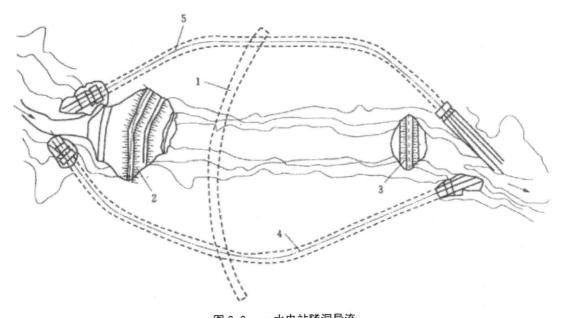

图 2-3　xx 水电站隧洞导流

1—混凝土拱坝；2—上游围堰；3—下游围堰；4—右导流隧洞；5—左导流隧洞

导流隧洞的布置，取决于地形、地质、枢纽布置及水流条件等因素，具体要求与水工隧洞类似。但必须指出，为提高隧洞单位面积的泄流能力、减小洞径，应注意改善隧洞的过流条件。隧洞进出口应和上下游水流平顺衔接，与河道主流的交角以 30°左右为宜；有条件时，隧洞最好布置成直线，若有弯道，其转弯半径以大于 5b（b 为洞宽）为宜；否则因离心力作用会产生横波，或因流线折断而产生局部真空，影响隧洞泄流，严重时还会危及隧洞安全。隧洞进出口与上下游围堰之间要有适当距离，一般宜大于50m，以防隧洞进出口水流冲刷围堰的迎水面。

隧洞断面形式可采用方圆形、圆形或马蹄形，以方圆形居多。通常导流临时隧洞，若地质条件良好，可不做专门衬砌。为降低糙率，应进行光面爆破，以提高泄量，降低隧洞造价。

（三）涵管导流

涵管一般为钢筋混凝土结构。河水通过埋设在坝下的涵管向下游宣泄。

涵管导流适用于导流流量较小的河流或只用来负担枯水期的导流。一般在修筑土坝、堆石坝等工程中采用。涵管通常布置在河岸滩地上其位置常在枯水位以上，这样可在枯水期不修围堰或只修小围堰而先将涵管筑好，然后再修上、下游断流围堰，将河水经涵管下泄。

涵管外壁和坝身防渗体之间易发生接触渗流，一般叮在涵管外壁每隔一定距离设置截流环，以延长渗径，降低渗透坡降，减少渗流的破坏作用。此外，必须严格控制涵管外壁防渗体填料的压实质量。涵管管身的温度缝或沉陷缝中的止水也必须认真对待。

二、分段围堰法导流

分段围堰法导流，也称分期围堰导流，就是用围堰将水工建筑物分段分期围护起来进行施工的方法。分段就是将河床围成若干个干地施工基坑，分段进行施工。分期就是从时间上按导流过程划分施工阶段。段数分得越多，围堰工程量越大，施工也越复杂；同样，期数分得越多，工期有可能拖得越长。所以，在工程实践中，两段两期导流采用的最多。

三、导流方式的选择

（一）选择导流方式的一般原则

导流方式的选择，应当是工程施工组织总设计的一部分。导流方式选择是否得当，不仅对于导流费用有重大影响，而且对整个工程设计、施工总进度和总造价都有重大影响。

导流方式的选择一般遵循以下原则：（1）导流方式应保证整个枢纽施工进度最快、造价最低。（2）因地制宜，充分利用地形、地质、水文及水工布置特点选择合适的导流方式。（3）应使整个工程施工有足够的安全度以及灵活性。（4）尽可能满足施工期国民经济各部门的综合利用要求，如通航、过鱼、供水等。（5）施工方便，干扰小，技术上安全可靠。

（二）影响导流方案选择的主要因素

水利水电枢纽工程施工，从开工到完工往往不是采用单一的导流方式，而是几种导流方式组合起来配合运用，以取得最佳的技术经济效果。这种不同导流时段、不同导流方式的组合，通常称为导流方案。选择导流方案时应考虑的主要因素有以下几种：

1. 水文条件

河流的水文特性，在很大程度上影响着导流方式的选择。每种导流方式均有适用的流量范围。除了流量大小外，流量过程线的特征、冰情和泥沙也影响着导流方式的选择。

2. 地形、地质条件

前面已叙述过每种导流方式适用于不同的地形地质条件，如宽阔的平原河道，宜用分期或导流明渠导流，河谷狭窄的山区河道，常用隧洞导流。当河床中有天然石岛或沙洲时，采用分段围堰法导流，更有利于导流围堰的布置，特别是纵向围堰的布置。在河床狭窄、岸坡陡峻、山岩坚实的地区，宜采用隧洞导流。至于平原河道、河流的两岸或一岸比较平坦，或有河湾、老河道可资利用，则宜采用明渠导流。

3. 枢纽类型及布置

水工建筑物的形式和布置与导流方案的选择相互影响，因此，在决定水工建筑物型式和布置时，应该同时考虑并初步拟定导流方案，应充分考虑施工导流的要求。

分期导流方式适用于混凝土坝枢纽；而土坝枢纽因不宜分段填筑，且一般不允许溢流，故多采用全段围堰法。高水头水利枢纽的后期导流常需多种导流方式的组合，导流程序也较复杂。比如，狭窄处高水头混凝土坝前期导流可用的隧洞，但后期导流则常利用布置在坝体不同高程的泄水孔过流；高水头上石坝的前后期导流，一般采用布置在两岸不同高程上的多层隧洞；如果枢纽中有永久泄水建筑物，如泄水闸、溢洪坝段、隧洞、涵管、底孔、引水渠等，应尽量加以利用。

4. 河流综合利用要求

施工期间，为了满足通航、筏运、供水、灌溉、生态保护或水电站运行等的要求，导流问题的解决更加复杂。在通航河道上，大都采用分段围堰法导流，要求河流在束窄以后，河宽仍能便于船只的通行，水深要与船只吃水深度相适应，束窄断面的最大流速一般不应超过 $2.0\text{m}^3/\text{s}$，特殊情况需与当地航运部门协商研究确定。

分期导流和明渠导流易满足通航、过木、过鱼、供水等要求。而某些峡谷地区的工程，为了满足过水要求，用明渠导流代替隧洞导流，这样又遇到了高边坡开挖和导流程序复杂化的问题，这就往往需要多方面比较各种导流方案的优缺点再选择。在施工中、后期，水库拦洪蓄水时要注意满足下游供水、灌溉用水和水电站运行的要求。而某些工程为了满足过鱼需要，还需建造专门的鱼道、鱼类增殖站或设置集鱼装置等。

5. 施工进度、施工方法及施工场地布置

水利水电工程的施工进度与导流方案密切相关。一般是根据导流方案安排控制性进度计划。在水利水电枢纽施工导流过程中，对施工进度起控制作用的关键性时段主要有导流建筑物的完工工期、截断河床水流的时间、坝体拦洪的期限、封堵临时泄水建筑物的时间以及水库蓄水发电的时间等，各项工程的施工方法和施工进度之间影响到各时段中导流任务的合理性和可能性。例如，在混凝土坝枢纽中，采用分段围堰法施工时若导流底孔没有建成，就不能截断河床水流和全面修建第二期围堰；若坝体没有达到一定高程和没有完成基础及坝身纵缝的接缝灌浆，就不能封堵底孔，水库也不能蓄水。因此，施工方法、施工进度与导流方案是密切相关的。

此外，导流方案的选择与施工场地的布置也相互影响。例如，在混凝土坝施工中，当混凝土生产系统布置在一岸时，可采用全段围堰法导流。若采用分段围堰法导流，则应以混凝土生产系统所在的一岸作为第一期工程，因为这样两岸施工交通运输问题比较容易解决。

导流方案的选择受多种因素的影响一个合理的导流方案，必须在周密研究各种影响因素的基础上，拟定几个可能的方案，并进行技术经济比较，从中选择技术经济指标优越的方案。

第二节 施工截流

一、截流方法

当泄水建筑物完成时，抓住有利时机，迅速实现围堰合龙，迫使水流经泄水建筑物下泄，称为截流。

截流工程是指在泄水建筑物接近完工时，即以进占方式自两岸或一岸建筑戗堤（作为围堰的一部分）形成龙口，并将龙口防护起来，待其他泄水建筑物完工以后，在有利时机，全力以最短时间将龙口堵住，截断河流。接着在围堰迎水面投抛防渗材料闭气，水即全部经泄水道下泄。在闭气同时，为使围堰能挡住当时可能出现的洪水，必须立即加高培厚围堰，使之迅速达到相应设计水位的高程以上。

截流工程是整个水利枢纽施工的关键，它的成败直接影响了工程进度。如失败了，就可能使进度推迟一年。截流工程的难易程度取决于河道流量、泄水条件；龙口的落差、流速、地形地质条件；材料供应情况及施工方法、施工设备等因素。因此事先必须经过充分的分析研究，采取适当的措施，才能保证截流施工中争取主动，顺利完成截流任务。

河道截流工程在我国已有千年以上的历史。在黄河防汛、海塘工程和灌溉工程上积累了丰富的经验，如利用捆厢帚、柴石枕、柴土枕、杩杈、排桩填帚截流，不仅施工方便速度快，而且就地取材，因地制宜，经济适用。新中国成立后，我国水利建设发展很快，江淮平原和黄河流域的不少截流堵口、导流堰工程多是采用这些传统方法完成的。此外，还广泛采用了高度机械化投块料截流的方法。

选择截流方式应充分分析水力学参数、施工条件和难度、抛投物数量和性质，并进行技术经济比较。截流方法包括以下几种：（1）单戗立堵截流。简单易行，辅助设备少，较经济，适用于截流落差不超过3.5m，但龙口水流能量相对较大，流速较高，需制备较多的重大抛投物料。（2）双戗和多戗立堵截流。可分担总落差，改善截流难度，适用于截流落差大于3.5m。（3）建造浮桥或栈桥平堵截流。水力学条件相对较好，但造价高、技术复杂、一般不常选用。（4）定向爆破截流、建闸截流等。只有在条件特殊、充分论证后方宜选用。

二、投抛块料截流

投抛块料截流是目前国内外最常用的截流方法，适用于各种情况，特别适用于大流量、大落差的河道上的截流。该法是在龙口投抛石块或人工块体（混凝土方块、混凝土四面体、铅丝笼、柳石枕、串石等）堵截水流，迫使得河水经导流建筑物下泄。采用投抛块料截流，按不同的投抛合龙方法，截流可分为立堵、平堵、混合堵三种方法。

（一）立堵法

先在河床的一侧或两侧向河床中填筑截流戗堤，逐步缩窄河床，即进占；当河床束窄到一定的过水断面时即行停止（这个断面称为龙口），对河床及龙口戗堤端部进行防冲加固（护底及裹头）；然后掌握时机封堵龙口，使戗堤合龙；最后为了解决戗堤的漏水，必须即时在戗堤迎水面设置防渗设施（闭气）。整个截流过程包括进占、护底及裹头、合龙和闭气等项工作。截流之后，对戗堤加高培厚即修成围堰。

（二）平堵法

平堵法截流是沿整个龙口宽度全线抛投，抛投料堆筑体全面上升，直至露出水面。为此，合龙前必须在龙口架设浮桥。因为它是沿龙口全宽均匀平层抛投，所以其单宽流量较小，出现的流速也较小，需要的单个抛投材料重量也较轻，抛投强度较大，施工速度较快，但有碍通航。

（三）混合堵

混合堵是指立堵结合平堵的方法。在截流设计时，可根据具体情况采用立堵与平堵相结合的截流方法，如先用立堵法进占，然后在龙口小范围内用平堵法截流；或先用船抛土石材料平堵法进占，然后再用立堵法截流。用得比较多的是首先从龙口两端下料保护戗堤头部，同时进行护底工程并抬高龙口底槛高程到一定的高度，最后用立堵截断河流。平堵可以采用船抛，然后用汽车立堵截流。

三、爆破截流

（一）定向爆破截流

如果坝址处于峡谷地区，而且岩石坚硬，交通不便，岸坡陡峻，缺乏运输设备时，可利用定向爆破截流。

（二）预制混凝土爆破体截流

为了在合龙关键时刻瞬间抛入龙口大量材料封闭龙口，除用定向爆破岩石外，还可在河床上预先浇筑巨大的混凝土块体，合龙时将其支撑体用爆破法炸断，使块体落入水中，将龙口封闭。

采用爆破截流，虽然可以利用瞬时的巨大抛投强度截断水流，但因瞬间抛投强度很大，材料入水时会产生很大的挤压波，巨大的波浪可能使已修好的戗堤遭到破坏，并会造成下游河道瞬间断流。此外，定向爆破岩石时，还需校核个别飞石距离，空气冲击波和地震的安全影响距离。

四、下闸截流

人工泄水道的截流，常在泄水道中预先修建闸墩，最后采用下闸截流。天然河道中，有条件时也可设截流闸，最后下闸截流。

除以上方法外，还有一些特殊的截流合龙方法，如木笼、钢板桩、草土、枵搓堰截流、埽工截流、水力冲填法截流等。

综上所述，截流方式虽多，但通常多采用立堵、平堵或者混合堵截流方式。截流设计中，应充分考虑影响截流方式选择的条件，拟定几种可行的截流方式，通过对水文气象条件、地形地质条件、综合利用条件、设备供应条件、经济指标等进行全面分析，经技术比较选定最优方案。

五、截流时间和设计流量的确定

（一）截流时间的选择

截流时间应根据枢纽工程施工控制性进度计划或总进度计划而决定，至于时段选择，一般应考虑以下原则，经过全面分析比较而定。

（1）尽可能在较小流量时截流，但必须全面考虑河道水文特性和截流应完成的各项控制工程量，合理使用枯水期。（2）对于具有通航、灌溉、供水、过木等特殊要求的河道，应全面兼顾这些要求，尽量使截流对河道的综合利用的影响最小。（3）有冰冻河流，一般不在流冰期截流，避免截流以及闭气工作复杂化，如特殊情况必须在流冰期截流时应有充分论证，并有周密的安全措施。

（二）截流设计流量的确定

一般设计流量按频率法确定，根据已选定截流时段，采用该时段内一定频率的流量作为设计流量。当水文资料系列较长，河道水文特性稳定时，可应用这种方法。至于预报法，因当前的可靠预报期较短，一般不能在初步设计中应用，但在截流前夕有可能根据预报流量适当修改设计。在大型工程截流设计中，通常多以选取一个流量为主，再考虑较大、较小流量出现的可能性，用几个流量进行截流计算和模型试验研究。对于有深槽和浅滩的河道，如分流建筑物布置在浅滩上，对截流的不利条件，要特别进行研究。

六、截流戗堤轴线和龙口位置的选择方法

（一）戗堤轴线位置选择

通常截流戗堤是土石横向围堰的一部分，应结合围堰结构和围堰布置统一考虑。

单戗截流的戗堤可布置在上游围堰或下游围堰中非防渗体位置。如果戗堤靠近防渗体，在二者之间应留足闭气料或过渡带的厚度，同时应防止合龙时的流失料进入防渗体部位，以免在防渗体底部形成集中漏水通道。为在合龙后能迅速闭气并进行基坑抽水，一般情况下将单戗堤布置在上游围堰内。

当采用双戗多戗截流时，戗堤间距满足一定要求，才能发挥每条戗堤分担落差的作用。如果围堰底宽不太大，上、下游围堰间距也不太大时，可将两条戗堤分别布置在上、下游围堰内，大多数双戗截流工程都是这样做的。如果围堰底宽很大，上、下游间距也很大，可考虑将双戗布置在一个围堰内。当采用多戗时，一个围堰内通常也需布置两条戗堤，此时，两戗堤间均应有适当间距。

在采用土石围堰的一般情况下，均将截戗堤布置在围堰范围内。但是也有戗堤不与围堰相结合的，戗堤轴线位置选择应与龙口位置相一致。如果围堰所在处的地质、地形条件不利于布置戗堤和龙口，而戗堤工程量又很小，则可能将截流戗堤布置在围堰以外。龚嘴工程的截流戗就布置在上、下游围堰之间，而不与围堰相结合。由于这种戗堤多数均需拆除，因此，采用这种布置时应有专门论证。选择平堵截流戗堤轴线的位置时，应考虑便于抛石桥的架设。

（二）龙口位置选择

选择龙口位置时，应着重考虑地质、地形条件和水力条件。从地质条件来看，龙口应尽量选在河床抗冲刷能力强的地方，如岩基裸露或覆盖层较薄处，这样可避免合龙过程中的过大冲刷，防止戗堤突然塌方失事。从地形条件来看，龙口河底不宜有顺流流向陡坡和深坑。如果龙口能选在底部基岩面粗糙、参差不齐的地方，则有利于抛投料的稳定。另外，龙口周围应有比较宽阔的场地，离料场和特殊截流材料堆场的距离近，便于布置交通道路和组织高强度施工，这一点也是十分重要的。从水力条件来看，对于有通航要求的河流，预留龙口一般均布置在深槽主航道之处，有利于合龙前的通航，至于对龙口的上、下源水流条件的要求，以往的工程设计中有两种不同的见解：一种认为龙口应布置在浅滩，并尽量造成水流进出龙口折冲和碰撞，以增大附加壅水作用；另一种认为进出龙口的水流应平直顺畅，因此可将龙口设在深槽中。实际上，这两种布置各有利弊，前者进口处的强烈侧向水流对戗堤端部抛投料的稳定不利，由龙口下泄的折冲水流易对下游河床和河岸造成冲刷。后者的主要问题是合龙段戗堤高度大，进占速度慢，而且深槽中水流集中，不易创造较好的分流条件。

（三）龙口宽度

龙口宽度主要根据水力计算而定，对于通航河流，决定龙口宽度时应着重考虑通航要求，对于无通航要求的河流，主要考虑戗堤预进占所使用的材料及合龙工程量的大小。形成预留龙口前，通常均使用一般石渣进占，根据其抗冲流速可计算出相应的龙口宽度。另一方面，合龙是高强度施工，通常合龙时间不宜过长，工程量:不宜过大。当此要求与预进占材料允许的束窄度有矛盾时，也可考虑提前使用部分大石块，或者尽量提前分流。

（四）龙口护底

对于非岩基河床，当覆盖层较深，抗冲能力小，截流过程中为防止覆盖层被冲刷，一般在整个龙口部位或困难区段进行平抛护底，防止截流料物的流失量过大。对于岩基河床，有时为了减轻截流难度，增大河床糙率，也抛投一些料物护底并形成拦石坎。计算最大块体时应按护底条件选择稳定系数。

龙口护底是一种保护覆盖层免受冲刷，降低截流难度，提高抛投料稳定性及防止戗堤头部坍塌的行之有效的措施。

第三节　施工排水

基坑排水工作按排水时间及性质，一般可分为：①基坑开挖前的排水，包括基坑积水、基坑积水排除过程中围堰及基坑的渗水和降水的排除；②基坑开挖及建筑物施工过程中的经常性排水，包括围堰和基坑的渗水、降水、地基岩石冲洗及混凝土养护用废水的排除等。

一、初期排水

基坑积水主要是指围堰闭气后存于基坑内的水体，还要考虑排除积水过程中从围堰及地基渗入基坑的水量和降雨。初期排水流量是选择水泵数量的主要依据，应根据地质情况、工期长短、施工条件等因素确定。初期排水流量可按下式估算：

$Q=kV/T$（m^3/h）

式中：Q——初期排水流量，m^3/s；

V——基坑积水的体积，m^3；

k——积水系数，考虑了围堰、基坑渗水和可能降雨的因素，对于中小型工程，取 $k=2 \sim 3$；

T——初期排水时间，s。

初期排水时间与积水深度和允许的水位下降速度有关。如果水位下降太快，围堰边坡土体的动水压力过大，容易引起坍坡；如水位下降太慢，则影响基坑开挖工期。基坑水位下降的速度一般控制在 0.5 ～ 1.5m/d 为宜。在实际工程中，应综合考虑围堰型式、地基特性和基坑内水深等因素而定。对于土围堰，水位下降速度应小于 0.5m/d。

根据初期排水流量即可确定水泵工作台数，并考虑一定的备用量。水利水电工地常用离心泵或潜水泵。为了运用方便，可选择容量不同的水泵，组合使用。水泵站一般布置成固定式或移动式两种，当基坑水深较大时，采用移动式。

二、经常性排水

当基坑积水排除后，立即转入经常性排水，对于经常性排水，主要是计算基坑渗流量，确定水泵工作台数，布置排水系统。

（一）排水系统布置

经常性排水通常采用明式排水，排水系统包括排水干沟、支沟和集水井等。一般情况下，排水系统分为两种情况，一种是基坑开挖中的排水，另一种是建筑物施工过程中的排水。前者是根据土方分层开挖的要求，分次下降水位，通过不断降低排水沟高程，使每一个开挖土层呈干燥状态。排水系统排水沟通常布置在基坑中部，以利两侧出土；当基坑较窄时，将排水干沟布置在基坑的上游侧，以利于截断渗水。沿干沟垂直方向设置若干排水支沟。基础范围外布置集水井，井内安设水泵，渗水进入支沟后汇入干沟，再流入集水井，由水泵抽出坑外。后者排水目的是控制水位低于坑底高程，保证施

工在干地条件下进行。排水沟通常布置在基坑四周，离开基础轮廓线不小于$0.3 \sim 1.0$m。集水井离基坑外缘之距离必须大于集水井深度。排水沟的底坡一般不小于0.002，底宽不小于0.3m，沟深为：干沟$1.0 \sim 1.5$m，支沟为$0.3 \sim 0.5$m。集水井的容积应保证当水泵停止运转$10 \sim 15$min井内的水量不致漫溢。井底应低于排水干沟底$1 \sim 2$m。

（二）经常性排水流量

经常性排水主要排除基坑和围堰的渗水，还应当考虑排水期间的降雨、地基冲洗和混凝土养护弃水等。这里仅介绍渗流量估算方法。

1. 围堰渗流量

透水地基上均匀土围堰，每 m 堰长渗流量 q 的计算按水工建筑物均为质土坝渗流计算方法。

2. 基坑渗流量

由于基坑情况复杂，计算结果不一定符合实际情况，应用试抽法确定。近似计算时可采用表 2-1 所列参数。

表 2-1　地基渗流量

［单位：$m^3/(h \cdot m \cdot m^2)$］

地基类别	含有淤泥粘土	细砂	中砂	粗砂	砂砾石	有裂缝的岩石
渗流量 q	0.1	0.16	0.27	0.3	0.35	$0.05 \sim 0.10$

降雨量按在抽水时段最大日降水量在当天抽干计算；施工弃水包括基岩冲洗与混凝土养护用水，两者不同时发生，按实际情况计算。

排水水泵根据流量及扬程选择，并且考虑一定的备用量。

三、人工降低地下水位

在经常性排水中，采用明排法，由于多次降低排水沟和集水井高程，变换水泵站位置，不仅影响开挖工作正常进行，还会在细砂、粉砂及砂壤土地基开挖中，因渗透

压力过大而引起流砂、滑坡和地基隆起等事故，对开挖工作产生不利影响。采用人工降低地下水位措施可以克服上述缺点。人工降低地下水位，就是在基坑周围钻井，地下水渗入井中，随即被抽走，使地下水位降至基坑底部以下，整个开挖部分土壤呈干燥状态，开挖条件大为改善。

人工降低地下水位方法，按排水原理分为管井法和井点法两种。

第四节 导流验收

枢纽工程在导（截）流前，应由项目法人提出验收申请，竣工验收主持单位或其委托单位主持对其进行阶段验收。阶段验收委员会由验收主持单位、质量和安全监督机构、工程项目所在地水利（务）机构、运行管理单位的代表以及有关专家组成，可邀请地方人民政府以及有关部门参加。

大型工程在阶段验收前，验收主持单位根据工程建设需要，成立专家组，先进行技术预验收。如工程实施分期导（截）流时，可分期进行导（截）流验收。

一、验收条件

（1）导流工程已基本完成，具备过流条件，投入使用（包括采取措施后）不影响其他未完工程继续施工。（2）满足截流要求的水下隐蔽工程已完成。（3）截流设计已获批准，截流方案已编制完成，并做好各项准备工作。（4）工程度汛方案已经有管辖权的防汛指挥部门批准，相关措施已落实。（5）截流后壅高水位以下的移民搬迁安置和库底清理已完成并且通过验收。(6)有航运功能的河道，碍航问题已得到解决。

二、验收内容

（1）检查已完成的水下工程、隐蔽工程、导（截）流工程是否满足导（截）流要求。（2）检查建设征地、移民搬迁安置以及库底清理完成情况。（3）审查导（截）流方案，检查导（截）流措施和准备工作落实情况。（4）检查为解决碍航等问题而采取的工程措施落实情况。（5）鉴定与截流有关已完工程施工质量。（6）对验收中发现的问题提出处理意见。（7）讨论并通过阶段验收鉴定书。

三、验收程序

（1）现场检查工程建设情况及查阅有关资料。（2）召开大会：1）宣布验收委员会组成人员名单。2）检查已完工程的形象面貌和工程质量。3）检查在建工程的建设情况。4）检查后续工程的计划安排和主要技术措施落实情况，以及是否具备施工条件。5）检查拟投入使用工程是否具备运行条件。6）检查历次验收遗留问题的处理情况。7）鉴定已完工程施工质量。8）对于验收中发现的问题提出处理意见。9）讨论并通过阶段验收鉴定书。10）验收委员会委员和被验收单位代表在验收鉴定书上签字。

四、验收鉴定书

导（截）流验收的成果文件是主体工程投入使用验收鉴定书，它是主体工程投入使用运行的依据，也是施工单位向项目法人的交接、项目法人向运行管理单位移交的依据。

自验收鉴定书通过之日起 30 个工作日内，验收主持单位发送各参验单位。

第五节　围堰拆除

围堰是临时建筑物，导流任务完成后，应按设计要求拆除，以免影响永久建筑物的施工及运转。如在采用分段围堰法导流时，第一期横向围堰的拆除，如果不合要求，势必会增加上、下游水位差，从而增加截流工作的难度，增大截流料物的质量及数量。。

土石围堰相对来说断面较大，拆除工作一般是在运行期限的最后一个汛期过后，随上游水位的下降，逐层拆除围堰的背水坡和水上部分。

一、控制爆破

控制爆破是为达到一定预期目的的爆破。如定向爆破、预裂爆破、光面爆破、岩塞爆破、微差控制爆破、拆除爆破、静态爆破、燃烧剂爆破等。

（一）定向爆破

定向爆破是一种加强抛掷爆破技术，它利用了炸药爆炸能量的作用，在一定的条件下，可将一定数量的土岩经破碎后按预定的方向抛掷到预定地点，形成具有一定质量和形状的建筑物或开挖成一定断面的渠道。

在水利水电工程建设中，可以用定向爆破技术修筑土石坝、围堰、截流戗堤以及开挖渠道、溢洪道等。在一定条件下，采用定向爆破方法修建上述建筑物，较之用常规方法可缩短施工工期、节约劳力以及资金。

定向爆破主要是使抛掷爆破最小抵抗线方向符合预定的抛掷方向，并且在最小抵抗线方向事先造成定向坑，利用空穴聚能效应集中抛掷，这是保证定向的主要手段。造成定向坑的方法，在大多数情况下，都是利用辅助药包，让它在主药包起爆前先爆，形成一个起走向坑作用的爆破漏斗。如果地形有天然的凹面可以利用，也可不用辅助药包。

（二）预列爆破

进行石方开挖时，在主爆区爆破之前沿设计轮廓线先爆出一条具有一定宽度的贯穿裂缝，以缓冲、反射开挖爆破的振动波，控制其对保留岩体的破坏影响，获得较平整的开挖轮廓，此种爆破技术为预裂爆破。预烈爆破布置在水利水电工程施工中，预裂爆破不仅在垂直、倾斜开挖壁面上得到广泛应用；在规则的曲面、扭曲面以及水平建基面等也采用预裂爆破。

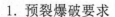

水利工程管理与施工技术研究

1. 预裂爆破要求

预裂缝要贯通且在地表有一定开裂宽度。对中等坚硬岩石，缝宽不宜小于 1.0cm；坚硬岩石缝宽应达到 0.5cm 左右；但在松软岩石上缝宽达到 1.0cm 以上时，减振作用并未显著提高，应多做些现场试验，以利总结经验。

预裂面开挖后的不平整度不宜大于 15cm。预裂面不平整度通常是指预裂孔所形成之预裂面的凹凸程度，它是衡量钻孔和爆破参数合理性的重要指标，可依此验证、调整设计数据。

预裂面上的炮孔痕迹保留率应不低于 80%，且炮孔附近岩石不出现严重的爆破裂隙。

2. 预裂爆破主要技术措施

（1）炮孔直径一般为 50～200mm，对深孔宜采围较大的孔径。（2）炮孔间距宜为孔径的 8～12 倍，坚硬岩石取小值。（3）不耦合系数（炮孔直径与药卷直径的比值）建议取 2～4，坚硬岩石取小值。（4）线装药密度通常取 250～400g/m。（5）药包结构形式，目前较多的是将药卷分散绑扎在传爆线上。分散药卷的相邻间距不宜大于50cm，且不大于药卷的殉爆距离。考虑到孔底的夹制作用较大，底部药包应加强，约为线装药密度的 2～5 倍。（6）装药时距孔口 1m 左右的深度内不要装药，可用粗砂填塞，不必捣实。填塞段过短，容易形成漏斗，过长则不能出现裂缝。

（三）光面爆破

光面爆破也是控制开挖轮廓的爆破方法之一。它和预裂爆破的不同之处在于光面爆孔的爆破是在开挖主爆孔的药包爆破之后进行。它可以使爆裂面光滑平顺，超欠挖均很少，能近似形成设计轮廓要求的爆破。光面爆破一般多用于地下工程的开挖，露天开挖工程中用得比较少，只是在一些有特殊要求或者条件有利的地方使用。

光面爆破的要领是孔径小、孔距密、装药少、同时爆。光面爆破主要参数的确定：

（1）炮孔直径宜在 50mm 以下。

（2）最小抵抗线 W 通常采用 1～3m，或用下式计算：

$W=（7～20）D$

（3）炮孔间距 a。

$a=（0.6～0.8）W$

（4）单孔装药量。用线装药密度。表示，即

$Q_x=KaW$

式中：D——孔直径；

K——单位耗药量。

（四）岩塞爆破

岩塞爆破系一种水下控制爆破。当在已成水库或天然湖泊内取水发电、灌溉、供水或泄洪时，为了修建隧洞的取水工程，避免在深水中建造围堰，采用岩塞爆破是一种经济而有效的方法。它的施工特点是先从引水隧洞出口开挖，直到掌子面到达库底或湖底邻近，然后预留一定厚度的岩塞，待隧洞和进口控制闸门井全部建完后，一次

将岩塞炸除，使隧洞和水库连通。

岩塞的布置应根据隧洞的使用要求、地形、地质因素来确定。岩塞宜选择在覆盖层薄、岩石坚硬完整，且层面和进口中线交角大的部位，特别应避开节理、裂隙、构造发育的部位。岩塞的开口尺寸应满足进水流量的要求。岩塞厚度应为开口直径的1～1.5倍。太厚难于一次爆通，太薄则不安全。

水下岩塞爆破装药量计算，应考虑岩塞上静水压力的阻抗，用药量应比常规抛掷爆破药量增大20%～30%。为了控制进口形状，岩塞周边采用预裂爆破以减震防裂。

（五）微差控制爆破

微差控制爆破是一种应用特制的毫秒延期雷管，以毫秒级时差顺序起爆各个（组）药包的爆破技术。其原理是把普通齐发爆破的总炸药能最分割为多数较小的能量，采取合理的装药结构，最佳的微差间隔时间和起爆顺序，为每个药包创造多面临空条件，将齐发大景药包产生的地震波变成一长串小幅值的地震波，同时各药包产生的地震波相互干涉，从而降低地震效应，把爆破震动控制在给定水平之下。爆破布孔和起爆顺序有成排顺序式、排内间隔式（又称 V 形式）、对角式、波浪式、径向式等，或由它组合变换成的其他形式，其中对角式效果最好，成排顺序式最差。采用对角式时，应使实际孔距与抵抗线比大于2.5以上，对软石可为6～8；相同段爆破孔数根据现场情况和一次起爆的允许炸药量而确定装药结构，通常采用空气间隔装药或孔底留空气柱的方式，所留空气间隔的长度通常为药柱长度的20%～35%左右。间隔装药可用导爆索或电雷管齐发或孔内微差引爆，后者能更有效降震，爆破采用毫秒延迟雷管。最佳微差间隔时间一般取（3～6）W，刚性大的岩石取下限。

一般相邻两炮孔爆破时间间隔宜控制在20～30ms，不宜过大或过小；爆破网路宜采取可靠的导爆索与继爆管相结合的爆破网路，每孔至少一根导爆索，确保安全起爆；非电爆管网路要设复线，孔内线脚要设有保护措施，避免装填时把线脚拉断；导爆索网路联结要注意搭接长度、拐弯角度、接头方向，并捆扎牢固，不得松动。

微差控制爆破能有效地控制爆破冲击波、震动、噪音和飞石；操作简单、安全、迅速；可近火爆破而不造成伤害；破碎程度好，可提高爆破效率和技术经济效益。但该网路设计较为复杂；需特殊的毫秒延期雷管及导爆材料。微差控制爆破适用于开挖岩石地基、挖掘沟渠、拆除建筑物和基础，以及用于工程量和爆破面积较大，对截面形状、规格、减震、飞石、边坡后面有严格要求的控制爆破工程。

第三章　水利工程堤防施工

第一节 堤防施工

一、堤防名称

堤也称"堤防"。沿江、河、湖、海，排灌渠道或分洪区、行洪区界修筑用以约束水流的挡水建筑物。其断面形状为梯形或复式梯形。按其所处地位和作用，又分为河堤、湖堤、渠堤、水库围堤等。黄河下游堤防起自战国时代，到汉代已具相当规模。明代潘季驯治河，更加创筑遥堤、缕堤、格堤、月堤。因地制宜加以布设，进一步发挥了防洪作用。

二、堤防分类

（一）按抵抗水体性质分类

按抵抗水体性质的不同分为河堤、湖堤、水库堤防和海堤。

（二）按筑堤材料分类

按筑堤材料不同分为土堤、石堤、土石混合堤及混凝土、浆砌石、钢筋混凝土防洪墙。

一般将土堤、石堤、土石混合堤称之为防洪堤；由于混凝土、浆砌石混凝土或钢筋混凝土的堤体较薄，习惯上称为防洪墙。

（三）按堤身断面分类

按堤身断面形式不同，分为斜坡式堤、直墙式堤或直斜复合式堤。

（四）按防渗体分类

按防渗体不同，分为均质土堤、斜墙式土堤、心墙式土堤及混凝土防渗墙式土堤。堤防工程的形式应根据因地制宜、就地取材的原则，结合堤段所在的地理位置、重要程度、堤址地质、筑堤材料、水流及风浪特性、施工条件、运行和管理要求、环境景观、工程造价等技术经济比较来综合确定。如土石堤与混凝土堤相比，边坡较缓，占用面积空间大，防渗防冲及抗御超额洪水与漫顶的能力弱，需合理和科学设计。混凝土堤则坚固耐冲，但对软基适应性差和造价高。

我国堤防根据所处的地理位置和堤内地形切割情况，堤基水文地质结构特征按透水层的情况分为透水层封闭模式和渗透模式两大类。堤防施工主要包括堤料选择、堤基（清理）施工、堤身填筑（防渗）等内容。

三、堤防主体工程

（一）堤身

（1）堤顶宽度应满足施工、运行管理、防汛抢险等需要。（2）堤防帮宽的位置应符合下列规定：1）堤防设计高程处的宽度不足值小于1m的不再进行帮宽；2）临河堤坡陡于1：3或帮宽宽度大于3m的平工段帮临河；3）堤防已淤背或有后戗的带背河；4）遇有转弯段等堤段，应根据实际的情况确定帮临河或背河。（3）堤顶高程、宽度应保持设计标准，高程误差不大于±5cm，宽度误差不大于±10cm。堤肩线线直弧圆，平顺规整，无明显凸凹，5m长度范围内凸凹不大于5cm。（4）临、背河边坡应为1：3，并应保持设计坡度。1）坡面平顺，沿断面10m范围内，凸凹小于5cm；2）堤脚处地面平坦，堤脚线平顺规整，10m长度范围内凸凹不大于10cm。

（二）淤区

（1）淤区盖顶高程。（2）淤区宽度原则是100m（含包边），移民迁占确有困难的堤段其淤区宽度不小于80m。（3）包边水平宽度1.0m，外边坡1：3，坡面植树或植草防护。（4）淤区顶部应设置围堤、格堤。（5）淤区顶部平整，两格堤范围内顶部高差不大于30cm，并种植适生林。（6）淤区边坡应保持设计坡度，坡面平顺，坡脚线清晰，沿坡横断面10m范围内，凸凹小于20m。（7）淤区应在坡脚外划定护堤地，并种植防护林。

（三）戗台

（1）戗台外沿修筑边境，顶宽、高度均为0.3m，外边坡1：3，内边坡戗台每隔100m设置一格堤，顶宽、高度均为0.3m，边坡1：1。（2）戗台高度、顶宽、边坡应保持设计标准，顶面平整，10m长度范围内高差不大于5cm。（3）戗台顶部应种植树木防护，树木株行距根据树种来确定。

第二节 堤防级别

防洪标准是指防洪设施应具备的防洪（或防潮）能力，一般情况下，当实际发生的洪水小于防洪标准洪水时，通过防洪系统的合理运用，实现防洪对象的防洪安全。

由于历史最大洪水会被新的更大的洪水所超过，所以任何防洪工程都只能具有一定的防洪能力和相对的安全度。堤防工程建设根据保护对象的重要性，选择适当的防洪标准，若防洪标准高，则工程能防御特大洪水，相应耗资巨大，虽然在发生特大洪水时减灾效益很大，但毕竟特大洪水发生的概率很小，甚至在工程寿命期内不会出现，造成资金积压，长期不能产生效益，而且还可能因为增加维修管理费而造成更大的浪费；若防洪标准低，则所需的防洪设施工程量小，投资少，但防洪能力弱，安全度低，工程失事的可能性就大。

一、堤防工程防洪标准和级别

堤防工程本身没有特殊的防洪要求，其防洪标准和级别划分依赖于防护对象的要求，是根据防护对象的重要性和防护区范围大小而确定的。堤防工程防洪标准，通常以洪水的重现期或出现频率表示。

二、堤防工程设计洪水标准

依照防洪标准所确定的设计洪水，是堤防工程设计的首要资料。目前设计洪水标准的表达方法，以采用了洪水重现期或出现频率较为普遍。例如，上海市新建的黄浦江防汛（洪）墙采用千年一遇的洪水作为设计洪水标准。作为参考比较，还可从调查、实测某次大洪水作为设计洪水标准。

因为堤防工程为单纯的挡水构筑物，运用条件单一，在发生超设计标准的洪水时，除临时防汛抢险外，还运用其他工程措施为配合，所以可只采用一个设计标准，不用校核标准。

确定堤防工程的防洪标准和设计洪水时，还应考虑到有关防洪体系的作用，例如江河、湖泊的堤防工程，由于上游修筑水库或开辟分洪区、滞洪区、分洪道等，堤防工程的防洪标准和设计洪水标准就提高了。

三、堤防级别、防洪标准与防护对象

对于堤防工程本身来说，并没有特殊的防洪要求，只是其级别划分和设计标准依赖于防护对象的要求，堤防工程的设计管理以及对其安全也就有不同的相应要求（表3-1）。

表 3-1　堤防工程的级别

防洪标准 / 年	≥ 100	100 ~ 50	50 ~ 30	30 ~ 20	20 ~ 10
堤防工程的级别	1	2	3	4	5

堤防工程的设计应以所在河流、湖泊、海岸带的综合规划或防洪、防潮专业规划为依据。城市堤防工程的设计，还应以城市总体规划为依据。堤防工程的设计，应具备可靠的气象水文、地形地貌、水系水域、地质及社会经济等基本资料；堤防加固、扩建设计，还应具备堤防工程现状及运用情况等资料。堤防工程设计应满足稳定、渗流、

变形等方面要求。堤防工程设计，应贯彻因地制宜、就地取材的原则，积极慎重地采用新技术、新工艺、新材料。位于地震烈度 7 度及其以上地区的 1 级堤防工程，经主管部门批准，应进行抗震设计。堤防工程设计除符合本规范外，还应符合国家现行有关标准的规定。

对于遭受洪灾或失事后损失巨大、影响十分严重的堤防工程，其级别可以适当提高；遭受洪灾或失事后损失及影响较小或使用期限较短的临时堤防工程，其级别可适当降低。

对于海堤的乡村防护区，当人口密集、乡镇企业较发达、农作物高产或水产养殖产值较高时，其防洪标准可适当提高；海堤的级别亦相应提高。蓄、滞洪区堤防工程的防洪标准，应根据批准的流域防洪规划或区域防洪规划的要求专门确定。堤防工程上的闸、涵、泵站等建筑物及其他构筑物的设计防洪标准，不应低于堤防工程的防洪标准，并应留有适当的安全裕度。

堤防工程级别和防洪标准，都是根据防护对象的重要性和防护区范围大小而确定的。堤防工程的防洪标准应根据防护区内防护标准较高防护对象的防护标准确定，但是，防护对象有时是多样的，所以不同类型防护对象，会在防洪标准和堤防级别的认识上有一定的差别。

对于以下防护对象，其防洪标准应按下列的规定确定：①当防护区内有两种以上的防护对象，又不能分别进行防护时，该防护区的防洪标准，应按防护区和主要防护对象两者要求的防洪标准中较高者确定；②对于影响公共防洪安全的防护对象，应按自身和公共防洪安全两者要求的防洪标准中较高者确定；③兼有防洪作用的路基、围墙等建筑物、构筑物，其防洪标准应按防护区和该建筑物及构筑物的防洪标准中较高者确定。

对于以下的防护对象，经论证，其防洪标准可适当提高或降低：①遭受洪灾或失事后损失巨大、影响十分严重的防护对象，可采用高于国家标准规定的防洪标准；②遭受洪灾或失事后损失及影响均较小或使用期限较短及临时性的防护对象，可采用低于国家标准规定的防洪标准；③采用高于或低于国家标准规定的防洪标准时，不影响公共防洪安全的，应报行业主管部门批准；影响公共防洪安全的，尚应同时报水行政主管部门批准。

四、主要江河流域的防洪规划

（一）科学安排洪水出路

七大流域防洪规划以科学发展观为指导，在认真总结大江大河治理经验和教训的基础上，坚持以人为本、人与自然和谐相处的理念，根据经济社会科学发展、和谐发展和可持续发展的要求，确定了我国主要的江河防洪区，制定了主要江河流域防洪减灾的总体战略、目标及其布局，科学安排洪水出路，在保证防洪安全前提下突出洪水资源利用，重视洪水管理和风险分析，统筹了防洪减灾与水资源综合利用、生态与环境保护的关系，着力保障国家及地区的防洪安全，促进经济社会可持续发展。

（二）明确防洪减灾总体目标

规划提出，全国防洪减灾工作的总体目标是：逐步建立和完善符合各流域水情特点并和经济社会发展相适应的防洪减灾体系，提高抗御洪水和规避洪水风险的能力，保障人民生命财产安全，基本保障主要江河重点防洪保护区的防洪安全，把洪涝灾害损失降低于最低程度。在主要江河发生常遇洪水或较大洪水时，基本保障国家的经济活动和社会生活安全；在遭遇特大洪水或超标准洪水时，国家经济活动和社会生活不致发生大的动荡，生态与环境不会遭到严重破坏，经济社会可持续发展进程不会受到重大干扰。具体体现为：①全社会具有较强的防灾减灾意识，规范化的经济社会活动的行为准则，建立较为完善的防洪减灾体系、社会保障体系及有效的灾后重建机制；②主要江河流域和区域按照防洪规划的要求，建成标准协调、质量达标、运行有效、管理规范，并与经济社会发展水平相适应的防洪工程体系，各类防洪设施具有规范的运行管理制度，当遇到防御目标洪水时，能保障正常的经济活动和社会生活的安全；③建立法制完备、体制健全、机制创新、行为规范的洪水管理制度和监督机制，规范和调节各类水事行为，为全面的提升管理能力与水平提供强有力的体制和制度保障；④对超标准洪水有切实可行的防御预案，确保国家正常的经济活动和社会生活不致受到重大干扰；⑤通过防洪减灾综合措施，大幅度减少因洪涝灾害造成的人员直接死亡，洪涝灾害直接经济损失占 GDP 的比例与先进国家水平基本持平。

（三）进一步提高大江大河防洪标准

七大流域防洪规划的实施，将进一步提高了我国大江大河的防洪标准，完善城市防洪体系，对保障国家粮食安全和流域人民群众生命财产安全、促进经济社会又好又快发展、构建社会主义和谐社会具有十分重要的意义。

第三节 堤防设计

一、工程管护范围

（一）工程管理范围划分

1.工程主体建筑物
堤身、堤内外戗台、淤区、险工、控导（护滩）、高岸防护等工程建筑物。
2.穿、跨堤交叉建筑物
各类穿堤水闸和管线的覆盖范围和保护用地等，其中水闸工程应包括了上游引水渠、闸室、下游消能防冲工程和两岸联接建筑物等等。
3.附属工程设施
包括观测、交通、通信设施、标志标牌、排水沟及其他维修管理设施。
4.管理单位生产、生活区建筑或者设施

包拖动力配电房、机修车间、设备材料仓库、办公室、宿舍、食堂及文化娱乐设施等。

5. 工程管护范围

包括了堤防工程护堤地、河道整治工程护坝地及水闸工程的保护用地等，应按照有关法规、规范依法划定，在工程新建、续建、加固时征购。

（二）工程安全保护范围

与工程管护范围相连的地域，应依据有关法规划定一定的区域，作为工程安全保护范围，在工程新建、续建、加固等设计时，应在设计时依法划定。

堤顶和堤防临、背坡采用集中排水和分散排水两种方案，主要要求如下：设置横向排水沟的堤防可在堤肩两侧设置挡水小坏或其他排水设施集中排汇堤顶雨水，小埝顶宽 0.2m、高 0.15m，内边坡为 1：1，外边坡为 1：3。临、背侧堤坡每隔 100m 左右设置 1 条横向排水沟，临、背侧交错布置，并和纵向排水沟、淤区排水沟连通。

堤坡、堤肩排水设施采用混凝土或浆砌石结构，尺寸根据汇流面积、降雨情况计算确定。

堤坡不设排水沟的堤防应在堤肩两侧各植 0.5m 宽的草皮带。

堤防管理范围内应建设生物防护工程，包括防浪林带、护堤林带、适生林带及草皮护坡等，应按照临河防浪、背河取材、乔灌结合的原则，合理种植，主要要求如下：沿堤顶两侧栽植 1 行行道林，株距 2m。应在堤防非险工河段的临河侧种植防浪林带，背河侧种植护堤林带。

对于临河侧防浪林带，外侧种植灌木，近堤侧种植乔木，种植宽度各占一半（株、行距，乔木采用 2m，灌木采用 1m）；对于种植区存在坑塘、常年积水的情况，应有计划的消除坑塘，待坑塘消除后补植。

背河侧护堤林带种植乔木，株、行距均采用为 2m。淤区顶部本着保持工程完整和提供防汛抢险料源的原则种植适生林带。堤防边坡、戗坡种植草皮防护，墩距为 20cm 左右，梅花形种植；禁止种植树木和条类植物。具有生态景观功能要求的城区堤段，堤防设计宜结合黄河生态景观的建设要求进行绿化美化。

为满足防汛抢险和工程管理需要，应按照《黄河备防土（石）料储备定额》和有利于改善堤容堤貌的原则，在合适部位储备土（石）料，主要要求如下：标准化堤防的备防土料应平行于大堤集中存放在淤区，间距 500～1000m，宽度 5～8m，高度比堤顶低 1m，四周边坡 1：1。备防石料应在险工坝顶或淤区集中放置，每垛备防石高度为 1.2m，数匣以 10 的倍数为准。

淤区顶部排水设施由围堤、格堤和排水沟组成，主要要求如下：应在淤区顶部的外边缘修筑纵向围堤，每间隔 100m 修一条横向格堤。围堤顶宽 1.0m，高度 0.5m，外坡 1：3，内坡格堤顶宽 1.0m，高度 0.5m，内、外坡均为 1：1。应在淤区顶部与背河堤坡接合部修一条纵向排水沟，并与堤坡横向排水沟连通，直通淤区坡脚；若堤坡采用散排水，淤区纵、横排水沟需相互连通排水至淤区坡脚。

工程管护基地宜修建在堤防背河侧，按每公里 120m² 标准集中进行建设。

应按照减少堤身土体流失和易于防汛抢险的原则建设堤顶道路和上堤辅道，主要要求如下：未硬化的堤顶采用粘性土盖顶；堤顶硬化路面有碎石路面、柏油路面和水泥路面三种。临黄大堤堤顶通常采用柏油路面硬化，路面结构参照国家三级公路标准设计；其他设防大堤堤顶道路宜按照砂石路面处理。沿堤线每隔 8 ~ 10km 应硬化不少于 1 条的上堤辅道，并尽量与地方公路网相连接；上堤辅道不应削弱堤身设计断面和堤肩，坡度宜按 7% ~ 8% 控制。

应在堤防合理位置埋设千米桩、边界桩和界碑等标志，主要要求如下：应从起点到终点，依序进行计程编码，在背河堤肩埋设千米桩。沿堤防护堤地或防浪林带边界埋设边界桩，边界桩以县局为单位从起点到终点依序进行编码，直线段每 200m 埋设 1 根，弯曲段适当加密。沿堤省、地（市）、县（市、区）等行政区的交界处，应统一设置界碑。沿堤线主要上堤辅道与大堤交叉处应设置禁行路杆，禁止雨、雪天气行车，并设立超吨位（3 吨以上）车辆禁行警示牌。通往控导、护滩（岸）工程及沿黄乡镇的道口应设置路标。大型跨（穿）堤建筑物上、下游 100m 处应分别设置警示牌。

二、设计洪水位的确定

设计洪水位是指堤防工程设计防洪水位或历史上防御过的最高的洪水位，是设计堤顶高程的计算依据。接近或达到该水位，防汛进入全面紧急状态，堤防工程临水时间已长，堤身土体可能达饱和状态，随时都有可能出现重大险情。这时要密切巡查，全力以赴，保护堤防工程安全，并根据"有限保证，无限负责"的原则，对于可能超过设计洪水位的抢护工作也要做好积极准备。

三、堤顶高程的确定

当设计洪峰流量及洪水位确定之后，就可以根据此设计堤距和堤顶高程。

堤距与堤顶高程是相互联系的。同一设计流量下，如果堤距窄，则被保护的土地面积大，但堤顶高，筑堤土方量大，投资多，且河槽水流集中，可能发生强烈冲刷，汛期防守困难；如果堤距宽，则堤身矮，筑堤土方量小，投资少，汛期易于防守，但河道水流不集中，河槽有可能发生淤积，同时放弃耕地面积大，经济损失大。因此，堤距与堤顶高程的选择存在着经济、技术最佳组合问题。

（一）堤距

堤距与洪水位关系可用水力学中推算非均匀流水面线的方法确定，也可按均匀流计算得到了设计洪峰流量下堤距与洪水位的关系。堤距的确定，需按照堤线选择原则，并从当地的实际情况出发，考虑上下游的要求，进行综合考虑。除进行投资与效益比较外，还要考虑河床演变及泥沙淤积等因素。例如，黄河下游大堤堤距最大达 15 ~ 23km，远远超出计算所需堤距，其原因不只是容、泄洪水，还有滞洪滞沙的作用。最后，选定各计算断面的堤距作为推算水面线的初步依据。

（二）堤顶高程

堤顶高程应按设计洪水位或设计高潮位加堤顶超高确定。

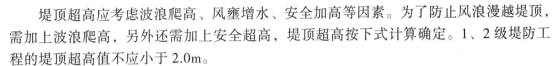

堤顶超高应考虑波浪爬高、风壅增水、安全加高等因素。为了防止风浪漫越堤顶，需加上波浪爬高，另外还需加上安全超高，堤顶超高按下式计算确定。1、2级堤防工程的堤顶超高值不应小于2.0m。

Y=R+E+A

式中：Y——堤顶超高，m；

R——设计波浪爬高，m；

E——设计风壅增水高度，m；

A——安全加高，m，按表3-2确定。

表3-2　堤防工程的安全加高值

堤防工程的级别		1	2	3	4	5
安全加高值（m）	不允许越浪的堤防工程	1.0	0.8	0.7	0.6	0.5
	允许越浪的堤防工程	0.5	0.4	0.4	0.3	0.3

波浪爬高与地区风速、风向、堤外水面宽度和水深，以及堤外有无阻浪的建筑物、树林、大片的芦苇、堤坡的坡度和护面材料等因素都有关系。

四、堤身断面尺寸

堤身横断面一般为梯形，其顶宽和内外边坡的确定，往往是根据经验或参照已建的类似堤防工程，首先初步拟定断面尺寸，然后对重点堤段进行渗流计算和稳定校核，使堤身有足够的质量和边坡，以抵抗横向水压力，并在渗水达到饱和后不发生坍滑。

堤防宽度的确定，应考虑洪水的渗径和汛期抢险交通运输以及防汛备用器材堆放的需要。汛期高水位，若堤身过窄，渗径短，渗透流速大，渗水容易从大堤背水坡腰逸出，发生险情。对此，须按土坝渗流稳定分析方法计算大堤浸润线位置检验堤身断面。我国主要江河堤顶宽度：荆江大堤为8～12m，长江其他干堤7～8m，黄河下游大堤宽度一般为12m（左岸贯孟堤、太行堤上段、利津南宋至四段、右岸东平湖8段临黄山口隔堤和星利南展上界至二十一户为10m）。为了便于排水，堤顶中间稍高于两侧（俗称花鼓顶），倾斜坡度3%～5%。

边坡设计应视筑堤土质、水位涨落强度和洪水持续历时、风浪、渗透情况等因素而定。一般是临水坡较背水坡陡一些。在实际工程中，常根据经验确定。如果采用壤土或沙壤土筑堤，且洪水持续时间不太长，当堤高不超过5m时，堤防临水坡和背水坡边坡系数可采用2.5～3.0；当堤高超过5m时，边坡应更平缓些。例如荆江大堤，临水坡边坡系数为2.5～3.0，背水坡为3.0～6.3，黄河下游大堤标准化堤防工程建成后临水坡和背水坡边坡系数均为3.0。若堤身较高，为了增加其稳定性和防止渗漏，常在背水坡下部加筑戗台或压浸台，也可将背水坡修成变坡形式。

五、渗流计算与渗控措施设计

一般土质堤防工程，在靠水、着溜时间较长时，均存在渗流问题。同时，平原地区的堤防工程，堤基表层多为透水性较弱的粘土或沙壤土，而下层则为透水性较强的砂层、砂砾石层。当汛期堤外水位较高时，堤基透水层内出现水力坡降，形成向堤防工程背河的渗流。在一定的条件下，该渗流会在堤防工程背河表土层非均质的地方突然涌出，形成翻沙鼓水，引起堤防工程险情，甚至出现决口。因此，在堤防工程设计中，必须进行渗流稳定分析计算和相应的渗控措施设计。

（一）渗流计算

水流由堤防工程临河慢慢渗入堤身，沿堤的横断面方向连接其所行经路线的最高点形成的曲线，称为浸润线。渗流计算的主要内容包括确定堤身内浸润线的位置、渗透比降、渗透流速以及形成稳定浸润线的最短因时等。

（二）渗透变形的基本形式

堤身及堤基在渗流作用下，土体产生的局部破坏，称为渗透变形。渗透变形的形式及其发展过程，与土料的性质及水流条件、防渗排渗等因素有关，一般可归纳为管涌、流土、接触冲刷、接触流土或接触管涌等类型。管涌为非粘性土中，填充在土层中的细颗粒被渗透水流移动和带出，形成渗流通道的现象；流土为局部范围内成块的土体被渗流水掀起浮动的现象；接触冲刷为渗流沿不同材料或土层接触面流动时引起的冲刷现象；当渗流方向垂直于不同土壤的接触面时，可能把其中一层中的细颗粒带到另一层由较粗颗粒组成的土层孔隙中的管涌现象，称之为接触管涌。如果接触管涌继续发展，形成成块土体移动，甚至形成剥蚀区时，便形成接触流土。接触流土和接触管涌变形，常出现在选料不当的反滤层接触面上。渗透变形是汛期堤防工程常见的严重险情。

一般认为，粘性土不会产生管涌变形和破坏，沙土和砂砾石，其渗透变形形式与颗粒级配有关。

（三）产生管涌与流土的临界坡降

使土体开始产生渗透变形的水力坡降为临界坡降。当有较多的土料开始移动时，产生渗流通道或较大范围破坏的水力坡降，称为破坏坡降。临界坡降可用试验方法或计算方法加以确定。

为防止堤基不均匀性等因素造成的渗透破坏现象，防止内部管涌及接触冲刷，容许水力坡降可参考建议值（见表3-3）选定。如果在渗流出口处做有滤渗保护措施，表3-3中所列允许渗透坡降可以适当提高。

表 3-3　控制堤基土渗透破坏的容许水力坡降

基础表层土名称	堤坝等级			
	Ⅰ	Ⅱ	Ⅲ	Ⅳ
一、板桩形式的地下轮廓				
1. 密实粘土	0.50	0.55	0.60	0.65
2. 粗砂、砾石	0.30	0.33	0.36	0.39
3. 壤土	0.25	0.28	0.30	0.33
4. 中砂	0.20	0.22	0.24	0.26
5. 细砂	0.15	0.17	0.18	0.20
二、其他形式的地下轮廓				
1. 密实粘土	0.40	0.44	0.48	0.52
2. 粗砂、砾石	0.25	0.28	0.30	0.33
3. 壤土	0.20	0.22	0.24	0.26
4. 中砂	0.15	0.17	0.18	0.20
5. 细砂	0.12	0.13	0.14	0.16

（四）渗控措施设计

堤防工程渗透变形产生管漏涌沙，往往是引起堤身蛰陷溃决的致命伤。为此，必须采取措施，降低渗透坡降或增加渗流出口处土体的抗渗透变形能力。目前工程中常用的方法，除在堤防工程施工中选择合适的土料以及严格控制施工质量外，主要采用"外截内导"的方法治理。

1. 临河面不透水铺盖

在堤防工程临水面堤脚外滩地上，修筑连续的粘土铺盖，以增加渗径长度，减小渗流的水力坡降和渗透流速，是目前工程中经常使用的一种防渗技术。铺盖的防渗效果，取决于所用土料的不透水性及其厚度。根据经验，铺盖宽度约为临河水深的15～20倍，厚度视土料的透水性和干容重而定，通常不小于1.0m。

2. 堤背防渗盖重

当背河堤基透水层的扬压力大于其上部不（弱）透水层的有效压重时，为防止发生渗透破坏，可采取填土加压，增加覆盖层厚度的办法来抵抗向上的渗透压力，并增加渗径长度，消除产生管涌、流土险情的条件。盖重的厚度和宽度，可依盖重末端的扬压力降至允许值的要求设计。近些年来，在黄河和长江一些重要的堤段，采用堤背放淤或吹填办法增加盖重，同时起到了加固堤防和改良农田的作用。

3. 堤背脚滤水设施

对于洪水持续时间较长的堤防工程，堤背脚渗流出逸坡降达不到安全容许坡降的要求时，可在渗水逸出处修筑滤水馅台或反滤层、导渗沟、减压井等工程。

滤水馅台通常由砂、砾石滤料和集水系统构成，修筑在堤背后的表层土上，增加了堤底宽度，并且使堤坡渗出的清水在馅台汇集排出。反滤层设置在堤背面下方和堤脚下，其通过拦截堤身和从透水性底层土中渗出的水流挟带的泥沙，防止堤脚土层侵蚀，保证堤坡稳定。堤背后导渗沟的作用与反滤层相同。当透水地基深厚或为层状的透水地基时，可在堤坡脚处修建减压井，为了渗流提供出路，减小渗压，防止管涌发生。

第四节 堤基施工

一、堤基清理

（1）在进行坝基清理前，监理工程师根据设计文件、图纸要求、技术规范指标、堤基情况等，审查施工单位提交的基础处理方案。（2）对于施工单位进行的堤基开挖或处理过程中的详细记录，监理工程师均应按照有关规定审核签字。（3）堤基清理范围包括堤身、铺盖和压载的基面。堤基清理边线应比设计基面边线宽出300～500mm。老堤加高培厚，其清理范围包括堤顶和堤坡。（4）堤基清理时，应将堤基范围内表层的砖石、淤泥、腐殖土、杂填土、泥炭、杂草、树根以及其他杂物等清除干净，并应按指定的位置堆放。（5）堤基清理完毕后，应在第一层土料填筑前，将堤基内的井窖、树坑、坑塘等按堤身要求进行分层回填、平整、压实处理，压实后土体干密度应符合设计要求。（6）堤基处理完毕后应立即报监理工程师，由业主、设计、监理以及监督等部门共同验收，分部工程检测的数量按堤基处理面积的平均数每200m² 为一个计算单元，并做好记录和共同签字认可，才能进行堤身的填筑。（7）如果堤基的地质比较复杂、施工难度较大或无相关规范可遵循时，应进行必要的技术论证，然后通过现场试验取得有关技术参数并经监理工程师批准。（8）堤基处理后要避免产生冻结，当堤基出现冻结，有明显夹层和冻胀现象时，未经处理不得在堤基上进行施工。（9）基坑积水应及时将其排除，对泉眼应在分析其成因和对堤防的影响后，予以封堵或引导。在开挖较深的堤基时，应时刻注意防止滑坡。

二、清理方法

（1）堤基表层的不合格土、杂物等必须彻底清除，堤基范围内的坑槽、沟等，应按堤身填筑要求进行回填处理。（2）堤基内的井窖、墓穴、树根、腐烂木料、动物巢穴等是最易塌陷的地方，必须按照堤身填筑要求回填，并进行重点认真质量检验。（3）对于新旧堤身的结合部位清理、接槎、刨光和压实，应符合相应要求。（4）基面清理平整后，应及时要求施工单位报验。基面验收合格后应抓紧堤身的施工，若不能立即施工，应通知施工单位做好基面保护工作，并在复工前再报监理检验，必要时应当重新清理。（5）堤基清理单元工程的质量检查项目和标准，主要有以下几个方面：基面清理标准，堤基表层不合格土、杂物等全部清除；一般堤基清理，堤基上的坑塘、洞穴均按要求处理；堤基平整压实，表面无显著凸凹，无松土和弹簧土。

三、软弱堤基处理

（1）浅埋的薄层采用挖除软弱层换填砂、土时，应按设计要求用中粗砂或砂砾，铺填后及时予以压实。厚度较大难以挖除或挖除不经济时，可采用铺垫透水材料加速排水和扩散应力、在堤脚外设置压载、打排水井或塑料排水带、放缓堤坡、控制加荷速率等方法处理。（2）流塑态淤质软粘土地基上采用堤身自重挤淤法施工时，应放缓堤坡、减慢堤身填筑速度、分期加高，直至堤基流塑变形与堤身沉降平衡、稳定。（3）软塑态淤质软粘土地基上在堤身两侧坡脚外设置压载体处理时，压载体应与堤身同步、分级、分期加载，保持施工中的堤基与堤身受力平衡。（4）抛石挤淤应使用块径不小于 30cm 的坚硬石块，当抛石露出土面或水面时，改用较小石块填平压实，再在上面铺设反滤层并填筑堤身。（5）修筑重要堤防时，可以采用振冲法或搅拌桩等方法加固堤基。

四、透水堤基处理

（1）浅层透水堤基宜采用粘性土截水槽或其他垂直防渗措施截渗。粘性土截水槽施工时，宜采用明沟排水或井点抽排，回填粘性土应在无水基底上，并按设计要求施工。（2）深厚透水堤基上的重要堤段，可设置粘土、土工膜、固化灰浆、混凝土、塑性混凝土、沥青混凝土等地下截渗墙。（3）用粘性土做铺盖或用土工合成材料进行防渗，应按相关规定施工。铺盖分片施工时，应加强接缝处的碾压和检验。（4）采用槽形孔浇筑混凝土或高压喷射连续防渗墙等方法对透水堤基进行防渗处理时，应符合防渗墙施工的规定。（5）砂性堤基采用振冲法处理时，应符合相关标准的规定。

五、多层堤基处理

（1）多层堤基如无渗流稳定安全问题，施工时只需将经清基的表层土夯实后即可填筑堤身。（2）盖重压渗、排水减压沟及减压井等措施诃单独使用，也可结合使用。表层弱透水覆盖层较薄的堤基如下卧的透水层均匀且厚度足够时，宜采用排水减压沟，其平面位置宜靠近堤防背水侧坡脚 – 排水减压沟可采用明沟或暗沟。暗沟可采用砂石、土工织物、开孔管等。（3）堤基下有承压水的相对隔水层，施工时应保留设计要求厚度的相对隔水层。（4）堤基面层为软弱或透水层时，应按软弱堤基施工、透水堤基施工处理。

六、岩石堤基处理

（1）强风化岩层堤基，除了按设计要求清除松动岩石外，筑砌石堤或混凝土堤时基面应铺层厚大于 30mm 的水泥砂浆；筑土堤时基面应涂层厚为 3mm 的粘土浆，然后进行堤身填筑。（2）裂缝或裂隙比较密集的基岩，可采用水泥固结灌浆或帷幕灌浆进行处理。

第五节 堤身施工

一、土坝填筑与碾压施工作业

（一）影响因素

土料压实的程度主要取决于机具能量、碾压遍数、铺土的厚度和土料的含水员等。

土料是由土料、水和空气三相体所组成。通常固相的土粒和液相的水是不会被压缩的。土料压实就是将被水包围的细土颗粒挤压填充到粗土粒间孔隙中去，从而排走空气，使土料的空隙率减小，密实度提高。通常来说，碾压遍数越多，则土料越紧实。当碾压到接近土料极限密度时，再进行碾压起的作用就不明显了。

在同一碾压条件下，土的含水量对碾压质量有直接的影响。当土具有一定含水量时，水的润滑作用使土颗粒间的摩擦阻力减小，从而使土易于密实。但当含水量超过某一限度时，土中的孔隙全由水来填充而呈饱和状态，反而使土难以压实。

（二）压实机具及其选择

在碾压式的小型土坝施工中，常用的碾压机具有平碾、肋条碾，也有用重型履带式拖拉机作为碾压机具使用的。碾压机具主要靠沿土面滚动时碾本身的自重，在短时间内对土体产生静荷重作用，使土粒互相移动而达到密实。

根据压实作用力来划分，通常有碾压、夯击、振动压实三种机具。随着工程机械的发展，又有振动和碾压同时作用的振动碾，产生振动以及夯击作用的振动夯等。常用的压实机具有以下几种。

1.平碾及肋条碾

平碾的滚筒可用钢板卷制而成，滚筒一端有小孔，从小孔中可加入铁粒等，以增加其重量。平碾的滚筒也可用石料或混凝土制成。一般平碾的质量（包括填料重）为 5～12t，沿滚筒宽度的单宽压力为 200～500N/cm，铺土厚度一般不超过20～25cm。

肋条碾可就地用钢筋混凝土制作，它与平碾不同之处在于作用地土层上的单位压力比平碾大，压实效果较好，可以减少土层的光面现象。

羊脚碾是用钢板制成滚筒，表面上镶有钢制的短柱，形似羊脚，筒端开有小孔，可以加入填料，以调节碾重。羊脚碾工作时，羊脚插入铺土层后，使土料受到挤压及揉搓的联合作用而压实。羊脚碾碾压粘性土的效果好，但不适宜于碾压非粘性土。

2.振动碾

这是一种振动和碾压相结合的压实机械。它是由柴油机带动和机身相连的附有偏心块的轴旋转，迫使碾滚产生高频振动。振动功能以压力波的形式传到土体内。非粘性土料在振动作用下，土粒间的内摩擦力迅速降低，同时由于颗粒大小不均匀，质量有差异，导致惯性力存在差异，从而产生相对位移，使细颗粒填入粗颗粒间的空隙而

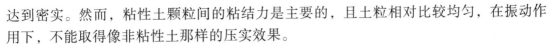

达到密实。然而，粘性土颗粒间的粘结力是主要的，且土粒相对比较均匀，在振动作用下，不能取得像非粘性土那样的压实效果。

由于振动作用，振动碾的压实影响深度比一般碾压机械大 1～3 倍，可达 1m 以上。它的碾压面积比振动夯和振动器压实面积大，生产率很高。

3. 气胎碾

气胎碾有单轴和双轴之分。单轴的主要构造是由装载荷重的金属车箱和装在轴上的 4～6 个气胎组成。碾压时在金属车厢内加载，并同时将气胎充气至设计压力。为防止气胎损坏，停工时用千斤顶将金属厢支托起来，并把胎内的气放掉。

气胎碾在碾压土料时，气胎随土体的变形而变形。随着土体压实密度的增加，气胎的变形也相应增加，始终能保持较为均匀的压实效果。它与刚性碾比较，气胎不仅对土体的接触压力分布均匀而且作用时间长，压实效果好，压实土料厚度大，生产效率高。

气胎碾可根据压实土料的特性调整其内压力，使气胎对土体的压力始终保持在土料的极限强度内。通常气胎的内压力，对粘性土以 $(5～6) \times 10^5 Pa$、非粘性土以 $(2～4) \times 10^5 Pa$ 最好。平碾碾滚是刚性的，不能适应土体的变形，荷载过大就会使碾滚的接触应力超过土体的极限强度，这就限制了这类碾朝重型方向发展。气胎碾却不然，随着荷载的增加，气胎与土体的接触面增大，接触应力仍不超过土体的极限强度。所以只要牵引力能满足要求，就不妨碍气胎碾朝重型高效方向发展。

4. 夯实机具

水利工程中常用的夯实机具有木夯、石破、蛤蟆夯（即蛙式打夯机）等。夯实机具夯实土层时，冲击加压的作用时间短，单位压力大，但不如碾压机械压实均匀，一般用于狭窄的施工场地或碾压机具难以施工的部位。

夯板可以吊装在去掉土斗的挖掘机的臂杆上，借助卷扬机操纵绳索系统从而使夯板上升。夯击土料时将索具放松，使夯板自由下落，夯实土料，其压实铺土厚度可达 1m，生产效率较高。对于大颗粒填料可用夯板夯实，其破碎率比用碾压机械压实大得多。为了提高夯实效果，适应夯实土料特性，在夯击粘性土料或略受冰冻的土料时，还可将夯板装上羊脚，即成羊脚夯。

选择压实机具时，主要依据土石料性质（粘性或非粘性、颗粒级配、含水量等）、压实指标、工程量、施工强度、工作面大小以及施工强度等。在不超过土石料极限强度的条件下，宜选用较重型的压实机具，以获得较高的生产率和较好的压实效果。

二、堤身填筑与砌筑

（一）填筑作业要求

（1）地面起伏不平时按水平分层由低处开始逐层填筑，不得顺坡铺填。堤防横断面上的地面坡度陡于 1∶5 时，应将地面坡度削至缓于 1∶5。（2）分段作业面的最小长度不应小于 100m，人工施工时作业面段长可以适当减短。相邻施工段作业面宜均衡上升，若段与段之间不可避免出现高差时，应以斜坡面相接。分段填筑应设立标志，上下层的分段接缝位置应错开。（3）在软土堤基上筑堤或采用较高含水量土料填筑堤身时，应严格控制施工速度，必要时在堤基、坡面设置沉降和位移观测点进行控制。如堤身两侧设计有压载平台时，堤身与压载平台应按设计断面同步分层填筑。（4）采用光面碾压实粘性土时，在新层铺料前应对压光层面做刨毛的处理；在填筑层检验合格后因故未及时碾压或经过雨淋、暴晒使表面出现疏松层时，复工前应采取复压等措施进行处理。（5）施工中若发现局部"弹簧土"、层间光面、层间中空、松土层或剪切破坏等现象时应及时处理，并经检验合格后方准铺填新土。（6）施工中应协调好观测设备安装埋设和测量工作的实施；已埋设的观测设备和测量标志应保护完好。（7）对占压堤身断面的上堤临时坡道做补缺口处理时，应将已板结的老土刨松，并与新铺土一起按填筑要求分层压实。（8）堤身全断面填筑完成后，应做整坡压实及削坡处理，并对堤身两侧护堤地面的坑洼进行铺填和整平。（9）对老堤进行加高培厚处理时，必须清除结合部位的各种杂物，并将老堤坡挖成台阶状，再分层填筑。（10）粘性土填筑而在下雨时不宜行走践踏，不允许车辆通行。雨后恢复施工，填筑面应经晾晒、复压处理，必要时应对表层再次进行清理。（11）土堤不宜在负温下施工。如施工现场具备可靠保温措施，允许在气温不低于-10℃的情况下施工。施工时应取正温土料，土料压实时的气温必须在-1℃以上，装土、铺土、碾压、取样等工序快速连续作业。要求粘性土含水量不得大于塑限的90%，砂料含水缺不得大于4%，铺土厚度应比常规要求适当减薄，或采用重型机械碾压。

（二）铺料作业要求

（1）应按设计要求将土料铺至规定部位，严禁将砂（砾）料或其他透水料与粘性土料混杂，上堤土料中的杂质应予以清除；如设计没有特别规定，铺筑应平行堤轴线顺次进行。（2）土料或砾质土可采用进占法或后退法卸料；砂砾料宜用后退法卸料；砂砾料或砾质土卸料如发生颗粒分离现象时，应采取措施将其拌和均匀。（3）铺料厚度和土块直径的限制尺寸，宜通过碾压试验确定。（4）铺料至堤边时，应比设计边线超填出一定余量：人工铺料宜为10cm，机械铺料宜为30cm。

（三）压实作业要求

施工前应先做现场碾压试验，验证碾压质量能否达到了设计压实度值。若已有相似施工条件的碾压经验时，也可参考使用。

（1）碾压施工应符合下列规定：碾压机械行走方向应平行于堤轴线；分段、分片碾压时，相邻作业面的碾压搭接宽度：平行堤轴线方向的宽度不应小于0.5m；垂直堤轴线方向的宽度不应小于2m；拖拉机带碾或振动碾压实作业时，宜采用进退错距法，碾迹搭压宽度应大于10cm；铲运机兼作压实机械时，宜采用轨迹排压法，轨迹应搭压轮宽的1/3；机械碾压应控制行车速度，以不超过下列规定为宜：平碾为2km/h，振动碾为2km/h，铲运机为2挡。（2）机械碾压不到的部位，应辅以夯具夯实，夯实时应采用连环套打法，夯迹双向套压，夯压夯1/3，行压行1/3；分段、分片夯实时，夯迹搭压宽度应不小于1/3夯径。（3）砂砾料压实时，洒水量宜为填筑方量的20%～40%；中细砂压实的洒水量，可以按最优含水量控制；压实作业宜用履带式拖拉机带平碾、振动碾或气胎碾施工。（4）当已铺土料表面在压实前被晒干时，应采用铲除或洒水湿润等方法进行处理；雨前应将堤面做成中间稍高两侧微倾的状态并及时压实。（5）在土堤斜坡结合面上铺筑施工时，要控制好结合面土料的含水量，边刨毛、边铺土、边压实。进行垂直堤轴线堤身接缝碾压时，须跨缝搭接碾压，其搭压宽度不小于2.0cm。

（四）堤身与建筑物接合部施工

土堤与刚性建筑物如涵闸、堤内埋管、混凝土防渗墙等相接时，施工应符合下列要求：（1）建筑物周边回填土方，宜在建筑物强度分别达到设计强度的50%～70%情况下施工。（2）填土前，应清除建筑物表面的乳皮、粉尘及油污等；对表面的外露铁件（如模板对销螺栓等）宜割除，必要时对铁件残余露头需用水泥砂浆覆盖保护。（3）填筑时，须先将建筑物表面湿润，边涂泥浆、边铺土、边夯实；涂浆高度应与铺土厚度一致，涂层厚宜为3～5mm，并应与下部涂层衔接；不允许泥浆干涸后再铺土和夯实。（4）制备泥浆应采用塑性指数＞17的粘土，泥浆的浓度可用1：2.5～1：3.0（土水重量比）。（5）建筑物两侧填土，应保持均衡地上升；贴边填筑宜用夯具夯实，铺土层厚度宜为15～20cm。

（五）土工合成材料填筑要求

工程中常用到土工合成材料，如编织型土工织物、土工网、土工格栅等，施工时按以下要求控制：（1）筋材铺放基面应平整，筋材垂直堤轴线方向铺展，长度按设计要求裁制。（2）筋材一般不宜有拼接缝。如筋材必须拼接时，应按不同情况区别对待：编织型筋材接头的搭接长度，不宜小于15cm，以细尼龙线双道缝合，并满足抗拉要求；土工网、土工格栅接头的搭接长度，不宜小于5cm（土工格栅至少搭接一个方格），并以细尼龙绳在连接处绑扎牢固。（3）铺放筋材不允许有褶皱，并尽量用人工拉紧，以U形钉定位于填筑土面上，填土时不能发生移动。填土前如发现筋材有破损、裂纹等质量问题，应及时修补或做更换处理。（4）筋材上面可按规定层厚铺土，但施工机械与筋材间的填土厚度不应小于15cm。（5）加筋土堤压实，宜用平碾或气胎碾，但在极软地基上筑加筋土堤时，开始填筑的二、三层宜用推土机或装载机铺土压实，当填筑层厚度大于0.6m后，才能按常规方法碾压。（6）加筋土堤施工时，最初二、三层填筑应遵照以下原则：在极软地基上作业时，宜先由堤脚两侧开始填筑，然后逐渐向堤中心扩展，在平面上呈"凹"字形向前推进；在一般地基上作业时，宜先从堤中心开始填筑，然后逐渐向两侧堤脚对称扩展，在平面上呈"凸"字形向前推进；随后逐层填筑时，可按常规方法进行。

第四章 水利工程地基处理

第一节 岩基处理方法

若岩基处于严重风化或破碎状态，首先考虑清除至新鲜的岩基为止。若风化层或破碎带很厚，无法清除彻底时，则考虑采用灌浆的方法加固岩层以及截止渗流。对于防渗，有时从结构上进行处理，设截水墙和排水系统。

灌浆方法是钻孔灌浆（在地基上钻孔，用压力把浆液通过钻孔压入风化或破碎的岩基内部）。待浆液胶结或固结后，就能达到防渗或加固的目的。最常用的灌浆材料是水泥。当岩石裂隙多、空洞大，吸浆量很大时，为了节省水泥，降低工程造价，改善浆液性能．常加砂或其他材料；当裂隙细微，水泥浆难以灌入，基础的防渗不能达到设计要求或者有大的集中渗流时，可采用化学材料灌浆的方法处理。化学灌浆是一种以高分子有机化合物为主体材料的新型灌浆方法。这种浆材呈溶液状态，能灌入0.1mm以下的微细裂缝,浆液经过一定时间起化学作用,可将裂缝黏合起来或形成凝胶，起到堵水防渗以及补强的作用。

除上述灌浆材料外，还有热柏油灌浆、黏土灌浆等，但是因为本身存在一些缺陷致使其应用受到一定限制。

一、基岩灌浆的分类

水工建筑物的岩基灌浆按其作用，可分为固结灌浆，帷幕灌浆和接触灌浆。灌浆技术不仅大量运用于建筑物的基岩处理，而且也是进行水工隧洞围岩固结、衬砌回填、超前支护，混凝土坝体接缝以及建（构）筑物补强、堵漏等方面的主要措施。

（一）帷幕灌浆

布置在靠近建筑物上游迎水面的基岩内，形成了一道连续的平行建筑物轴线的防渗幕墙。其目的是减少基岩的渗流量，降低基岩的渗透压力，保证基础的渗透稳定。帷幕灌浆的深度主要由作用水头及地质条件等确定，较之固结灌浆要深得多，有些工程的帷幕深度超过百米。在施工中，通常采用单孔灌浆，所使用的灌浆压力比较大。

帷幕灌浆一般安排在水库蓄水前完成，这样有利于保证灌浆的质量。由于帷幕灌浆的工程量较大，与坝体施工在时间安排上有矛盾，所以通常安排在坝体基础灌浆廊道内进行。这样既可实现坝体上升和基岩灌浆同步进行，也为灌浆施工具备了一定厚度的混凝土压重，有利于提高灌浆压力、保证灌浆质量。

（二）固结灌浆

其目的是提高基岩的整体性与强度，并降低基础的透水性。当基岩地质条件较好时，一般可在坝基上、下游应力较大的部位布置固结灌浆孔；在地质条件较差而坝体较高的情况下，则需要对坝基进行全面的固结灌浆，甚至在坝基以外上、下游一定范围内也要进行固结灌浆。灌浆孔的深度一般为 5 ~ 8m，也有深达 15 ~ 40m 的，各孔在平面上呈网格交错布置。通常采用群孔冲洗和群孔灌浆。

固结灌浆宜在一定厚度的坝体基层混凝土上进行，这样可以防止基岩表面冒浆，并采用较大的灌浆压力，提高灌浆的效果，同时也兼顾坝体与基岩的接触灌浆。如果基岩比较坚硬、完整，为了加快施工速度，也可直接在基岩表面进行无混凝土压重的固结灌浆。在基层混凝土上进行钻孔灌浆，必须在相应部位混凝土的强度达到 50% 设计强度后，方可开始。或者先在岩基上钻孔，预埋灌浆管，待混凝土浇筑到一定厚度后再灌浆。同一地段的基岩灌浆必须按先固结灌浆后帷幕灌浆的顺序进行。

（三）接触灌浆

其目的是加强坝体混凝土与坝基或岸肩之间的结合能力，提高坝体的抗滑稳定性。通常是通过混凝土钻孔压浆或预先在接触面上埋设灌浆盒及相应的管道系统。也可结合固结灌浆进行。接触灌浆应安排在坝体混凝土达到稳定温度以后进行，以利于防止混凝土收缩产生拉裂。

二、灌浆的材料

岩基灌浆的浆液，一般应该满足如下要求：浆液在受灌的岩层中应具有良好的可灌性，即在一定的压力下，能灌入到裂隙、空隙或孔洞中，充填密实；浆液硬化成结石后，应具有良好的防渗性能、必要的强度和黏结力；为便于施工和增大浆液的扩散范围，浆液应具有良好的流动性；浆液应具有较好的稳定性，吸水率低。

基岩灌浆以水泥灌浆最普遍。灌入基岩的水泥浆液，由水泥与水按一定配比制成，水泥浆液呈悬浮状态。水泥灌浆具有灌浆效果可靠，灌浆设备与工艺比较简单，材料成本低廉等优点。

水泥浆液所采用的水泥品种，应根据灌浆目的和环境水的侵蚀作用等因素来确定。一般情况下，可采用标号不低于 C45 的普通硅酸盐水泥或硅酸盐大坝水泥，如有耐酸等要求时，选用抗硫酸盐水泥。矿渣水泥与火山灰质硅酸盐水泥由于其吸水快、稳定性差、早期强度低等缺点，一般不宜使用。

水泥颗粒的细度对于灌浆的效果有较大影响。水泥颗粒越细，越能够灌入细微的裂隙中，水泥的水化作用也越完全。帷幕灌浆对水泥细度的要求为通过 80μm 方孔筛的筛余量不大于5%。灌浆用的水泥要符合质量标准，不得使用过期、结块或细度不合要求的水泥。

对于岩体裂隙宽度小于200μm的地层，普通水泥制成的浆液通常难以灌入。为了提高水泥浆液的可灌性，自20世纪80年代以来，许多国家陆续研制出各类超细水泥，并在工程中得到广泛采用。超细水泥颗粒的平均粒径约4μm，比表面积8 000cm²/g，它不仅具有良好的可灌性，同时在结石体强度、环保及价格等方面都具有很大优势，特别适合细微裂隙基岩的灌浆。

在水泥浆液中掺入一些外加剂（如速凝剂、减水剂、早强剂及稳定剂等），可以调节或改善水泥浆液的一些性能，满足工程对浆液的特定要求，提高灌浆效果。外加剂的种类及掺入量应通过试验确定。

在水泥浆液里掺入黏土、砂、粉煤灰，制成水泥黏土浆、水泥砂浆、水泥粉煤灰浆等，可用于注入量大、对结石强度要求不高的基岩灌浆。这主要是为了节省水泥、降低材料成本。砂砾石地基的灌浆主要是采用此类浆液。

当遇到一些特殊的地质条件如断层、破碎带、细微裂隙等，采用普通水泥浆液难以达到工程要求时，也可采用化学灌浆，即灌注以环氧树脂、聚氨酯、甲凝等高分子材料为基材制成的浆液。其材料成本比较高，灌浆工艺比较复杂。在基岩处理中，化学灌浆仅起辅助作用，一般是先进行水泥灌浆，其次在其基础上进行化学灌浆，这样既可提高灌浆质量，也比较经济。

三、水泥灌浆的施工

在基岩处理施工前一般需进行现场灌浆试验。通过试验，可以了解基岩可灌性、确定合理的施工程序与工艺、提供科学的灌浆参数等，为进行灌浆设计与施工准备提供主要依据。

基岩灌浆施工中的主要工序包括钻孔、钻孔（裂隙）冲洗、压水试验、灌浆、回填封孔等工作。

（一）钻孔

钻孔质量要求：确保孔位、孔深、孔向符合设计要求。钻孔的方向与深度是保证帷幕灌浆质量的关键。如果钻孔方向有偏斜，钻孔深度达不到要求，则通过各钻孔所灌注的浆液，不能连成一体，将形成漏水通路。力求孔径上下均一、孔壁平顺。孔径均一、孔壁平顺，则灌浆栓塞能够卡紧卡牢，灌浆时不致于产生绕塞返浆。钻进过程中产生的岩粉细屑较少。钻进过程中如果产生过多的岩粉细屑，容易堵塞孔壁的缝隙，影响灌浆质量，同时也影响工人的作业环境。

根据岩石的硬度完整性和可钻性的不同，分别采用了硬质合金钻头、钻粒钻头和金刚钻头。6~7级以下的岩石多用硬质合金钻头；7级以上用钻粒钻头；石质坚硬且较完整的用金刚石钻头。

帷幕灌浆的钻孔宜采用回转式钻机和金刚石钻头或硬质合金钻头，其钻进效率较高，不受孔深、孔向、孔径和岩石硬度的限制，还可钻取岩芯。钻孔的孔径一般在

75 ~ 91mm。固结灌浆则可采用各式合适的钻机与钻头。

孔向的控制相对较困难，特别是钻设斜孔，掌握钻孔方向更加困难。当深度大于60m时，则允许的偏差不应超过钻孔的间距。钻孔结束后，应对孔深、孔斜和孔底残留物等进行检查，不符合要求的应采取补救处理措施。

钻孔顺序是为了有利于浆液以及扩散和提高浆液结合的密实性，在确定钻孔顺序时应和灌浆次序密切配合。一般是当一批钻孔钻进完毕后，随即进行灌浆。钻孔次序则以逐渐加密钻孔数和缩小孔距为原则。对排孔的钻孔顺序，先下游排孔，后上游排孔，最后中间排孔。对统一排孔而言，一般 2 ~ 4 次序孔施工，逐渐加密。

（二）钻孔冲洗

钻孔后，要进行钻孔及岩石裂隙的冲洗。冲洗工作通常分为：钻孔冲洗，将残存在钻孔底和黏滞在孔壁的岩粉铁屑等冲洗出来；岩层裂隙冲洗，将岩层裂隙中的充填物冲洗出孔外，以便浆液进入到腾出的空间，使浆液结石与基岩胶结成整体。在断层、破碎带和细微裂隙等复杂地层中灌浆，冲洗的质量对灌浆效果影响极大。

一般采用灌浆泵将水压入孔内循环管路进行冲洗。将冲洗管插入孔内，用阻塞器将孔口堵紧，用压力水冲洗。也可采用压力水和压缩空气轮换冲洗或压力水和压缩空气混合冲洗的方法。

岩层裂隙冲洗方法分为单孔冲洗以及群孔冲洗两种。在岩层比较完整，裂隙比较少的地方，可采用单孔冲洗。冲洗方法有高压压水冲洗、高压脉动冲洗和扬水冲洗等。

当节理裂隙比较发育且在钻孔之间互相串通的地层中，可采用群孔冲洗。将两个或两个以上的钻孔组成一个孔组，轮换地向一个孔或几个孔压进压力水或压力水混合压缩空气，从另外的孔排出污水，这样反复交替冲洗，直到各个孔出水洁净为止。

群孔冲洗时，沿孔深方向冲洗段的划分不宜过长，否则冲洗段内钻孔通过的裂隙条数增多，这样不仅分散冲洗压力和冲洗水量，并且一旦有部分裂隙冲通以后，水量将相对集中在这几条裂隙中流动，使其他裂隙得不到有效的冲洗。

为提高冲洗效果，有时可在冲洗液中加入适量的化学剂，如碳酸钠（Na_2CO_3），氢氧化钠（$NaOH$）或碳酸氢钠（$NaHCO_3$）等，以利于促进泥质充填物的溶解。加入化学剂的品种和掺量，宜通过试验确定。采用高压水或高压水气冲洗时，要注意观测，防止冲洗范围内岩层的抬动和变形。

（三）压水试验

在冲洗完成并开始灌浆施工前，一般要对灌浆地层进行压水试验。压水试验的主要目的是：测定地层的渗透特性，为基岩的灌浆施工提供基本技术资料。压水试验也是检查地层灌浆实际效果的主要方法。

压水试验的原理：在一定的水头压力下，通过钻孔将水压入到孔壁四周的缝隙之中，根据压入的水量和压水的时间，计算出代表岩层渗透特性的技术参数。一般可采用透水率 q 来表示岩层的渗透特性。所谓透水率，是指在单位时间内，通过单位长度试验孔段，在单位压力作用下所压入的水量。试验成果可用式（4-1）计算：

$$q = \frac{Q}{PL} \qquad (4-1)$$

公式中：q——地层的透水率，Lu（吕容）；

Q——单位时间内试验段的注水总量，L/min：

P——作用于试验段内的全压力，MPa；

L——压水试验段的长度，m。

灌浆施工时的压水试验．使用的压力通常是同段灌浆压力的80%，但一般不大于1MPa。

（四）灌浆的方法与工艺

为了确保岩基灌浆的质量，必须注意以下问题。

1.钻孔灌浆的次序

基岩的钻孔与灌浆应遵循分序加密的原则进行。一方面可提高浆液结石的密实性，另一方面，通过后灌序孔透水率和单位吸浆量的分析，可推断先灌序孔的灌浆效果，同时还有利于减少相邻孔串浆现象。

2.注浆方式

按照灌浆时浆液灌注和流动的特点，灌浆方式有纯压式和循环式两种。对于帷幕灌浆，应优先采用循环式，如图4-1所示。

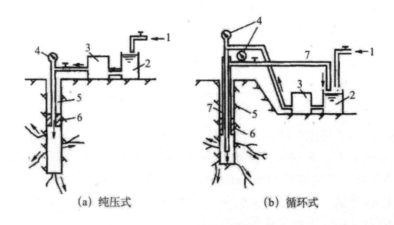

图4-1　纯压式和循环式灌浆示意图

1.水；2.拌浆桶；3.灌浆泵；4.压力表；5.灌浆管；6.灌浆塞；7.回浆管

纯压式灌浆，就是一次将浆液压入钻孔，并扩散到岩层裂隙之中。灌注过程中，浆液从灌浆机向钻孔流动，不再返回；这种灌注方式设备简单，操作方便，但浆液流动速度较慢，容易沉淀，造成管路和岩层缝隙的堵塞，影响浆液扩散。纯压式灌浆多用于吸浆量大，有大裂隙存在，孔深不超过 12～15m 的情况。

循环式灌浆，灌浆机把浆液压入钻孔后，浆液一部分被压入岩层缝隙中，另一部分由回浆管返回拌浆筒中。这种方法一方面可使浆液保持流动状态，减少浆液沉淀；另一方面可根据进浆和回浆浆液比重的差别，来了解岩层吸收情况，并作为判定灌浆结束的一个条件。

3. 钻灌方法

按照同一钻孔内的钻灌顺序，有全孔一次钻灌以及全孔分段钻灌两种方法。全孔一次钻灌系将灌浆孔一次钻到全深，并沿全孔进行灌浆。这种方法施工简便，多用于孔深不超过 6m，地质条件良好，基岩比较完整的情况。

全孔分段钻灌又分为自上而下法、自下而上法、综合灌浆法及孔口封闭法等。

（1）自上而下分段钻灌法

其施工顺序是：钻一段，灌一段，待凝一定时间以后，再钻灌下一段，钻孔和灌浆交替进行，直到设计深度。其优点是：随着段深的增加，可以逐段增加灌浆压力，借以提高灌浆质量；由于上部岩层经过灌浆，形成结石，下部岩层灌浆时，不易产生岩层抬动和地面冒浆等现象；分段钻灌，分段进行压水试验，压水试验的成果比较准确，有利于分析灌浆效果，估算灌浆材料的需用量。但缺点是钻灌一段之后，要待凝一定时间，才能钻灌下一段，钻孔与灌浆须交替进行，设备搬移频繁，影响施工进度。

（2）自下而上分段钻灌法

一次将孔钻到全深，然后自下而上逐段灌浆，这种方法的优缺点和自上而下分段灌浆刚好相反。一般多用在岩层比较完整或基岩上部已有足够压重不致引起地面抬动的情况。

（3）综合钻灌法

在实际工程中，通常是接近地表的岩层比较破碎，愈往下岩层愈完整。因此，在进行深孔灌浆时，可以兼取以上两种方法的优点，上部孔段采用自上而下法钻灌，下部孔段则采用自下而上法钻灌。

（4）孔口封闭灌浆法

其要点是：先在孔口镶铸不小于 2m 的孔口管，以便安设孔口封闭器；采用小孔径的钻孔，自上而下逐段钻孔与灌浆；上段灌后不必待凝，进行下段的钻灌，如此循环，直至终孔；可以多次重复灌浆，可以使用较高的灌浆压力。其优点是：工艺简便、成本低、效率高，，灌浆效果好。其缺点是：当灌注的时间较长时，容易造成灌浆管被水泥浆凝住的现象。

一般情况下，灌浆孔段的长度多控制在 5 ～ 6m。如果地质条件好，岩层比较完整，段长可适当放长，但也不宜超过 10m；在岩层破碎，裂隙发育的部位，段长应适当缩短，可取 3 ～ 4m；而在破碎带、大裂隙等漏水严重的地段以及坝体与基岩的接触面，应单独分段进行处理。

4. 灌浆压力

灌浆压力通常是指作用在灌浆段中部的压力，可由下式来确定：

$$p = p_1 + p_2 \pm p_f \qquad （4-2）$$

公式中：p——灌浆压力，MPa；

p_1——灌浆管路中压力表的指示压力，MPa；

p_2——计入地下水水位影响以后的浆液自重压力，浆液的密度按最大值计算，

MPa；

p_f——浆液在管路中流动时的压力损失，MPa。

计算 p_f 时，如压力表安设在孔口进浆管上（纯压式灌浆），则按浆液在孔内进浆管中流动时的压力损失进行计算，在公式中取负号；当压力表安设在孔口回浆管上（循环式灌浆），则按浆液在孔内环形截面回浆管中流动时的压力损失进行计算，在公式中取正号。

灌浆压力是控制灌浆质量和提高灌浆经济效益的重要因素。确定灌浆压力的原则是：在不致于破坏基础和建筑物的前提下，尽可能采用比较高的压力。高压灌浆可以使浆液更好地压入细小缝隙内，增大浆液扩散半径，析出多余的水分，提高灌注材料的密实度，灌浆压力的大小，与孔深、岩层性质、有无压重以及灌浆质量要求等有关，可参考类似工程的灌浆资料，特别是现场灌浆试验成果确定，并且在具体的灌浆施工中结合现场条件进行调整。

5.灌浆压力的控制

在灌浆过程中，合理地控制灌浆压力和浆液稠度，是提高灌浆质量的重要保证。灌浆过程中灌浆压力的控制基本上有两种类型，即一次升压法和分级升压法。

（1）一次升压法

灌浆开始后，一次将压力升高到预定的压力，并且在这个压力作用下，灌注由稀到浓的浆液。当每一级浓度的浆液注入量和灌注时间达到一定限度以后，就变换浆液配比，逐级加浓。随着浆液浓度的增加，裂隙将被逐渐充填，浆液注入率将逐渐减少，当达到结束标准时，就结束灌浆。这种方法适用于透水性不大，裂隙不甚发育，岩层比较坚硬完整的地方。

（2）分级升压法

是将整个灌浆压力分为几个阶段，逐级升压直到预定的压力。开始时，从最低一级压力起灌，当浆液注入率减少到规定的下限时，将压力升高一级，如此逐级升压，直到预定的灌浆压力。

6.浆液稠度的控制

灌浆过程中，必须根据灌浆压力或吸浆率的变化情况，适时调整浆液的稠度，使岩层的大小缝隙既能灌饱，又不浪费。浆液稠度的变换按先稀后浓的原则控制，这是由于稀浆的流动性较好，宽细裂隙都能进浆，使细小裂隙先灌饱，而后来随着浆液稠度逐渐变浓，其他较宽的裂隙也能逐步得到良好的充填。

7.灌浆的结束条件与封孔

灌浆的结束条件，一般用两个指标来控制，一个是残余吸浆量，又称最终吸浆量，即灌到最后的限定吸浆量；另一个是闭浆时间，即在残余吸浆量不变的情况下保持设计规定压力延续时间。

帷幕灌浆时，在设计规定的压力之下，灌浆孔段的浆液注入率小于 0.4L/min 时，再延续灌注 60min（自上而下法）或 30min（自下而上法）；或浆液注入率不大于 1.0L/min 时，继续灌注 90min 或 60min，就可结束灌浆。

对于固结灌浆，其结束标准是浆液注入率不大于 0.4L/min，延续时间 30min，灌浆可以结束。

灌浆结束以后，应随即将灌浆孔清理干净。对于帷幕灌浆孔，宜采用浓浆灌浆法填实，再用水泥砂浆封孔；对于固结灌浆，孔深小于 10m 时，可采用机械压浆法进行回填封孔，即通过深入孔底的灌浆管压入浓水泥浆或砂浆，顶出孔内积水，随浆面的上升，缓慢提升灌浆管。当孔深大于 10m 时，其封孔和帷幕孔相同。

（五）灌浆的质量检查

基岩灌浆属于隐蔽性工程，必须加强灌浆质量的控制与检查。为此，一方面，要认真做好灌浆施工的原始记录，严格灌浆施工的工艺控制，防止违规操作；另一方面，要在一个灌浆区灌浆结束以后，进行专门性的质量检查，作出科学的灌浆质量评定。基岩灌浆的质量检查结果，是整个工程验收的重要依据。

灌浆质量检查的方法很多，常用的有：在已灌地区钻设检查孔，通过压水试验和浆液注入率试验进行检查；通过检查孔，钻取岩芯进行检查，或进行钻孔照相和孔内电视，观察孔壁的灌浆质量；开挖平洞、竖井或钻设大口径钻孔，检查人员直接进去观察检查，并在其中进行抗剪强度、弹性模量等方面的试验；利用地球物理勘探技术，测定基岩的弹性模量、弹性波速等，对比这些参数在灌浆前后的变化，借以判断灌浆的质量和效果。

四、化学灌浆

化学灌浆是在水泥灌浆基础上发展起来的新型灌浆的方法。它是将有机高分子材料配制成的浆液灌入地基或建筑物的裂缝中经胶凝固化后，达到防渗、堵漏、补强、加固的目的。

它主要用于裂隙与空隙细小（0.1mm 以下），颗粒材料不能灌入；对基础的防渗或强度有较高要求；渗透水流的速度较大，其他灌浆材料不能封堵等情况。

（一）化学灌浆的特性

化学灌浆材料有很多品种，每种材料都有其特殊的性能，按灌浆的目的可分为防渗堵漏和补强加固两大类。属于防渗堵漏的有水玻璃、丙凝类、聚氨酯类等，属于补强加固的有环氧树脂类及甲凝类等。化学浆液有以下特性：化学浆液的黏度低，有的接近于水，有的比水还小。其流动性好，可灌性高，可以灌入水泥浆液灌不进去的细微裂隙中。化学浆液的聚合时间可以比较准确地控制，从几秒到几十分钟，有利于机动灵活地进行施工控制。化学浆液聚合后的聚合体，渗透系数很小，一般为 $10^{-6} \sim 10^{-5}$ cm/s，防渗效果好；有些化学浆液聚合体本身的强度及粘结强度比较高，可承受高水头；化学灌浆材料聚合体的稳定性和耐久性均较好，能抗酸、碱及微生物的侵蚀；化学灌浆材料都有一定毒性，在配制、施工过程中要十分注意防护，并切实防止了对环境的污染。

（二）化学灌浆的施工

由于化学材料配制的浆液为真溶液，不存在粒状灌浆材料所存在的沉淀问题，故化学灌浆都采用纯压式灌浆。

化学灌浆的钻孔和清洗工艺及技术要求，和水泥灌浆基本相同，也遵循分序加密的原则进行钻孔灌浆。

化学灌浆的方法，按浆液的混合方式区分，有单液法灌浆和双液法灌浆。一次配制成的浆液或两种浆液组分在泵送灌注前先行混合的灌浆方法称为单液法。两种浆液组分在泵送后才混合的灌浆方法称为双液法。前者施工相对简单，在工程中使用较多。为了保持连续供浆，现在多采用电动式比例泵提供压送浆液的动力。比例泵是专用的化学灌浆设备，由两个出浆量能够任意调整，可实现按设计比例压浆的活塞泵所构成。对于小型工程和个别补强加固的部位，也可采用手压泵。

第二节　防渗墙

防渗墙是一种修建在松散透水底层或土石坝中起防渗作用的地下连续墙。防渗墙技术在 20 世纪 50 年代起源于欧洲，因其结构可靠、施工简单、适应各类底层条件、防渗效果好以及造价低等优点，现在国内外得到了广泛应用。

我国防渗墙施工技术的发展始于 20 世纪 50 年代，此前，我国在坝基处理方面对较浅的覆盖层大多采用大开挖后再回填黏土截水墙的办法。对于较深的覆盖层，采用大开挖的办法难以进行，从而采用水平防渗的处理办法，即在上游填筑黏土铺盖，下游坝脚设反滤排水及减压设施，用延长渗径和排水减压的办法控制渗流。这种处理办法虽可以保证坝基的渗流稳定，但局限性较大。

一、防渗墙特点

（一）适用范围较广

适用于多种地质条件，如沙土、沙壤土、粉土以及直径小于 10mm 的卵砾石土层，都可以做连续墙，对于岩石地层可以使用冲击钻成槽。

（二）实用性较强

广泛应用于水利水电、工业民用建筑、市政建设等各个领域。塑性混凝土防渗墙可以在江河、湖泊、水库堤坝中起到防渗加固作用；刚性混凝土连续墙可以在工业民用建筑、市政建设中起到挡土、承重作用。混凝土连续墙深度可达 100 多 m。三峡二期围堰轴线全长 1439.6m，最大高度为 82.5m，最大填筑水深达 60m，最大挡水水头达 85m，防渗墙最大高度 74m。

（三）施工条件要求较宽

地下连续墙施工时噪声低、振动小，可在较复杂条件下施工，可昼夜施工，加快施工速度。

（四）安全、可靠

地下连续墙技术自诞生以来有较大发展，在接头的连接技术上也有了很大进步，较好地完成了段与段之间的连接，其渗透系数可达到 10^{-7}cm/s 以下。作为承重和挡土墙，可以做成刚度较大的钢筋混凝土连续墙。

（五）工程造价较低

10cm 厚的混凝土防渗墙造价约是 240 元 /m²，40cm 厚的防渗墙造价约为 430 元 / m²。

二、防渗墙的分类及适用条件

按结构形式防渗墙可分为桩柱型、槽板型以及板桩灌注型等。

按墙体材料防渗墙可分为混凝土、黏土混凝土、钢筋混凝土、自凝灰浆及固化灰浆和少灰混凝土等。

防渗墙的分类及其适用条件见表 4-1。

表 4-1 防渗墙的类型及适用条件

	防渗墙类型		特点	适用条件
按结构形式分类	桩柱型	搭接	单孔钻进后浇筑混凝土建成桩柱，桩柱间搭接一定厚度成墙，不易塌孔。造孔精度要求高，搭接厚度不易保证，难以形成等厚度的墙体	各种地层，特别是深度较浅、成层复杂、容易塌孔的地层。多用于低水头工程
		联接	单号孔先钻进建成桩柱，双号孔用异形钻头和双反弧钻头钻进，可连接建成等厚度墙体，施工工艺机具较复杂，不易塌孔，单接缝多	各种地层，特殊条件下，多用于地层深度较大的工程
	槽板型		将防渗墙沿轴线方向分成一定长度两槽段，各槽段分期施工，槽段间卸料用不同连接形式连接成墙。接缝少，工效高，墙厚均匀，防渗效果好。措施不当易发生塌孔现象和不易保证墙体质量	采用不同机具，适用各种不同深度的地层
	板桩灌注型		打入特制钢板桩，提桩注浆成墙，工效高，墙厚小，造价低	深度较浅的松软地层，低水头堤、闸、坝防渗处理

	混凝土	普通混凝土，抗压强度和弹性模量较高，抗渗性能好	一般工程
接墙体材料分类	黏土混凝土	抗渗性能好	一般工程
	钢筋混凝土	能承受较大的弯矩和应力	结构有特殊要求
	自凝灰浆和固化灰浆	灰浆固壁、自凝成墙，或泥浆固壁然后向泥浆内掺加凝结材料成墙，强度低，弹模低，塑性好	多用于低水头或临时建筑物
	少灰混凝土	利用开挖渣料，掺加黏土和少量水泥，采用岸坡倾灌法浇筑成墙	临时性工程，或有特殊要求的工程

三、防渗墙的作用与结构特点

（一）防渗墙的作用

防渗墙是一种防渗结构，但其实际的应用已远远超出防渗的范围，可用来解决防渗、防冲、加固、承重及地下截流等工程问题。具体的运用主要有如下几个方面：控制闸、坝基础的渗流；控制土石围堰及其基础的渗流；防止泄水建筑物下游基础的冲刷；加固一些有病害的土石坝及堤防工程；作为一般水工建筑物基础的承重结构；拦截地下潜流，抬高地下水位，形成地下水库。

（二）防渗墙的构造特点

防渗墙的类型较多，但从其构造特点来说，主要是两类：槽孔（板）型防渗墙和桩柱型防渗墙。前者是我国水利水电工程中混凝土防渗墙的主要形式。防渗墙系垂直防渗措施，其立面布置有两种形式：封闭'式与悬挂式。封闭式防渗墙是指墙体插入到基岩或相对不透水层一定深度，从而实现全面截断渗流的目的。而悬挂式防渗墙，墙体只深入地层一定深度，仅能加长渗径，无法完全封闭渗流。对于高水头的坝体或重要的围堰，有时设置两道防渗墙，共同作用，按一定比例分担水头。这时应注意水头的合理分配，避免造成单道墙承受水头过大而破坏，这对于另一道墙也是很危险的。

防渗墙的厚度主要由防渗要求、抗渗耐久性、墙体的应力与强度及施工设备等因素确定。其中，防渗墙的耐久性是指抵抗渗流侵蚀和化学溶蚀的性能，这两种破坏作用均与水力梯度有关。

不同的墙体材料具有不同的抗渗耐久性，其允许水力梯度值也就不同。如普通混凝土防渗墙的允许水力梯度值一般在 80 ~ 100，然而塑性混凝土因其抗化学溶蚀性能较好，可达 300，水力梯度值一般在 50 ~ 60。

（三）防渗性能

根据混凝土防渗墙深度、水头压力及地质条件的不同，混凝土防渗墙可以采用不同的厚度，从 1.5～0.20m 不等。在长江监利县南河口大堤用过的混凝土防渗墙深度为 15～20m，墙体厚度为 7.5cm。渗透系数 $K < 10^{-7}$cm/s，抗压强度大于 1.0MPa。目前，塑性混凝土防渗墙越来越受到重视，它是在普通混凝土中加入黏土、膨润土等掺合材料，大幅度降低水泥掺量而形成的一种新型塑性防渗墙体材料。塑性混凝土防渗墙因其弹性模量低，极限应变大，使得塑性混凝土防渗墙在荷载作用下，墙内应力和应变都很低，可提高墙体的安全性和耐久性，并且施工方便，节约水泥，降低工程成本，具有良好的变形和防渗性能。

四、防渗墙的墙体材料

防渗墙的墙体材料，按其抗压强度和弹性模量，一般分为刚性材料和柔性材料。可在工程性质与技术经济比较后，选择合适的墙体材料。

刚性材料包括普通混凝土、黏土混凝土和掺粉煤灰混凝土等，其抗压强度大于 5MPa，弹性模量大于 10 000MPa。柔性材料的抗压强度则小于 5MPa，弹性模量小于 10 000MPa，包括塑性混凝土、自凝灰浆和固化灰浆等。另外，现在有些工程开始使用强度大于 25MPa 的高强混凝土，以适应高坝深基础对防渗墙的技术要求。

（一）普通混凝土

是指其强度在 7.5～20MPa，不加其他掺合料的高流动性混凝土。因为防渗墙的混凝土是在泥浆下浇筑，故要求混凝土能在自重下自行流动，并有抗离析与保持水分的性能。其坍落度一般为 18～22cm，扩散度为 34～38cm。

（二）黏土混凝土

在混凝土中掺入一定量的黏土（一般为总量的 12%～20%），不仅可以节省水泥，还可以降低混凝土的弹性模量，改变其变形性能，增加其和易性，改善其易堵性。

（三）粉煤灰混凝土

在混凝土中掺加一定比例的粉煤灰–能改善混凝土的和易性，降低混凝土发热量，提高混凝土密实性和抗侵蚀性，并且具有较高的后期强度。

（四）塑性混凝土

以黏土和（或）膨润土取代普通混凝土中的大部分水泥所形成一种柔性墙体材料。

塑性混凝土与黏土混凝土有本质区别.因为后者的水泥用量降低并不多，掺黏土的主要目的是改善和易性，并未过多改变弹性模量。塑性混凝土的水泥用量仅为 80～100kg/mL 使得其强度低，特别是弹性模量值低到与周围介质（基础）相接近，这时，墙体适应变形的能力大大提高，几乎不产生拉应力，减少了墙体出现开裂现象的可能性。

（五）自凝灰浆

是在固壁浆液（以膨润土为主）中加入水泥和缓凝剂所制成的一种灰浆。凝固前作为造孔用的固壁泥浆，槽孔造成后则自行凝固成墙。

（六）固化灰浆

在槽锻造孔完成后，向固壁的泥浆中加入水泥等固化材料，沙子、粉煤灰等掺合料，水玻璃等外加剂，经机械搅拌或压缩空气搅拌后凝固成墙体。

五、防渗墙的施工工艺

槽孔（板）型的防渗墙，是由一段段槽孔套接而成的地下墙。尽管在应用范围、构造形式和墙体材料等方面存在各种类型的防渗墙，但其施工程序与工艺是类似的，主要包括：造孔前的准备工作；泥浆固壁与造孔成槽；终孔验收与清孔换浆；槽孔浇筑；全墙质量验收等过程。

（一）造孔准备

造孔前准备工作是防渗墙施工的一个重要环节。必须根据防渗墙的设计要求和槽孔长度的划分，作好槽孔的测量定位工作，并且在此基础上设置导向槽。

导向槽的作用是：导墙是控制防渗墙各项指标的基准，导墙和防渗墙的中心线必须一致，导墙宽度一般比防渗墙的宽度多 3 ~ 5cm，它指示挖槽位置，为挖槽起导向作用；导墙竖向面的垂直度是决定防渗墙垂直度的首要条件，导墙顶部应平整，保证导向钢轨的架设和定位；导墙可防止槽壁顶部坍塌，保持泥浆压力，防止坍塌和阻止废浆脏水倒流入槽，保证地面土体稳定，在导墙之间每隔 1 ~ 3m 加设临时木支撑；导墙经常承受灌注混凝土的导管、钻机等静、动荷载，可以起到重物支承台的作用；维持稳定液面的作用，特别是地下水位很高的地段，为维持稳定液面，至少要高出地下水位 1m；导墙内的空间有时可作为稳定液的贮藏槽。

导向槽可用木料、条石、灰拌土或混凝土制成。导向槽沿防渗墙轴线设在槽孔上方，导向槽的净宽一般等于或略大于防渗墙的设计厚度，高度以 1.5 ~ 2.0m 为宜。为了维持槽孔的稳定，要求导向槽底部高出地下水位 0.5m 以上。为防止地表积水倒流和便于自流排浆，其顶部高程应比两侧地面略高。

钢筋混凝土导墙常用现场浇筑法。其施工顺序是：平整场地、测量位置、挖槽与处理弃土、绑扎钢筋、支模板、灌注混凝土、拆模板并设横撑、回填导墙外侧空隙并碾压密实。

导墙的施工接头位置，应与防渗墙的施工接头位置错开。另外还可设置插铁以保持导墙的连续性。

导向槽安设好后，在槽侧铺设造孔钻机的轨道，安装钻机，修筑运输道路，架设动力和照明路线以及供水供浆管路，作好排水排浆系统，并向槽内充灌泥浆，保持泥浆液面在槽顶以下 30 ~ 50cm。做好了这些准备工作以后，就可开始造孔。

（二）造孔成槽

造孔成槽工序约占防渗墙整个施工工期的一半。槽孔的精度直接影响防渗墙的质量。选择合适的造孔机具与挖槽方法对于提高施工质量、加快施工速度至关重要。混凝土防渗墙的发展和广泛应用，也是与造孔机具的发展和造孔挖槽技术的改进密切相关的。

用于防渗墙开挖槽孔的机具，主要有冲击钻机、回转钻机、钢绳抓斗及液压锐槽机等。它们的工作原理、适用的地层条件和工作效率有一定差别。对于复杂多样的地层，一般要多种机具配套使用。

进行造孔挖槽时，为了提高工效，通常要先划分槽段，然后在一个槽段内，划分主孔和副孔，采用钻劈法、钻抓法或分层钻进等方法成槽。

各种造孔挖槽的方法，都采用泥浆固壁，在泥浆液面下钻挖成槽的。在造孔过程中，要严格按操作规程施工，防止掉钻、卡钻、埋钻等事故发生；必须经常注意泥浆液面的稳定，发现严重漏浆，要及时补充泥浆，采取有效的止漏措施；要定时测定泥浆的性能指标，并控制在允许范围以内；应及时排除废水、废浆、废渣，不允许在槽口两侧堆放重物，以免影响工作，甚至造成孔壁坍塌；要保持槽壁平直，保证孔位、孔斜、孔深、孔宽以及槽孔搭接厚度、嵌入基岩的深度等满足规定的要求，防止漏钻漏挖和欠钻欠挖。

（三）墙体浇筑

防渗墙的混凝土浇筑和一般混凝土浇筑不同，是在泥浆液面下进行的。泥浆下浇筑混凝土的主要特点是：不允许泥浆与混凝土掺混形成泥浆夹层；确保混凝土与基础以及一、二期混凝土之间的结合；连续浇筑，一气呵成。

泥浆下浇筑混凝土常用直升导管法。清孔合格后，立即下设钢筋笼、预埋管、导管和观测仪器。导管由若干节管径 20～25cm 的钢管连接而成，沿槽孔轴线布置，相邻导管的间距不宜大于 3.5m，一期槽孔两端的导管距端面以 1.0～1.5m 宜，开浇时导管口距孔底 10～25cm，把导管固定在槽孔口。当孔底高差大于 25cm 时，导管中心应布置在该导管控制范围的最低处。这样布置导管，有利全槽混凝土面的均衡上升，有利于一、二期混凝土的结合，并可以防止混凝土与泥浆掺混。槽孔浇筑应严格遵循先深后浅的顺序，即从最深的导管开始，由深到浅一个一个导管依次开浇，待全槽混凝土面浇平以后，再全槽均衡上升。

每个导管开浇时，先下入导注塞，并在导管中灌入适量的水泥砂浆，准备好足够数量的混凝土，将导注塞压到导管底部，使管内泥浆挤出管外。然后将导管稍微上提，使导注塞浮出，一举将导管底端被泻出的砂浆和混凝土埋住，保证后续浇筑的混凝土不致于泥浆掺混。

在浇筑过程中，应保证连续供料，一气呵成；保持导管埋入混凝土的深度不小于1m；维持全槽混凝土面均衡上升，上升速度不应小于2m/h，高差控制在0.5m 范围内。

混凝土上升到距孔口 10m 左右，常因沉淀砂浆含砂量大，稠度增浓，压差减小，增加浇筑困难。这时可用空气吸泥器，砂泵等抽排浓浆，以便浇筑顺利地进行。

浇筑过程中应注意观测，作好混凝土面上升的记录，防止堵管、埋管、导管漏浆和泥浆掺混等事故的发生。

六、防渗墙的质量检查

对混凝土防渗墙的质量检查应按规范和设计要求进行，主要有如下几个方面：槽孔的检查，包括几何尺寸和位置、钻孔偏斜、入岩深度等。清孔检查，包括槽段接头、孔底淤积厚度、清孔质量等。混凝土质量的检查，包括原材料、新拌料的性能、硬化后的物理力学性能等。墙体的质量检测，主要通过钻孔取芯、超声波及地震透射层析成像（CT）技术等方法全面检查墙体的质量。

第三节 砂砾石地基处理

一、沙砾石地基灌浆

（一）沙砾石地基的可灌性

沙砾石地基的可灌性是指沙砾石地基能否接受灌浆材料灌入的一种特性。是决定灌浆效果的先决条件。其主要决定于地层的颗粒级配、灌浆材料的细度、灌浆压力和灌浆工艺等。

可灌比：

$$M = \frac{D_{15}}{d_{85}} \qquad （4-3）$$

公式中：M——可灌比；

D_{15}——砂砾石地层颗粒级配曲线上含量为 15% 的粒径，mm；

d_{85}——灌浆材料颗粒级配曲线上含量为 85% 的粒径，mm。

可灌比 M 越大，接受颗粒灌浆材料的可灌性越好。一般时，可以灌注水泥黏土浆；当时，可以灌水泥浆。

（二）灌浆材料

多用水泥黏土浆液。一般水泥和黏土的比例是 1 ：1 ~ 1 ：4，水和干料的比例为 1 ：1 ~ 1 ：6。

（三）钻灌方法

沙砾石地基的钻孔灌浆方法有：打管灌浆；套管灌浆；循环钻灌；预埋花管灌浆等。

1.打管灌浆

打管灌浆就是将带有灌浆花管的厚壁无缝钢管，直接打入受灌的地层中，并利用它进行灌浆。其程序是：先将钢管打入到设计深度，再用压力水将管内冲洗干净，然后用灌浆泵灌浆，或利用浆液自重进行自流灌浆。灌完一段以后，将钢管起拔一个灌浆段高度，再进行冲洗和灌浆，如此自下而上，拔一段灌一段，直到结束。

这种方法设备简单，操作方便，适用于砂砾石层较浅、结构松散、颗粒不大、容

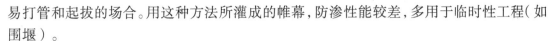

易打管和起拔的场合。用这种方法所灌成的帷幕，防渗性能较差，多用于临时性工程（如围堰）。

2. 套管灌浆

套管灌浆的施工程序是一边钻孔，一边跟着下护壁套管。或者一边打设护壁套管，一边冲掏管内的沙砾石，直到套管下到设计深度。然后将钻孔冲洗干净，下入灌浆管，起拔套管到第一灌浆段顶部，安好止浆塞，对第一段进行灌浆。如此自下而上，逐段提升灌浆管和套管，逐段灌浆，直到结束。

采用这种方法灌浆，由于有套管护壁，不会产生第二段灌浆坍孔埋钻等事故。但是，在灌浆过程中，浆液容易沿着套管外壁向上流动，甚至产生地表冒浆。如果灌浆时间较长，则又会胶结套管，造成起拔的困难。

3. 循环钻灌

循环钻灌是一种自上而下，钻一段灌一段，钻孔与灌浆循环进行的施工方法。钻孔时用黏土浆或最稀一级水泥黏土浆固壁。钻孔长度，也就是灌浆段的长度，视孔壁稳定和砂砾石层渗漏程度而定，容易坍孔和渗漏严重的地层，分段短一些，反之则长一些，一般为 1～2m。灌浆时可利用钻杆作灌浆管。

用这种方法灌浆，做好孔口封闭，是防止地面抬动或地表冒浆提高灌浆质量的有效措施。

4. 预埋花管灌浆

预埋花管灌浆的施工程序：用回转式钻机或冲击钻钻孔，跟着下护壁套管，一次直达孔的全深；钻孔结束后，立即进行清孔，清除孔壁残留的石渣；再套管内安设花管，花管的直径一般为 73～108mm，沿管长每隔 33～50cm 钻一排 3～4 个射浆孔，孔径 1cm，射浆孔外面用橡皮箍紧。花管底部要封闭严密牢固，按设花管要垂直对中，不能偏在套管的一侧。在花管与套管之间灌注填料，边下填料边起拔套管，连续灌注，直到全孔填满套管拔出为止。填料待凝 10d 左右，达到一定的强度，严密牢固地将花管与孔壁之间的环形圈封闭起来。

在花管中下入双栓灌浆塞，灌浆塞的出浆孔要对准花管上准备灌浆的射浆孔。然后用清水或稀浆逐渐升压，压开花管上的橡皮圈，压穿填料，形成通路，为浆液进入砂砾石层创造条件，称为开环。开环以后，继续用稀浆或清水灌注 5～10min，再开始灌浆。每排射浆孔就是一个灌浆段。灌完一段，移动双栓灌浆塞，使其出浆孔对准另一排射浆孔，进行另一灌浆段的开环灌浆。由于双栓灌浆塞的构造特点，可以在任一灌浆段进行开环灌浆，必要时还可以进行复灌，比较机动灵活。

用预埋花管法灌浆，由于有填料阻止浆液沿孔壁和管壁地上升，很少发生冒浆、串浆现象，灌浆压力可相对提高，灌浆比较机动，可以重复灌浆，对灌浆质量较有保证。国内外比较重要的沙砾石层灌浆，多采用这种方法，其缺点是花管被填料胶结以后，不能起拔，耗用管材较多。

二、水泥土搅拌桩

近几年，在处理淤泥、淤泥质土、粉土、粉质黏土等软弱地基时，经常采用深层搅拌桩进行复合地基加固处理。深层搅拌是利用水泥类浆液与原土通过叶片强制搅拌形成墙体的技术。

（一）技术特点

多头小直径深层搅拌桩机的问世．使防渗墙的施工厚度变为 8 ~ 45cm，在江苏、湖北、江西、山东、福建等省广泛应用并已取得很好的社会效益。该技术使各幅钻孔搭接形成墙体，使排柱式水泥土地下墙的连续性、均匀性都有大幅度提高。从现场检测结果看：墙体搭接均匀、连续整齐、美观、墙体垂直偏差小，满足搭接要求。该工法适用于黏土、粉质黏土、淤泥质土以及密实度中等以下的砂层，且施工进度和质量不受地下水位的影响。从浆液搅拌混合后形成"复合土"的物理性质分析，这种复合土属于"柔性"物质，从防渗墙的开挖过程中还可以看到，防渗墙与原地基土无明显的分界面，即"复合土"与周边土胶结良好。因而，目前防洪堤的垂直防渗处理．在墙身不大于 18m 的条件下优先选用深层搅拌桩水泥土防渗墙。

（二）防渗性能

防渗墙的功能是截渗或增加渗径，防止堤身和堤基的渗透破坏。影响水泥搅拌桩渗透性的因素主要有流体本身的性质、水泥搅拌土的密度、封闭气泡和孔隙的大小及分布。因此，从施工工艺上看，防渗墙的完整性以及连续性是关键，当墙厚不小于 20cm 时，成墙 28d 后渗透系数 $K < 10^{-6}$cm/s，抗压强度 $R > 0.5$MPa。

（三）复合地基

当水泥土搅拌桩用来加固地基，形成复合地基用以提高地基承载力时，应符合以下规定：

竖向承载搅拌桩的长度应根据上部结构对承载力和变形的要求确定，并应穿透软弱土层到达承载力相对较高的土层；设置的搅拌桩同时为了提高抗滑稳定性时，其桩长应超过危险滑弧 2.0m 以上。干法的加固深度不宜大于 15m；湿法及型钢水泥土搅拌墙（桩）的加固深度应考虑机械性能的限制。单头、双头加固深度不宜大于 20m，多头及型钢水泥土搅拌墙（桩）的深度不宜超过 35m。

竖向承载力水泥土搅拌桩复合地基的承载力特征值应通过现场单桩或多桩复合地基荷载试验确定。竖向承载搅拌桩复合地基中的桩长超过 10m 时，可采用变掺量设计。在全桩水泥总掺量不变的前提下，桩身上部 1/3 桩长范围内可以适当增加水泥掺量及搅拌次数；桩身下部 1/3 桩长范围内可适当减少水泥掺量。

竖向承载搅拌桩的平面布置可根据上部结构特点及对地基承载力和变形的要求，采用柱状、壁状、格栅状或块状等加固形式。桩可只在刚性基础平面范围内布置，独立基础下的桩数不宜少于 3 根。柔性基础应通过验算在基础内、外布桩。柱状加固可采用正方形、等边三角形等布桩形式。

三、高压喷射灌浆

高压喷射灌浆于 20 世纪 60 年代首创于日本，将高压水射流技术应用于软弱地层的灌浆处理，成为一种新的地基处理方法——高压喷射灌浆法。它是利用钻机造孔，然后将带有特制合金喷嘴的灌浆管下到地层预定位置，以高压把浆液或水、气高速喷射到周围地层，对地层介质产生冲切、搅拌和挤压等作用，同时被浆液置换、充填和混合，待浆液凝固后，就在地层中形成一定形状的凝结体。20世纪70年代初我国铁路及冶金系统引进，水利系统于20世纪80年代首先将此技术用于山东省白浪河水库土石坝中。目前，已在水利系统广泛采用。该技术既可用来低水头土坝坝基防渗，也可用于松散地层的防渗堵漏、截潜流和临时性围堰等工程，还可进行混凝土防渗墙断裂以及漏洞、隐患的修补。

高压喷射灌浆是利用旋喷机具造成旋喷桩以提高地基的承载能力，也可以作联锁桩施工或定向喷射成连续墙用于防渗。可适用于砂土、黏性土、淤泥等地基的加固，对砂卵石（最大粒径小于20cm）的防渗也有较好的效果。

通过各孔凝结体的连接，形成板式或墙式的结构，不仅可以提高基础的承载力，而且成为一种有效的防渗体。由于高压喷射灌浆具有对地层条件适用性广、浆液可控性好、施工简单等优点，近年来在国内外都得到了广泛应用。

（一）技术特点

高压喷射灌浆防渗加固技术适用于软弱土层，包括第四纪冲积层、洪积层、残积层以及人工填土等。实践证明，对砂类土、黏性土、黄土和淤泥等土层，效果较好。对粒径过大和含量过多的砾卵石以及有大量纤维质的腐殖土地层，一般应通过现场试验确定施工方法，对含有粒径2～20cm的砂砾石地层，在强力的升扬置换作用下，仍可实现浆液包裹作用。

高压喷射灌浆不仅在黏性土层、砂层中可用，在砂砾卵石层中也可用。经过多年的研究和工程试验证明，只要控制措施以及工艺参数选择得当，在各种松散地层均可采用，以烟台市夹河地下水库工程为例，采用高喷灌浆技术的半圆相向对喷和双排摆喷菱形结构的新的施工方案，成功地在夹河卵砾石层中构筑了地下水库截渗坝工程。

该技术可灌性、可控性好，接头连接可靠，平面布置灵活，适应地层广，深度较大，对施工场地要求不高等特点。

（二）高压喷射灌浆作用

高压喷射灌浆的浆液以水泥浆为主，其压力一般在10～30MPa，它对地层的作用和机理有如下几个方面：

1. 冲切掺搅作用

高压喷射流通过对原地层介质的冲击、切割和强烈的扰动，使浆液扩散充填地层，并与土石颗粒掺混搅和，硬化后形成凝结体，从而改变原地层结构和组分，达到防渗加固的目的。

2. 升扬置换作用

随高压喷射流喷出的压缩空气，不仅对射流的能量有维持作用，而且造成孔内空气扬水的效果，使冲击切割下来的地层细颗粒和碎屑升扬至孔口，空余部分由浆液代替，起到了置换作用。

3. 挤压渗透作用

高压喷射流的强度随射流距离的增加而衰减，至末端虽不能冲切地层，但对地层仍能产生挤压作用；同时，喷射后的静压浆液对地层还产生渗透凝结层，有利于进一步提高抗渗性能。

4. 位移握裹作用

对于地层中的小块石，由于喷射能量大，以及升扬置换的作用，浆液可填满块石四周空隙，并将其握裹；对大块石或块石集中区，如降低提升速度，提高喷射能量，可以使块石产生位移，浆液便深入到空（孔）隙中去。

总之，在高压喷射、挤压、余压渗透以及浆气升串的综合作用下，产生握裹凝结作用，从而形成连续和密实的凝结体。

（三）防渗性能

在高压喷射流的作用下切割土层，被切割下来的土体与浆液搅拌混合，进而固结，形成防渗板墙。不同地层及施工方式形成的防渗体结构体的渗透系数稍有差别，一般说来其渗透系数小于 10^{-7}cm/s。

（四）高压喷射凝结体

1. 凝结体的形式

凝结体的形式与高压喷射方式有关。常见有三种：一是喷嘴喷射时，边旋转边垂直提升，简称旋喷，可形成圆柱形凝结体；二是喷嘴的喷射方向的固定，则称定喷，可形成板状凝结体；三是喷嘴喷射时，边提升边摆动，简称摆喷，形成哑铃状或扇形凝结体。

为了保证高压喷射防渗板（墙）的连续性与完整性，必须使各单孔凝结体在其有效范围内相互可靠连接，这与设计的结构布置形式及孔距有很大关系。

2. 高压喷射灌浆的施工方法

目前，高压喷射灌浆的基本方法有单管法、二管法、三管法和多管法等几种，它们各有特点。

（1）单管法

采用高压灌浆泵以大于 2.0MPa 的高压将浆液从喷嘴喷出，冲击、切割周围地层，并产生搅和、充填作用，硬化后形成凝结体。该方法施工简易，但有效范围小。

（2）双管法

有两个管道，分别将浆液和压缩空气直接射入地层，浆压达 45 ~ 50MPa，气压 1 ~ 1.5MPa。由于射浆具有足够的射流强度和比能，易于将地层加压密实。这种方法工效高，效果好，尤其适合处理地下水丰富、香大粒径块石及孔隙率大的地层。

（3）三管法

用水管、气管和浆管组成喷射杆，水、气的喷嘴在上，浆液的喷嘴在下。随喷射杆的旋转和提升，先有高压水和气的射流冲击扰动地层，再以低压注入浓浆进行掺混搅拌。常用参数为：水压 38 ~ 40MPa，气压 0.6 ~ 0.8MPa，浆压 0.3 ~ 0.5MPa。

如果将浆液也改为高压（浆压达 20 ~ 30MPa）喷射，浆液可对地层进行二次切割、充填，其作用范围就更大。

（4）多管法

其喷管包含输送水、气、浆管、泥浆排出管以及探头导向管。采用超高压水射流（40MPa）切削地层，所形成的泥浆由管道排出，用探头测出地层中形成的空间，最后由浆液、砂浆、砾石等置换充填。多管法可在地层中形成直径较大的柱状凝结体。

（五）施工程序与工艺

高压喷射灌浆的施工程序主要有造孔、下喷射管、喷射提升（旋转或摆动）、最后成桩或墙。

1. 造孔

在软弱透水的地层进行造孔，应采用泥浆固壁或跟管（套管法）的方法确保成孔。造孔机具有回转式钻机、冲击式钻机等。目前用得较多的是立轴式液压回转钻机。为保证钻孔质量，孔位偏差应不大于 1 ~ 2cm，孔斜率小于 1%。

2. 下喷射管

用泥浆固壁的钻孔，可以将喷射管直接下入孔内，直到孔底。用跟管钻进的孔，可在拔管前向套管内注入密度大的塑性泥浆，边拔边注，并且保持液面与孔口齐平，直至套管拔出，再将喷射管下到孔底。将喷嘴对准设计的喷射方向，不偏斜，是确保喷射灌浆成墙的关键。

3. 喷射灌浆

根据设计的喷射方法与技术要求，将水、气、浆送入喷射管，喷射 1 ~ 3min 待注入的浆液冒出后，按预定的速度自上而下边喷射边转动、摆动，逐渐提升到设计高度。

4. 施工要点

管路、旋转活接头和喷嘴必须拧紧，达到安全密封后；高压水泥浆液、高压水和压缩空气各管路系统均应不堵不漏不串。设备系统安装后，必须经过运行试验，试验压力达到工作压力的 1.5 ~ 2.0 倍。

旋喷管进入预定深度后，应先进行试喷，待达到预定的压力、流量后，再提升旋喷。中途发生故障，应立即停止提升和旋喷，以防止桩体中断。同时进行检查，排除故障。若发现浆液喷射不足，影响桩体质量时，应进行复喷。施工中应做好详细记录。旋喷水泥浆应严格过滤，防止水泥结块和杂物堵塞喷嘴及管路。

旋喷结束后要进行压力注浆，以补填桩柱凝结收缩后产生的顶部空穴。每次施工完毕后，必须立即用清水冲洗旋喷机具和管路，检查磨损情况，如有损坏零部件应及时更换。

（六）旋喷桩的质量检查

旋喷桩的质量检查通常采取钻孔取样、贯入试验、荷载试验或开挖检查等方法。对于防渗的联锁桩、定喷桩，应进行渗透试验。

第四节 灌注桩工程

灌注桩是先用机械或人工成孔，然后再下钢筋笼后灌注混凝土形成的基桩。其主要作用是提高地基承载力、侧向支撑等。

根据其承载性状可分为摩擦型桩、端承摩擦桩、端承型桩及摩擦端承桩；根据其使用功能分为竖向抗压桩、竖向抗拔桩、水平受荷桩及复合受荷桩；根据其成孔形式主要分为冲击成孔灌注桩、冲抓成孔灌注桩、回转钻成孔灌注桩、潜水钻成孔灌注桩和人工挖扩成孔灌注桩等。

一、灌注桩的适应地层

（一）冲击成孔灌注桩

适用于黄土、黏性土或粉质黏土和人工杂填土层中应用，特别适合于有孤石的沙砾石层、漂石层、坚硬土层、岩层中使用，对流砂层亦可克服，但对淤泥及淤泥质土，则应慎重使用。

（二）冲抓成孔灌注桩

适用于一般较松软黏土、粉质黏土、沙土、沙砾层和软质岩层应用。

（三）回转钻成孔灌注桩

适用于地下水位较高的软、硬土层，如淤泥、黏性土、沙土、软质岩层。

（四）潜水钻成孔灌注桩

适用于地下水位较高的软、硬土层，如淤泥、淤泥质土、黏土、粉质黏土、沙土、砂夹卵石及风化页岩层中使用，不得用于漂石中。

（五）人工扩挖成孔灌注桩

适用于地下水位较低的软、硬土层，如淤泥、淤泥质土、黏土、粉质黏土、沙土、砂夹卵石及风化页岩层中使用。

二、桩型的选择

桩型与工艺选择应根据建筑结构类型、荷载性质、桩的使用功能、穿越土层、桩端持力层土类、地下水位、施工设备、施工环境、施工经验、制桩材料供应条件等，选择经济合理、安全适用的桩型和成桩工艺。排列基桩时，宜使桩群承载力合力点和长期荷载重心重合，并使桩基受水平力和力矩较大方向有较大的截面模量。

三、设计原则

桩基采用以概率理论为基础的极限状态设计法，以可靠指标度量桩基的可靠度，采用以分项系数表达的极限状态设计表达式进行计算。按两类极限的状态进行设计：承载能力极限状态和正常使用极限状态。

（一）设计等级

根据建筑规模、功能特征、对差异变形的适应性、场地地基和建筑物体型的复杂性以及由于桩基问题可能造成建筑破坏或影响正常使用的程度，应将桩基设计分为三个设计等级。

甲级：重要的建筑；30 层以上或高度超过 100m 的高层建筑；体型复杂且层数相差超过 10 层的高低层（含纯地下室）连体建筑；20 层以上框架—核心筒结构及其他对差异沉降有特殊要求的建筑；场地和地基条件复杂的 7 层以上的一般建筑及坡地、岸边建筑；对相邻既有工程影响较大的建筑。

乙级：除甲级、丙级以外的建筑。

丙级：场地和地基条件简单、荷载分布均匀的 7 层及 7 层以下的一般建筑。

（二）桩基承载能力计算

应根据桩基的使用功能和受力特征分别进行了桩基的竖向承载力计算和水平承载力计算；应对桩身和承台结构承载力进行计算；对于桩侧土不排水抗剪强度小于 10kPa、且长径比大于 50 的桩应进行桩身压屈验算；对于混凝土预制桩应按吊装、运输和锤击作用进行桩身承载力验算；对于钢管桩盅进行局部压屈验算；当桩端平面以下存在软弱下卧层时，应进行软弱下卧层承载力验算；对位于坡地、岸边的桩基应进行整体稳定性验算；对抗浮、抗拔桩基，应进行基桩和群桩的抗拔承载力计算；对于抗震设防区的桩基应进行抗震承载力验算。

3.桩基沉降计算

设计等级为甲级的非嵌岩桩和非深厚坚硬持力层的建筑桩基；设计等级为乙级的体型复杂、荷载分布显得不均匀或桩端平面以下存在软弱土层建筑桩基；软土地基多层建筑减沉复合疏桩基础。

四、灌注桩设计

（一）桩体

1.配筋率

当桩身直径为 300 ~ 2 000mm 时，正截面配筋率可取 0.65% ~ 0.2%（小直径桩取高值）；对受荷载特别大的桩、抗拔桩和嵌岩端承桩应根据计算确定配筋率，并不应小于上述规定值。

2.配筋长度

端承型桩和位于坡地岸边的基桩应沿桩身等截面或变截面通长配筋；桩径大于

600mm 的摩擦型桩配筋长度不应小于 2/3 桩长；当受水平荷载时，配筋长度尚不宜小于 4.0/α（α 为桩的水平变形系数）；对于受地震作用的基桩，桩身配筋长度应穿过可液化土层和软弱土层，进入稳定土层的深度不应小于相关规定深度；受负摩阻力的桩、因先成桩后开挖基坑而随地基土回弹的桩，其配筋长度应穿过软弱土层并进入稳定土层，进入的深度不应小于 2～3 倍桩身直径；专用抗拔桩及因地震作用、冻胀或膨胀力作用而受拔力的桩，应等截面或变截面通长配筋。

（二）承台

桩基承台的构造，应满足抗冲切、抗剪切、抗弯承载力和上部结构要求，尚应符合：独立柱下桩基承台的最小宽度不应小于 500mm，边桩中心至承台边缘的距离不应小于桩的直径或边长，并且桩的外边缘至承台边缘的距离不应小于 150mm。对于墙下条形承台梁，桩的外边缘至承台梁边缘的距离不应小于 75mm。承台的最小厚度不应小于 300mm。

桩与承台的连接构造应符合下列规定：桩嵌入承台内的长度对中等直径桩不宜小于 50mm；对大直径桩不宜小于 100mm；混凝土桩的桩顶纵向主筋应锚入承台内，其锚入长度不宜小于 35 倍纵向主筋直径；对大直径灌注桩，当采用一柱一桩时可设置專台或将桩与柱直接连接。

承台与承台之间的连接构造应符合下列规定：一柱一桩时，应在桩顶两个主轴方向上设置联系梁。当桩与柱的截面直径之比大于 2 时可不设联系梁；两桩桩基的承台，应在其短向设置联系梁；有抗震设防要求的柱下桩基承台，宜沿两个主轴方向设置联系梁；联系梁顶面宜与承台顶面位于同一标高。联系梁宽度不宜小于 250mm，其高度可取承台中心距的 1/10～1/15，且不宜小于 400mm；联系梁配筋应按计算确定，梁上下部配筋不宜小于 2 根直径 12mm 钢筋；位于同一轴线上的联系梁纵筋宜通长配置。

五、施工前的准备工

（一）施工现场

施工前应根据施工地点的水文、工程地质条件和机具、设备、动力、材料、运输等情况，布置施工现场。

场地为旱地时，应平整场地、清除杂物、换除软土、夯打密实。钻机底座应布置在坚实的填土上。场地为陡坡时，可用木排架或枕木搭设工作平台。平台应牢固可靠，保证施工顺利进行。场地为浅水时，可采用筑岛法，岛顶平面应高出水面 1～2m。场地为深水时，根据水深、流速、水位涨落、水底地层等情况，采用固定式平台或浮动式钻探船。

（二）灌注桩的试验（试桩）

灌注桩正式施工前，应先打试桩。试验内容包括：荷载试验和工艺试验。

1.试验目的

选择合理的施工方法、施工工艺和机具设备：验证明桩的设计参数，如桩径和桩长等；鉴定或确定桩的承载能力和成桩质量能否满足设计的要求。

2.试桩施工方法

试桩所用的设备与方法，应与实际成孔成桩所用者相同；一般可用基桩做试验或选择有代表性的地层或预计钻进困难的地层进行成孔、成桩等工序的试验、着重查明地质情况，判定成孔、成桩工艺方法是否适宜；试桩的材料与截面、长度必须与设计相同。

3.试桩数目

工艺性试桩的数目根据施工具体情况决定；力学性试桩的数目，一般不少于实际基桩总数的3%，且不少于2根。

4.荷载试验

灌注桩的荷载试验，一般应作垂直静载试验和水平静载试验。垂直静载试验的目的是测定桩的垂直极限承载力，测定各土层的桩侧极摩擦阻力和桩底反力，并查明桩的沉降情况。试验加载装置，一般采用油压千斤顶。千斤顶的加载反力装置可根据现场实际条件而定。一般均采用锚桩横梁反力装置。加载和沉降的测量与试验资料整理，可参照有关规定。

（三）测量放样

根据建设单位提供的测量基线和水准点，由专业测量人员制作施工平面控制网。采用极坐标法对每根桩孔进行放样。为保证放样准确无误，对每根桩必须进行三次定位，即第一次定位挖、埋设护筒；第二次校正护筒；第三次在护筒上用十字交叉法定出桩位。

（四）埋设护筒

埋设护筒应准确稳定。护筒内径通常应比钻头直径稍大；用冲击或冲抓方法时，大约20cm，用回转法者，大约10cm。护筒一般有木质、钢质与钢筋混凝土三种材质。

护筒周围用黏土回填并夯实。当地基回填土松散、孔口易坍塌时，应扩大护筒坑的挖埋直径或在护筒周围填砂浆混凝土。护筒埋设深度一般在1～1.5m；对于坍塌较深的桩孔，应增加护筒埋设深度。

六、造孔

（一）造孔方法

钻孔灌注桩造孔常用的方法有：冲击钻进法、冲抓钻进法、冲击反循环钻进法、泵吸反循环钻进法、正循环回转钻进法等，可根据具体的情况进行选用。

（二）造孔

施工平台应铺设枕木和台板，安装钻机应保持稳固、周正、水平。开钻前提钻具，校正孔位。造孔时，钻具对准测放的中心开孔钻进。施工中应经常检测孔径、孔形和孔斜，严格控制钻孔质量。出渣时，及时补给泥浆，保证钻孔内浆液面的泥浆稳定，防止塌孔。

根据地质勘探资料、钻进速度、钻具磨损程度及抽筒排出的钻渣等情况，判断换层孔深，如钻孔进入基岩，立即用样管取样。经现场地质人员鉴定，确定终孔深度。终孔验收时，桩位孔口偏差不得大于 5cm，桩身垂直度偏斜应小于 1%。当上述指标达到规定要求时，才能进入下道工序施工。

（三）清孔

1. 清孔的目的

清孔的目的是抽、换孔内泥浆 . 清除孔内钻渣，尽量减少孔底沉淀层厚度，防止桩底存留过厚沉淀砂土而降低桩的承载力，确保灌注混凝土的质量。

终孔检查后，应立即清孔。清孔时应不断置换泥浆，直至灌注水下混凝土。

2. 清孔的质量要求

清孔的质量要求是应清除孔底所有的沉淀沙土。当技术上有困难时，允许残留少量不成浆状的松土，其数量应按合同文件的规定。清孔后灌注混凝土前，孔底 500mm 以内的泥浆性能指标：含砂率为 8%。比重应小于 1.25，漏斗黏度不大于 28s。

3. 清孔方法

根据设计要求、钻进方法、钻具和土质条件决定清孔方法。常用的清孔方法有正循环清孔、泵吸反循环清孔、空压机清孔和掏渣清孔等。

正循环清孔，适用于淤泥层、沙土层以及基岩施工的桩孔。孔径一般小于 800mm。其方法是在终孔后，将钻头提离孔底 10 ~ 20cm 空转，并保持泥浆正常循环。输入比重为 1.10 ~ 1.25 的较纯的新泥浆循环，把钻孔内悬浮钻渣较多的泥浆换出。根据孔内情况，清孔时间一般为 4 ~ 6h。

泵吸反循环清孔，适用于孔径 600 ~ 1500mm 及更大的桩孔。清孔时，在终孔后停止回转，将钻具提离孔底 10 ~ 20cm，反循环持续到满足清孔要求为止。清孔时间一般为 8 ~ 15min。

空压机清孔，其原理和空压机抽水洗井的原理相同，适用于各种孔径、深度大于 10m 各种钻进方法的桩孔。一般是在钢筋笼下入孔内后，将安有进气管的导管吊入孔中。导管下入深度距沉渣面 30 ~ 40cm。由于桩孔不深，混合器可以下到接近孔底以增加沉没深度。清孔开始时，应向孔内补水。清孔停止时，应先关风后断水 . 防止水头损失而造成塌孔。送风量由小到大，风压一般为 0.5 ~ 0.7MPa。

掏渣清孔，干钻施工的桩孔，不得用循环液清除孔内虚土 . 应采用掏渣等或加碎石夯实的办法。

第五章　管道工程

第一节　水利工程常用管道概述

随着经济的快速发展，水利工程建设进入高速发展阶段，许多项目中管道工程占有很大的比例，因此合理的进行管道设计不仅能满足工程的实际需要，还能给工程带来有效的投资控制。目前管材的类型趋于多样化发展，主要有球墨铸铁管、钢管、玻璃钢管、塑料管（PVC-U管，PE管）以及钢筋混凝土管等。

一、铸铁管

铸铁管具有较高的机械强度及承压能力，有较强的耐腐蚀性，接口方便，易于施工。其缺点在于不能承受较大的动荷载及质脆。按制造材料分为普通灰口铸铁管和球墨铸铁管，较为常用的为球墨铸铁管。

球墨铸铁和普通铸铁里均含有石墨单体，即铸铁是铁和石墨的混合体。但普通铸铁中的石墨是片状存在的，石墨的强度很低，所以相当于铸铁中存在许多片状的空隙，因此普通铸铁强度比较低，较脆。球墨铸铁中的石墨是呈球状的，相当于铸铁中存在许多球状的空隙。球状空隙对铸铁强度影响远比片状空隙小，所以球墨铸铁强度比普通铸铁强度高许多，球墨铸铁的性能接近于中碳钢，但价格比钢材便宜得多。

球墨铸铁管是在铸造铁水经添加球化剂后，经过离心机高速离心铸造成的低压力管材，一般应用管材直径可达 3 000mm。其机械性能得到较好的改善，具有铁的本质、钢的性能。防腐性能优异、延展性能好，安装简易，主要用于输水、输气、输油等。

目前我国球墨铸铁管具备一定生产规模的厂家一般都是专业化生产线．产品数量及质量性能稳定，其刚度好，耐腐蚀性好，使用寿命长及承受压力较高。如果用 T 型橡胶接口，其柔性好，对地基适应性强，现场施工方便，施工条件要求不高，其缺点是价格较高。

（一）球墨铸铁管分类

按其制造方法不同可分为：砂型离心承插直管、连续铸铁直管及砂型铁管。

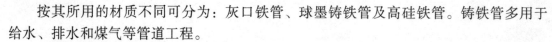

按其所用的材质不同可分为：灰口铁管、球墨铸铁管及高硅铁管。铸铁管多用于给水、排水和煤气等管道工程。

1.给水铸铁管

（1）砂型离心铸铁直管

砂型离心铸铁直管的材质为灰口铸铁，适用于水和煤气等压力流体的输送。

（2）连续铸铁直管

连续铸铁直管即连续铸造的灰口铸铁管，适用于水及煤气等压力流体的输送。

2.排水铸铁管

普通排水铸铁承插管及管件。柔性抗震接口排水铸铁直管，此类铸铁管采用橡胶圈密封、螺栓紧固，在内水压下具有良好的挠曲性、伸缩性。能适应较大的轴向位移和横向曲挠变形，适用于高层建筑室内排水管，对地震区尤为合适。

（二）接口形式

承插式铸铁管刚性接口抗应变性能差，受外力作用时，无塔供水设备接口填料容易碎裂而渗水，尤其在弱地基、沉降不均匀的地区和地震区接口的破坏率较高。因此应尽量采取柔性接口。

目前采用的柔性接口形式有滑入式橡胶圈接口、R形橡胶圈接口、柔性机械式接口A型及柔性机械式接口K形。

1.滑入式橡胶圈接口

橡胶圈与管材由供应厂方配套供应。安装橡胶圈前应将承口内工作面与插口外工作面清扫干净后，将橡胶圈嵌入承口凹梢内，并在橡胶圈外露表面及插口工作面，涂以对橡胶圈质量无影响的滑润剂。待供水设备插口端部倒角与橡胶圈均匀接触后，再用专用工具将插口推入承口内，推入深度应到预先设定的标志，并复查已安好的前一节、前二节接口推入深度。

2.T球墨铸铁管滑入式T形接口

我国生产的《离心铸造球墨铸铁管》《球墨铸铁管件》规定了退火离心铸造、输水用球墨铸铁管直管、管件、胶圈的技术性能，其接口形式均采用了滑入式T形接口。

3.机械式（压兰式）球墨铸铁管接口

日本久保田球墨铸铁管机械式接口，近年来已被我国引进采用。球墨铸铁管机械接口形式分为A形和K形。其管材管件由球墨铸铁直管、压兰、螺栓及橡胶圈组成。

机械式接口密封性能良好，试验时内水压力达到2MPa时无渗漏现象，轴向位移及折角等指标均达到很高水平，但成本较高。

二、钢管

钢管是经常采用的管道。其优点是管径可随需要加工，承受压力高、耐振动、薄而轻及管节长而接口少，接口形式灵活，单位管长重量轻，渗漏小节省管件，适合较复杂地形穿越，可现场焊接，运输方便等。钢管一般用于管径要求大、受水压力高管段，及穿越铁路、河谷和地震区等管段。缺点是易锈蚀影响使用寿命、价格较高，故需做

严格防腐绝缘处理。

三、玻璃钢管

玻璃钢管也称玻璃纤维缠绕夹砂管（RPM 管）。主要以玻璃纤维及其制品为增强材料，以高分子成分的不饱和聚酯树脂、环氧树脂等为基本材料，以石英砂及碳酸钙等无机非金属颗粒材料为填料作为主要的原料。管的标准有效长度为 6m 和 12m，其制作方法有定长缠绕工艺、离心浇铸工艺以及连续缠绕工艺三种。目前在水利工程中已被多个领域采用，如长距离输水、城市供水、输送污水等方面。

玻璃钢管是近年来在我国兴起的新型管道材料，优点是管道糙率低，一般按 n=0.0084 计算时其选用管径较球墨铸铁管或钢管小一级，可降低工程造价，且管道自重轻，运输方便，施工强度低，材质卫生，对水质无污染，耐腐蚀性能好。其缺点是管道本身承受外压能力差，对施工技术要求高，生产中人工因素较多，如管道管件、三通、弯头生产，必须有严格的质量保证措施。

玻璃钢管特点：耐腐蚀性好，对水质无影响。玻璃钢管道能抵抗酸、碱、盐、海水、未经处理的污水、腐蚀性土壤或地下水及众多化学流体的侵蚀。比传统管材的使用寿命长，其设计使用寿命一般为 50 年以上。耐热性、抗冻性好。在 -30℃ 状态下，仍具有良好的韧性和极高的强度，可在 -50℃ ~ 80℃ 的范围内长期使用。自重轻、强度高，运输安装方便。采用纤维缠绕生产的夹砂玻璃钢管道，其比重在 1.65 ~ 2.0，环向拉伸强度为 180 ~ 300MPa，轴向拉伸强度是 60 ~ 150MPa。摩擦阻力小，输水水头损失小。内壁光滑，糙率和摩阻力很小。糙率系数可达 0.008 4，能显著减少沿程的流体压力损失，提高输水能力。

四、塑料管

塑料管一般是以塑料树脂为原料，加入稳定剂、润滑剂等经熔融而成的制品。由于它具有质轻、耐腐蚀、外形美观、无不良气味、加工容易、施工方便等特点，在建筑工程中获得了越来越广泛的应用。

（一）塑料管材特性

塑料管的主要优点是具有表面光滑、输送流体阻力小、耐蚀性能好、质量轻、成型方便、加工容易，缺点是强度较低和耐热性差。

（二）塑料管材分类

塑料管有热塑性塑料管和热固性塑料管两大类。热塑性塑料管采用的主要树脂有聚氯乙烯树脂（PVC）、聚乙烯树脂（PE）、聚丙烯树脂（PP）、聚苯乙烯树脂（PS）、聚丁烯树脂（PB）等；热固性塑料采用的主要树脂有不饱和聚酯树脂、环氧树脂、呋喃树脂、酚醛树脂等等。

（三）常用塑料管性能及优缺点

1. 硬聚氯乙烯（PVC-U）

化学腐蚀性好，不生锈；具有自熄性和阻燃性；耐老化性好，可在 -15℃ ~ 60℃ 使用 20 ~ 50 年；密度小，质量轻，易扩口、粘结、弯曲、焊接、安装工作量仅为钢管的 1/2，劳动强度低、工期短；水力性能好，内壁光滑，内壁表面张力，很难形成水垢，流体输送能力比铸铁管高 3.7 倍；阻电性能良好，击穿电压 23 ~ 2kV/mm；节约金属能源。

但韧性低，线膨胀系数大，使用温度范围窄；力学性能差，抗冲击性不佳，刚性差，平直性也差，因而管卡及吊架设置密度高；燃烧时热分解，会释放出有毒气体和烟雾。

2. 无规共聚聚丙烯管（PP-R）

PP-R 在原料生产、制品加工、使用及废弃全过程均不会对人体及环境造成不利影响，与交联聚乙烯管材同辈成为绿色建材。除了具有一般塑料管材质量轻、强度好、耐腐蚀、使用寿命长等优点外，还有无毒卫生，符合国家卫生标准要求；耐热保温；连接安装简单可靠；弹性好、防冻裂。但是线膨胀系数较大；抗紫外线性能差，在阳光的长期直接照射下容易老化。

3.PE 管

PE 材料（聚乙烯）由于其强度高、耐高温、抗腐蚀、无毒等特点，被广泛应用于给水管制造领域。因为它不会生锈，所以，是替代部分普通铁给水管的理想管材。

PE 管特点：一是对水质无污染，PE 管加工时不添加重金属盐稳定剂，材质无毒性，无结垢层，不滋生细菌，很好地解决城市饮用水的二次污染。二是耐腐蚀性能较好。除少数强氧化剂外，可耐多种化学介质的侵蚀；无电化学腐蚀。三是耐老化，使用寿命长。在额定温度、压力状况下，PE 管道可安全使用 50 年以上。四是内壁水流摩擦系数小。输水时水头阻力损失小。五是韧性好。耐冲击强度高，重物直接压过管道，不会导致管道破裂。

在水利工程中的应用：城镇、农村自来水管道系统：城市及农村供水主干管和埋地管；园林绿化供水管网；污水排放用管材；农田水利灌溉工程；工程建设过程中的临时排水、导流工程等。

五、混凝土管

混凝土管分为素混凝土管、普通钢筋混凝土管、自应力钢筋混凝土管和预应力混凝土管四类。按混凝土管内径的不同，可分为小直径管（内径 400mm 以下）、中直径管（400 ~ 1 400mm）和大直径管（1 400mm 以上）。按管子承受水压能力的不同，可分为低压管和压力管，压力管的工作压力通常有 0.4、0.6、0.8、1.0、1.2MPa 等。混凝土管与钢管比较，按管子接头形式的不同，又可分为平口式管、承插式管和企口式管。其接口形式有水泥砂浆抹带接口、钢丝网水泥砂浆抹带接口、水泥砂浆承插和橡胶圈承插等。

成型方法有离心法、振动法、滚压法、真空作业法以及滚压、离心和振动联合作用的方法。预应力管配有纵向和环向预应力钢筋，所以具有较高的抗裂和抗渗能力。20世纪80年代，中国和其他一些国家发展了自应力钢筋混凝土管，其主要特点是利用自应力水泥在硬化过程中的膨胀作用产生预应力，简化了制造工艺。混凝土管与钢管比较，可以大量节约钢材，延长使用寿命，且建厂投资少，铺设安装方便，已在工厂、矿山、油田、港口、城市建设和农田水利工程中得到广泛的应用。

混凝土管的优点是抗渗性和耐久性能好，不会腐蚀及腐烂，内壁不结垢等；缺点是质地较脆易碰损、铺设时要求沟底平整，且需做管道基础及管座，常用于大型水利工程。

预应力钢筒混凝土管（PCCP）是由带钢筒的高强混凝土管芯缠绕预应力钢丝，再喷以水泥砂浆保护层而构成；用钢制承插口和钢筒焊在一起，由承插口上的凹槽与胶圈形成滑动式柔性接头；是钢板、混凝土、高强钢丝和水泥砂浆几种材料组合而成的复合型管材，主要有内衬式和嵌置式形式。在水利工程中应用广泛，如跨区域输水、农业灌溉、污水排放等。

预应力钢筒混凝土管（PCCP）也是近年在我国开始使用的新型管道材料，具有强度高，抗渗性好，耐久性强，不需防腐等优点，且价格较低。缺点是自重大，运输费用高，管件需要做成钢制，在大批量使用时，可在工程附近建厂加工制作，减少长途运输环节，缩短工期。

PCCP管道的特点：能够承受较高的内外荷载；安装方便，适宜于各种地质条件下的施工；使用寿命长；运行和维护费用低。

PCCP管道工程设计、制造、运输和安装难点集中在管道连接处。管件连接的部位主要有：顶管两端连接、穿越交叉构筑物及河流等竖向折弯处、管道控制阀、流量计、入流或分流叉管和排气检修设施两端。

第二节　管道开槽法施工

管道工程多为地下铺设管道，为铺设地下管道进行土方开挖叫挖槽。开挖的槽叫做沟槽或基槽，为建筑物、构筑物开挖的坑叫基坑。管道工程挖槽是主要工序，其特点是：管线长、工作量大、劳动繁重、施工条件复杂。又因为开挖的土成分较为复杂，施工中常受到水文地质、气候、施工地区等因素影响，因而一般较深的沟槽土壁常用木板或板桩支撑，当槽底位于地下水位以下时，需采取排水和降低地下水位的施工方法。

一、沟槽的形式

沟槽的开挖断面应考虑管道结构的施工方便，确保工程质量以及安全，具有一定强度和稳定性，同时也应考虑少挖方、少占地、经济合理的原则。在了解开挖地段的土壤性质及地下水位情况后，可结合管径大小、埋管深度、施工季节、地下构筑物等情况，施工现场及沟槽附近地下构筑物的位置因素来选择开挖方法，并合理地确定沟槽开挖断面。常采用的沟槽断面形式有直槽、梯形槽、混合槽等；当有两条或多条管道共同埋设时，还需采用联合槽。

（一）直槽

即槽帮边坡基本为直坡（边坡小于0.05的开挖断面）。直槽通常都用于地质情况好、工期短、深度较浅的小管径工程，如地下水位低于槽底，直槽深度不超过1.5m的情况。在地下水位以下采用直槽时则需考虑支撑。

（二）梯形槽（大开槽）

即槽帮具有一定坡度的开挖断面，开挖断面槽帮放坡，不用支撑。槽底如在地下水位以下，目前多采用人工降低水位的施工方法，减少支撑。采用此种大开槽断面.在土质好（如黏土、亚黏土）时，即使槽底在地下水以下，也可以在槽底挖成排水沟，进行表面排水，保证其槽帮土壤的稳定。大开槽断面是应用较多的一种形式，尤其适用于机械开挖的施工方法。

（三）混合槽

即由直槽与大开槽组合而成的多层开挖断面，较深的沟槽可采用此种混合槽分层开挖断面。混合槽一般多为深槽施工。采取混合槽施工时上部槽尽可能采用机械施工开挖，下部槽的开挖常需同时考虑采用排水及支撑的施工措施。

沟槽开挖时，为防止地面水流入坑内冲刷边坡，造成塌方和破坏基土，上部应有排水措施。对于较大的井室基槽的开挖，应先进行测量定位，抄平放线，定出开挖宽度，按放线分层挖土，根据土质和水文情况采取在四侧或两侧直立开挖和放坡，以保证施工操作安全。放坡后基槽上口宽度由基础底面宽度及边坡坡度来决定的，坑底宽度应根据管材、管外径和接口方式等确定，以便于施工操作。

二、开挖方法

沟槽开挖有人工开挖和机械开挖两种施工方法。

（一）人工开挖

在小管径、土方量少或施工现场狭窄、地下障碍物多、不易采用机械挖土或深槽作业时，底槽需支撑无法采用机械挖土时，通常采用人工挖土。

人工挖土使用的主要工具为铁锹、镐，主要施工工序为放线、开挖、修坡、清底等。

沟槽开挖须按开挖断面先求出中心到槽口边线距离，并按此在施工现场施放开挖边线。槽深在2m以内的沟槽，人工挖土与沟槽内出土结合在一起进行。较深的沟槽，分层开挖，每层开挖深度一般在2~3m为宜，利用层间留台人工倒土出土。在开挖过程中应控制开挖断面将槽帮边坡挖出，槽帮边坡应不陡于规定的坡度，检查时可用坡度尺检验，外观检查不得有亏损、鼓胀现象，表面应平顺。

槽底土壤严禁扰动。挖槽在接近槽底时，要加强测量，注意清底，不要超挖。如果发生超挖，应按规定要求进行回填，槽底应保持平整，槽底高程及槽底中心每侧宽度均应符合设计要求，同时满足土方槽底高程偏差不大于±20mm，石方槽底高程偏

差 −20 ～ −200mm。

沟槽开挖时应注意施工安全，操作人员应有足够的安全施工的工作面，防止铁锹、镐碰伤。槽帮上如有石块碎砖应清走。原沟槽每隔50m设一座梯子，上下沟槽应走梯子。在槽下作业的工人应戴安全帽。当在深沟内挖土清底时，沟上要有专人监护，注意沟壁的完好，确保作业的安全，防止沟壁塌方伤人。每日上下班前，应检查沟槽有无裂缝、坍塌等现象。

（二）机械开挖

目前使用的挖土机械主要有推土机、单斗挖土机、装载机等。机械挖土的特点是效率高、速度快、占用工期少。为了充分发挥机械施工的特点，提高机械利用率，保证安全生产，施工前的准备工作应做细，并合理选择施工机械。沟槽（基坑）的开挖，多是采用机械开挖、人工清底的施工方法。

机械挖槽时，应保证槽底土壤不被扰动和破坏。一般地，机械不可能准确地将槽底按规定高程整平，设计槽底以上宜留 20 ～ 30cm 不挖，而用人工清挖的施工方法。

采用机械挖槽方法，应向司机详细交底，交底内容一般包括挖槽断面（深度、槽帮坡度、宽度）的尺寸、堆土位置、电线高度、地下电缆、地下构筑物及施工要求，并根据情况会同机械操作人员制定安全生产措施后，方可进行施工。机械司机进入施工现场，应听从现场指挥人员的指挥，对现场涉及机械、人员安全的情况应及时提出意见，妥善解决，确保安全。

指定专人与司机配合，保质保量，安全生产。其他配合人员应熟悉机械挖土有关安全操作规程，掌握沟槽开挖断面尺寸，算出应挖的深度，及时测量槽底高程和宽度，防止超挖和亏挖，经常查看沟槽有无裂缝、坍塌迹象，注意机械工作安全。挖掘前，当机械司机释放喇叭信号后，其他人员应离开工作区，维护施工现场安全。工作结束后指引机械开到安全地带，当指引机械工作和行动时，注意上空线路及行车安全。

配合机械作业的土方辅助人员，如清底、平地、修坡人员应在机械的回转半径以外操作，如必须在其半径以内工作时，如拨动石块的人员，则应在机械运转停止后方允许进入操作区。机上机下人员应彼此配合密切，当机械回转半径内有人时，应严禁开动机器。

在地下电缆附近工作时，必须查清地下电缆的走向并做好明显的标志。采用挖土机挖土时，应严格保持在 1m 以外距离工作。其他各类管线也应查清走向，开挖断面应在管线外保持一定距离，一般以 0.5 ～ 1m 为宜。

无论是人工挖土还是机械开挖，管沟应以设计管底标高作为依据。要确保施工过程中沟底土壤不被扰动，不被水浸泡，不受冰冻，不遭污染。当无地下水时，挖至规定标高以上 5 ～ 10cm 即可停挖；当有地下水时，则挖至规定标高以上 10 ～ 15cm，待下管前清底。

挖土不容许超过规定高程，若局部超挖应认真进行人工处理，当超挖在 15cm 之内又无地下水时，可用原状土回填夯实，其密实度不应低于 95%；当沟底有地下水或沟底土层含水量较大时，可用砂夹石回填。

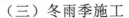

（三）冬雨季施工

1. 雨期施工

雨期施工，尽量缩短开槽长度，速战速决。雨期挖槽时，应充分考虑由于挖槽和堆土，破坏了原有排水系统后会造成排水不畅，应布置好排除雨水的排水设施和系统，防止雨水浸泡房屋和淹没农田及道路。

雨期挖槽应采取措施，防止雨水倒灌沟槽。通常采取如下措施：在沟槽四周的堆土缺口，如运料口、下管道口、便桥桥头等堆叠挡土，使其闭合，构成一道防线；堆土向槽的一侧应拍实，避免雨水冲塌，并挖排水沟，将汇集的雨水引向槽外。

雨期挖槽时，往往由于特殊需要，或暴雨雨量集中时，还应考虑有计划地将雨水引入槽内，宜每 30m 左右做一泄水口，以免冲刷槽帮，同时还应采取防止塌槽、漂管等措施。

为防止槽底土壤扰动，挖槽见底后应立即进行下一工序，否则槽底以上宜暂留 20cm 不挖，作为保护层。

雨期施工不宜靠近房屋、墙壁堆土。

2. 冬期施工

人工挖冻土法：采用人工使用大锤打铁楔子的方法，打开冻结硬壳将铁楔子打入冻土层中。开挖冻土时应制定必要的安全措施，严禁掏洞挖土。

机械挖冻土方法：当冻结深度在 25cm 以内时，使用一般中型挖掘机开挖；冻结深度在 40cm 以上时，可以在推土机后面装上松土器械将冻土层破开。

三、下管

下管方法有人工下管法和机械下管法。应根据管子的重量和工程量的大小、施工环境、沟槽断面、工期要求及设备供应等情况综合考虑确定。

（一）人工下管法

人工下管应以施工方便、操作安全为原则，可根据工人操作的熟练程度、管子重量、管子长短、施工条件、沟槽深浅等因素综合考虑。其适用范围为：管径小，自重轻；施工现场狭窄，不便于机械操作；工程量较小，而且机械供应有困难。

1. 贯绳下管法

适用于管径小于 30cm 以下的混凝土管、缸瓦管。用带铁钩的粗白棕绳，由管内穿出钩住管头，然后一边用人工控制白棕绳，一边滚管，将管子缓慢送入到沟槽内。

2. 压绳下管法

压绳下管法是人工下管法中最常用的一种方法。适用于中、小型管子，方法灵活，可作为分散下管法。具体操作是在沟槽上边打入两根撬棍，分别套住一根下管大绳，绳子一端用脚踩牢，用手拉住绳子另一端，听从一人号令，徐徐放松绳子，直至将管子放至沟槽底部。当管子自重大，一根撬棍的摩擦力不能克服管子自重时，两边可各自多打入一根撬棍，以增大绳的摩擦阻力。

3. 集中压绳下管法

此种方法适用较大管径，即从固定位置往沟槽内下管，然后在沟槽内将管子运至稳管位置。在下管处埋入1/2立管长度，内填土方，将下管用两根大绳缠绕（一般绕一圈）在立管上，绳子一端固定，另一端由人工操作，利用绳子和立管之间的摩擦力控制下管速度。操作时注意两边放绳要均匀，防止管子倾斜。

4. 搭架法（吊链下管）

常用有三脚架式四脚架法，在架子上装上吊链起吊管子。

其操作过程如下：先在沟槽上铺上方木，将管子滚至方木上。吊链将管子吊起，撤出原铺方木，操作吊链使管子徐徐下入沟底。下管用的大绳应质地坚固、不断股、不糟朽、无夹心。

（二）机械下管法

机械下管速度快、安全，并且可以减轻工人的劳动强度。条件允许时，应尽可能采用机械下管法。其适用范围为：管径大，自重大；沟槽深，工程量大；施工现场便于机械操作。

机械下管一般沿沟槽移动。因此，沟槽开挖时应一侧堆土，另一侧作为机械工作面，运输道路、管材堆放场地。管子堆放在下管机械的臂长范围内，以减少管材的二次搬运。

机械下管视管子重量选择起重机械，常用有汽车起重机和履带式起重机。采用机械下管时，应设专人统一指挥。机械下管不应一点起吊，采用两点起吊时吊绳应找好重心，平吊轻放。

起重机禁止在斜坡地方吊着管子回转，轮胎式起重机作业前将支腿撑好，轮胎不应承担起吊的重量。支腿距沟边要有2.0m以上距离，必要时应垫木板。在起吊作业区内，禁止无关人员停留或通过。在吊钩和被吊起的重物下面，严禁任何人通过或站立。起吊作业不应在带电的架空线路下作业在架空线路同侧作业时，起重机臂杆距架空线保持一定安全距离。

四、稳管

稳管是将每节符合质量要求的管子按照设计的平面设置和高程稳在地基或基础上。稳管包括管子对中和对高程两个环节，两者同时进行。

（一）管轴线位置的控制

管轴线位置的控制是指所铺设的管线符合设计规定的坐标位置。其方法是在稳管前由测量人员将管中心钉测设在坡度板上，稳定时由操作人员将坡度板上中心钉挂上小线，即管子轴线位置。稳、管具体操作方法有中心线法和边线法。

1. 中心线法

即在中心线上挂一垂球，在管内放置一块带有中心刻度的水平尺，当垂球线穿过水平尺的中心刻度时，则表示管子已经对中。倘若垂线往水平尺中心刻度左边偏离，表明管子往右偏离中心线相等一段距离，调整管子位置，使其居中为止。

2. 边线法

即在管子同一侧，钉一排边桩，其高度接近管中心处。在边桩上钉一小钉，其位置距中心垂线保持同一常数值。稳、管时，将边桩上的小钉挂上边线，即边线是与中心垂线相距同一距离的水平线。在稳管操作时，使管外皮和边线保持同一间距，则表示管道中心处于设计轴线位置。边线法稳管操作简便，应用较为广泛。

（二）管内底高程控制

沟槽开挖接近设计标高，由测量人员埋设坡度板，坡度板上标出桩号、高程和中心钉，坡度板埋设间距，排水管道一般为10m，给水管道一般为15～20m。管道平面及纵向折点和附属构筑物处，根据需要增设坡度板。

相邻两块坡度板的高程钉至管内底的垂直距离保持一致，则两个高程钉的连线坡度与管内底坡度相平行，该连线称坡度线。坡度线上任何一点到管内底的垂直距离为一常数，称为下反数，稳管时，用一木制丁字形高程尺，上面标出下反数刻度，将高程尺垂直放在管内底中心位置，调整管子高程，使高程尺下反数的刻度与坡度线相重合，则表明管内底高程正确。

稳管工作的对中和对高程两者同时进行，根据管径大小，可由2人或4人进行，互相配合，稳好后的管子用石块垫牢。

五、沟槽回填

管道主要采用沟槽埋设的方式，由于回填土部分和沟壁原状土不是一个整体结构，整个沟槽的回填土对管顶存在一个作用力，而压力管道埋谜于地下，一般不做人工基础，回填土的密实度要求虽严，实际上若达到这一要求并不容易，因此管道在安装及输送介质的初期一直处于沉降的不稳定状态。对土壤而言，这种沉降通常可分为三个阶段，第一阶段是逐步压缩，使受扰动的沟底土壤受压；第二阶段是土壤在它弹性限度内的沉降；第三阶段是土壤受压超过其弹性限度的压实性沉降。

对于管道施工的工序而言，管道沉降分为五个过程：管子放入沟内，由于管材自重使沟底表层的土壤压缩，引起管道第一次沉降，如果管子入沟前没挖接头坑，在这一沉降过程中，当沟底土壤较密，承载能力较大、管道口径较小时，管和土的接触主要在承口部位；开挖接头坑，使管身与土壤接触或接触面积的变化，引起第二次沉降；管道灌满水后，因管重变化引起第三次沉降；管沟回填土后，同样引起第四次沉降；实践证明，整个沉降过程不因沟槽内土的回填而终止，它还有一个较长时期的缓慢的沉降过程，这就是第五次沉降。

管道的沉降是管道垂直方向的位移，是由于管底土壤受力后变形所致，不一定是管道基础的破坏。沉降的快慢及沉降量的大小，随着土壤的承载力、管道作用于沟底土壤的压力、管道和土壤接触面形状的变化而变化。

如果管底土质发生变化，管接口及管道两侧（胸腔）回填土的密实度不好，就可能发生管道的不均匀沉降，引起管接口的应力集中，造成接口漏水等事故；而这些漏水的发展又引起管基础的破坏，水土流移，反过来加剧了管道的不均匀沉降，最后导致管道更大程度的损坏。管道沟槽的回填，尤其是管道胸腔土的回填极为重要，否则管道会因应力集中而变形、破裂。

（一）回填土施工

回填土施工包括填土、摊平、夯实、检查等四个工序。回填土土质应符合设计要求，保证填方的强度和稳定性。

两侧胸腔应同时分层填土摊平，夯实也应同时以同一速度前进。管子上方土的回填，从纵断面上看，在厚土层与薄土层之间，已夯实土与未夯实土之间，应有较长的过渡地段，以免管子受压不匀发生开裂。相邻两层回填土的分装位置应错开。

胸腔和管顶上 50 cm 范围内夯土时，夯击力过大，将会使管壁或沟壁开裂。因此应根据管沟的强度确定夯实机械。每层土夯实后，应测定密实度。回填后应使沟槽上土面呈拱形，以免日久因土沉降从而造成地面下凹。

（二）冬期和雨期施工

1.冬期施工

应尽量采取缩短施工段落，分层薄填，迅速夯实，铺土须当天完成。管道上方计划修筑路面者不得回填冻土。上方无修筑路面计划者，胸腔及管道顶以上 50 cm 范围内不得回填冻土，其上部回填冻土含量也不能超过填方总体积的 15%，且冻土尺寸不得大于 10cm。冬期施工应根据回填冻土含量、填土高度及土壤种类来确定预留沉降度，一般中心部分高出地面 10 ～ 20cm 为宜。

2.雨期施工

还土应边还土边碾压夯实，当日回填当日夯实。雨后还土应先测土壤含水量，对过湿土应做处理。槽内有水时，应先排除，方可回填；取土还土时，应避免造成地面水流向槽内的通道。

第三节　管道不开槽法施工

地下管道在穿越铁路、河流、土坝等重要建筑物和不适宜采用开槽法的施工时，可选用不开槽法施工。其施工的特点为：不需要拆除地上的建筑物、不影响地面交通、减少土方开挖量、管道不必设置基础和管座、不受季节影响，有利于文明施工。

管道不开槽法施工种类较多，可归纳为掘进顶管法、不取土顶管法、盾构法和暗挖法等。暗挖法与隧洞施工有相似之处，在此主要介绍顶管法和盾构法。

一、掘进顶管法

掘进顶管法包括人工取土顶管法、机械取土顶管法和水力冲刷顶管法等。

（一）人工取土顶管法

人工取土顶管法是依靠人工在管内端部挖掘土壤，然后在工作坑内借助顶进设备，

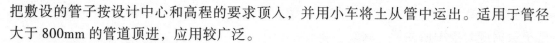

把敷设的管子按设计中心和高程的要求顶入，并用小车将土从管中运出。适用于管径大于800mm的管道顶进，应用较广泛。

1.顶管施工的准备工作

工作坑是掘进顶管施工的主要工作场所，应有足够的空间和工作面，保证下管、安装顶进设备和操作间距。施工前，要选定工作坑的位置、尺寸及进行顶管后背验算。后背可分为浅覆土后背和深覆土后背，具体计算可按挡土墙计算方法确定。顶管时，后背不应当破坏及产生不允许的压缩变形。工作坑的位置可根据以下条件确定：根据管线设计，排水管线可选在检查井处；单向顶进时，应选在管道下游端，以利排水；考虑地形和土质情况，选择可利用的原土后背；工作坑和被穿越的建筑物要有一定安全距离，距水、电源地方较近。

2.挖土与运土

管前挖土是保证顶进质量及地上构筑物安全的关键，管前挖土的方向和开挖形状直接影响顶进管位的准确性。由于管子在顶进中是循着已挖好的土壁前进的，管前周围超挖应严格控制。

管前挖土深度一般等于千斤顶出镐长度，如土质较好，可超前0.5m。超挖过大，土壁开挖形状就不易控制，易引起管位偏差和上方土坍塌。在松软土层中顶进时，应采取管顶上部土壤加固或管前安设管檐，操作人员在其内挖土，防止坍塌伤人。管前挖出土应及时外运。管径较大时，可用双轮手推车进行推运。管径较小应采用双筒卷扬机牵引四轮小车出土。

3.顶进

顶进是利用千斤顶出镐在后背不动的情况下将管子推向前进。其操作过程如下：安装好顶铁挤牢，管前端已挖一定长度后，启动油泵，千斤顶进油，活塞伸出一个工作行程，将管子推向一定距离；停止油泵，打开控制闸，千斤顶回油，活塞回缠；添加顶铁，重复上述操作，直至需要安装下一苇管子为止；卸下顶铁，下管，在混凝土管接口处放一圈麻绳，以保证接口缝隙和受力均匀；在管内口处安装一个内涨圈，作为临时性加固措施，防止顶进纠偏时错口，涨圈直径小于管内径5～8cm，空隙用木楔背紧，涨圈用7～8mm厚钢板焊制，宽200～300mm；重新装好顶铁，重复上述操作。

（二）机械取土顶管法

机械取土顶管与人工取土顶管除了掘进和管内运土不同外，其余部分大致一样。机械取土顶管是在被顶进管子前端安装机械钻进的挖土设备，配上皮带运土，可代替人工挖、运土。

二、盾构法

盾构是用于地下不开槽法施工时进行地层开挖及衬砌拼装时起支护作用的施工设备，基本构造由开挖系统、推进系统和衬砌拼装系统三部分组成。

（一）施工准备

盾构施工前根据设计提供的图纸和有关资料，对施工现场应进行详细勘察，对地上、地下障碍物、地形、土质、地下水和现场条件等诸方面进行了解，根据勘察结果，编制盾构施工方案。盾构施工的准备工作还应包括测量定线、衬块预制、盾构机械组装、降低地下水位、土层加固以及工作坑开挖等等。

（二）盾构工作坑及始顶

盾构法施工也应当设置工作坑，作为盾构开始、中间和结束井。开始工作坑与顶管工作坑相同，其尺寸应满足盾构和顶进设备尺寸的要求。工作坑周壁应做支撑或者采用沉井或连续墙加固，防止坍塌，并在顶进装置背后做好牢固的后背。盾构在工作坑导轨上至盾构完全进入土中的这一段距离，借助外部千斤顶顶进。与顶管方法相同。

当盾构已进入土中以后，在开始工作坑后背与盾构衬砌环之间各设置一个木环，其大小尺寸与衬砌环相等，在两个木环之间用圆木支撑，作为始顶段的盾构千斤顶的支撑结构。一般情况下，衬砌环长度达30～50m以后，才能起到了后背作用，方可拆除工作坑内圆木支撑。

如顶段开始后，即可起用盾构本身千斤顶，将切削环的刃口切入土中，在切削环掩护下进行掘土，一面出土一面将衬砌块运入盾构内，待千斤顶回镐后，其空隙部分进行砌块拼装。再以衬砌环为后背，启动千斤顶，重复上述操作，盾构便可不断前进。

（三）衬砌和灌浆

按照设计要求，确定砌块形状和尺寸以及接缝方法，接口有平口、企口和螺栓连接。企口接缝防水性能好，但拼装复杂；螺栓连接整体性好，刚度大。砌块接口涂抹黏结剂，提高防水性能，常用的黏结剂有沥青玛脂、环氧胶泥等。

砌块外壁与土壁间的间隙应用水泥砂浆或豆石混凝土浇筑。一般每隔3～5衬砌环有一灌注孔环，此环上设有4～10个灌注孔。灌注孔直径不小于36mm。灌浆作业应及时进行。灌入顺序自下而上，左右对称地进行。灌浆时应防止浆液漏入盾构内，在此之前应做好止水。砌块衬砌和缝隙注浆合称为一次衬砌。二次衬砌按照动能要求，在一次衬砌合格后，可进行二次衬砌。二次衬砌可浇筑豆石混凝土、喷射混凝土等。

第四节 管道的制作安装

一、钢管

（一）管材

管节的材料、规格、压力等级等应当符合设计要求，管节宜工厂预制，现场加工应符合下列规定：管节表面应无斑疤、裂纹、严重锈蚀等缺陷；焊缝外观质量应符合相关规定，焊缝无损检验合格；直焊缝卷管的管节几何尺寸允许偏差应符合表相关的规定；同一管节允许有两条纵缝，管径大于或等于 600mm 时，纵向焊缝的间距应大于 300mm；管径小于 600mm 时，其间距应大于 100mm。

（二）钢管安装

管道安装应符合现行国家标准《工业金属管道工程施工及验收规范》《现场设备、工业管道焊接工程施工及验收规范》等规范的规定，并应符合下列的规定：对首次采用的钢材、焊接材料、焊接方法或焊接工艺，施工单位必须在施焊前按设计要求和有关规定进行焊接试验，并应根据试验结果编制焊接工艺指导书；焊工必须按规定经相关部门考试合格后持证上岗，并应根据经过评定的焊接工艺指导书进行施焊；沟槽内焊接时，应采取有效技术措施保证管道底部的焊缝质量。

管道安装前，管节应逐根测量、编号。宜选用管径相差最小的管节组对对接；下管前应先检查管节的内外防腐层，合格后方可下管；管节组成管段下管时，管段的长度、吊距，应根据管径、壁厚、外防腐层材料的种类及下管方法确定；弯管起弯点至接口的距离不得小于管径，且不得小于 100mm；管节组对焊接时应先修口、清根，管端端面的坡口角度、钝边、间隙都应符合设计要求，设计无要求时应符合的规定；不得在对口间隙夹焊帮条或用加热法缩小间隙施焊。对口时应使内壁齐平，错口允许偏差应为壁厚的 20%，且不得大于 2mm。

（三）钢管内外防腐

管体的内外防腐层宜在工厂内完成，现场连接的补口按设计要求处理。

液体环氧涂料内防腐层应符合下列规定：

1. 施工前具备的条件应符合下列规定：

宜采用喷（抛）射除锈，除锈等级应不低于《涂覆涂料前钢材表面处理第 1 部分》（GB/T 8923.1—2011）中规定的 Sa2 级；内表面经喷（抛）射处理后，应用清洁、干燥、无油的压缩空气将管道内部的砂粒、尘埃、锈粉等微尘清除干净；管道内表面处理后，应在钢管两端 60 ~ 100mm 范围内涂刷硅酸锌或其他可焊性防锈涂料，干膜厚度为 20 ~ 40μm；内防腐层的材料质量应符合设计要求；

2. 内防腐层施工应符合下列规定：

应按涂料生产厂家产品说明书的规定配制涂料，不宜加入稀释剂；涂料使用前应搅拌均匀；宜采用高压无气喷涂工艺，在工艺条件受限时，可采用空气喷涂或挤涂工艺；应调整好工艺参数且稳定后，方可正式涂敷；防腐层应平整、光滑，无流挂、无划痕等；涂敷过程中应随时监测湿膜厚度；环境相对湿度大于 85% 时；应对钢管除湿后方可作业；严禁在雨、雪、雾及风沙等气候条件下露天作业。

3. 石油沥青涂料外防腐层施工应符合下列规定：

涂底料前；管体表面应清除油垢、灰渣、铁锈；人工除氧化皮、铁锈时，其质量标准应达 St3 级；麻砂或化学除锈时，其质量标准应达 Sa2.5 级；涂底料时基面应干燥，基面除锈后与涂底料的间隔时间不得超过 8h。涂刷应均匀、饱满，涂层不得有凝块、起泡现象，底料厚度宜为 0.1 ~ 0.2mm，管两端 150 ~ 250mm 内不得涂刷；沥青涂料熬制温度宜在 230℃ 左右，最高温度不得超过 250℃。

二、球墨铸铁管安装

管节及管件的规格、尺寸公差、性能应符合国家有关标准规定以及设计要求，进入施工现场时其外观质量应符合下列规定：管节及管件表面不得有裂纹，不得有妨碍使用的凹凸不平的缺陷；采用橡胶圈柔性接口的球墨铸铁管，承口的内工作面和插口的外工作面应光滑、轮廓清晰，不得有影响接口密封性的缺陷。

管节及管件下沟槽前，应清除承口内部的油污、飞刺、铸砂及凹凸不平的铸瘤；柔性接口铸铁管及管件承口的内工作面、插口的外工作面应修整光滑，不得有沟槽、凸脊缺陷；有裂纹的管节及管件不得使用。沿直线安装管道时，宜选用管径公差组合最小的管节组对连接，确保接口的环向间隙应均匀。

采用滑入式或机械式柔性接口时，橡胶圈的质量、性能、细部尺寸，应符合国家有关球墨铸铁管及管件标准的规定。橡胶圈安装经检验合格后，方可进行管道安装。安装滑入式橡胶圈接门时，推入深度应达到标记环，并复查和其相邻已安好的第一至第二个接口推入深度。安装机械式柔性接口时 – 应使插口与承口法兰压盖的轴线相重合；螺栓安装方向应一致，用扭矩扳手均匀、对称地紧固。

三、PCCP 管道

（一）PCCP 管道运输、存放及现场检验

1.PCCP 管道装卸

装卸 PCCP 管道的起重机必须具有一定的强度，严禁超负荷或在不稳定的工况下进行起吊装卸，管子起吊采用兜身吊带或专用的起吊工具，严禁采用穿心吊，起吊索具用柔性材料包裹，避免碰损管子。装卸过程始终保持轻装轻放的原则，严禁溜放或用推土机、叉车等直接碰撞和推拉管子，不能抛、摔、滚、拖。管子起吊时，管中不得有人，管下不准有人逗留。

2.PCCP 管道装车运输

管子在装车运输时采取必需的防止振动、碰撞、滑移措施，在车上设置支座或在枕木上固定木楔以稳定管子，并与车厢绑扎牢稳，避免出现超高、超宽、超重等情况。另外在运输管子时，对管子的承插口要进行妥善的包扎保护，管子上面或里面禁止装运其他物品。

3.PCCP 管现场存放

PCCP 管只能单层存放，不允许堆放。长期（1 个月以上）存放时，必须采取适当的养护措施。存放时保持出厂横立轴的正确摆放位置，不能随意变换位置。

4.PCCP 管现场检验

到达现场的 PCCP 管必须附有出厂证明书，凡标志技术条件不明、技术指标不符合标准规定或设计要求的管子不得使用。证书至少包括如下资料：交付前钢材及钢丝的实验结果；用于管道生产的水泥及骨料的实验结果；每一钢筒试样检测结果；管芯混凝土及保护层砂浆试验结果；成品管三边承载试验及静水压力试验报告；配件的焊

接检测结果和砂浆、环氧树脂涂层或防腐涂层的证明材料。

管子在安装前必须逐根进行外观检查：检查 PCCP 管尺寸公差，如椭圆度、断面垂直度、直径公差和保护层公差，符合现行国家质量验收标准规定；检查承插口有无碰损、外保护层有无脱落等，发现裂缝、保护层脱落、空鼓、接口掉角等缺陷在规范允许范围内，使用前必须修补并经鉴定合格后，才能使用。

橡胶圈形状为"0"形，使用前必须逐个检查，表面不得有气孔、裂蠹、重皮、平面扭曲、肉眼可见的杂质及有碍使用和影响密封效果的缺陷。生产 PCCP 管厂家必须提供橡胶圈满足规范要求的质量合格报告及对应用水无害的证明书。

（二）PCCP 管的吊装就位及安装

1.PCCP 管施工原则

PCCP 管在坡度较大的斜坡区域安装时，按照由下至上的方向施工，先安装坡底管道，顺序向上安装坡顶管道，注意将管道的承口朝上，以便于施工。根据标段内的管道沿线地形的坡度起伏，施工时进行分段分区开设多个工作面，同时进行各段管道的安装。

现场对 PCCP 管逐根进行承插口配管量测，按长短轴对正方式进行安装。严禁将管子向沟底自由滚放，采用机具下管尽量减少沟槽上机械的移动和管子在管沟基槽内的多次搬运移动。吊车下管时注意吊车站位位置沟槽边坡的稳定。

2.PCCP 管吊装就位

PCCP 管的吊装就位根据管径、周边地形、交通状况和沟槽的深度、工期要求等条件综合考虑，选择施工方法。只要施工现场具备吊车站位的条件，就采用吊车吊装就位，用两组倒链和钢丝绳将管子吊至沟槽内，用手扳葫芦配合吊车，对管子进行上下、左右微动，通过下部垫层、三角枕木和垫板使管子就位。

3. 管道及接头的清理、润滑

安装前先清扫管子内部，清除插口和承口圈上全部灰尘、泥土及异物。胶圈套入插口凹槽之前先分别在插口圈外表面、承口圈的整个内表面和胶圈上涂抹润滑剂，胶圈滑入插口槽后，在胶圈及插口环之间插入一根光滑的杆（或用螺丝刀），将该杆绕接口圆两周（两个方向各一周），使胶圈紧紧地绕在插口上，形成一个非常好的密封面，然后再在胶圈上薄薄地涂上一层润滑油。所使用的润滑剂必须是植物性的或经厂家同意的替代型润滑剂而不能使用油基润滑剂，因油基润滑剂会损害橡胶圈，故而不能使用。

4. 管子对口

管道安装时，将刚吊下的管子的插口与已安装好的管子的承口对中，使插口正对承口。采用手扳葫芦外拉法将刚吊下的管子的插口缓慢而平稳地滑入前一根已安装的管子的承口内就位，管口连接时作业人.员事先进入管内，往两管之间塞入挡块，控制两管之间的安装间隙在 20 ~ 30mm，同时也临免承插口环发生碰撞。特别注意管子顺直对口时使插口端和承口端保持平行，并使圆周间隙大致相等，以期准确就位。

注意勿让泥土污物落到已涂润滑剂的插口圈上。管子对接后及时检查胶圈位置，

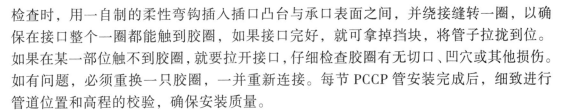

检查时，用一自制的柔性弯钩插入插口凸台与承口表面之间，并绕接缝转一圈，以确保在接口整个一圈都能触到胶圈，如果接口完好，就可拿掉挡块，将管子拉拢到位。如果在某一部位触不到胶圈，就要拉开接口，仔细检查胶圈有无切口、凹穴或其他损伤。如有问题，必须重换一只胶圈，一并重新连接。每节 PCCP 管安装完成后，细致进行管道位置和高程的校验，确保安装质量。

5. 接口打压

PCCP 管其承插口采用双胶圈密封，管子对口完成后对每一处接口做水压试验。在插口的两道密封圈中间预留 10mm 螺孔作试验接口，试水时拧下螺栓，将水压试水机与之连接，注水加压。为防止管子在接口水压试验时产生位移，在相邻两管间用拉具拉紧。

6. 接口外部灌浆

为保护外露的钢承插口不受腐蚀，需要在管接口外侧进行灌浆或人工抹浆。具体做法如下：

在接口的外侧裹一层麻布，塑料编织带或油毡纸（15 ~ 20cm 宽）作模，并用细铁丝将两侧扎紧，上面留有灌浆口，在接口间隙内放一根铁丝，以备灌浆时来回牵动，以使砂浆密实。

用 1 : 1.5 ~ 2 的水泥砂浆调制成流态状，将砂浆灌满绕接口一圈的灌浆带，来回牵动铁丝使砂浆从另一侧冒出，再用干硬性混合物抹平灌浆带顶部的敞口，保证管底接口密实。第一次仅浇灌至灌浆带底部 1/3 处，就进行回填，以便对于整条灌浆带灌满砂浆时起支撑作用。

7. 接口内部填缝

接口内凹槽用 1 : 1.5 ~ 2 的水泥砂浆进行勾缝并抹平管接口内表面，使之与管内壁平齐。

8. 过渡件连接

阀门、排气阀或钢管等为法兰接口时，过渡件与其连接端必须采用相应的法兰接口，其法兰螺栓孔位置及直径必须与连接端的法兰一致。其中垫片或垫圈位置必须正确，拧紧时按对称位置相间进行，防止拧紧过程中产生的轴向拉力导致两端管道拉裂或接口拉脱。

连接不同材质的管材采用承插式接口时，过渡件和其连接端必须采用相应的承插式接口，其承口内径或插口外径及密封圈规格等必须符合连接端承口和插口的要求。

四、玻璃钢管

（一）管材

管节及管件的规格、性能应符合国家有关标准的规定和设计要求，进入施工现场时其外观质量应符合下列规定：内、外径偏差、承口深度（安装标记环）、有效长度、管壁厚度、管端面垂直度等应符合产品标准规定；内、外表面应光滑平整，无划痕、分层、针孔、杂质、破碎等现象；管端面应平齐、无毛刺等缺陷；橡胶圈应符合相关规定。

（二）接口连接、管道安装应符合下列规定

采用套筒式连接的，应清除套筒内侧和插口外侧的污渍和附着物；管道安装就位后，套筒式或承插式接口周围不应有明显变形和胀破；施工过程中应防止管节受损伤，避免内表层和外保护层的剥落；检查井、透气井、阀门井等附属构筑物或水平折角处的管节，应采取避免不均匀沉降造成接口转角过大的措施；混凝土或砌筑结构等构筑物墙体内的管节，可采取设置橡胶圈或中介层法等措施，管外壁与构筑物墙体的交界面密实、不渗漏。

（三）管沟垫层与回填

沟槽深度由垫层厚度、管区回填土厚度、非管区回填土厚度组成。管区回填土厚度分为主管区回填土厚度和次管区回填土厚度。管区回填土一般为素土，含水率为17%（土用手攥成团为准）。主管区回填土应在管道安装后尽快回填，次管区回填土是在施工验收时完成，也可以一次连续完成。

工程地质条件是施工的需要，也是管道设计时需要的重要数据，必须认真勘察。为了确定开挖的土方量，需要付算回填的材料量，以便于安排运输和备料。玻璃纤维增强热固性树脂夹砂管道施工较为复杂，为了使整个施工过程合理，保证施工质量，必须作好施工组织设计。其中施工排水、土石方平衡、回填料确定、夯实方案等对玻璃纤维增强热固性树脂夹砂管道的施工十分重要。

作用在管道上方的荷载，会引起管道垂直直径减小，小平方向增大，即有椭圆化作用。这种作用引起的变形就是挠曲。现场负责管道安装的人员必须保证管道安装时挠曲值合格，使管道的长期挠曲值低于制造厂的推荐值。

（四）沟槽、沟底与垫层

沟槽宽度主要考虑夯实机具便于操作。地下水位较高时，应先进行降水，以保证回填后，管基础不会扰动，避免造成管道承插口变形或管体折断。

沟底土质要满足作填料的土质要求，不应含有岩石、卵石、软质膨胀土、不规则的碎石和浸泡土。注意沟底应连续平整，用水准仪根据设计标高找平，管底不准有砖块、石头等杂物，不应超挖（除承插接头部位），并清除沟上可能掉落的、碰落的物体，以防砸坏管子。沟底夯实后做 10 ~ 15cm 厚砂垫层，采用中粗砂或碎石屑均可。为安装方便承插口下部要预挖30cm深操作坑。下管应采用尼龙带或麻绳双吊点吊管，将管子轻轻放入管沟，管子承口朝来水方向，管线安装方向用经纬仪控制。

本条是为了方便接头正常安装，同时避免接头承受管道重量。施工完成后，经回填和夯实，使管道在整个长度上形成连续支撑。

（五）管道支墩

设置支墩的目的是有效地支撑管内水压力产生的推力。支墩应用混凝土包围管件，但管件两端连接处留在混凝土墩外，便于连接和维护。也可以用混凝土做支墩座，预埋管卡子固定管件，其目的是使管件位移后不脱离密封圈连接。固定支墩一般用于弯

管、三通、变径管处。

止推应力墩也称挡墩，同样是承受管内产生的推力。该墩要完全包围住管道。止推应力墩一般使用在偏心三通、侧生 Y 型管、Y 型管、受推应力的特殊备件处。为防止闸门关闭时产生的推力传递到管道上，在闸门井壁设固定装置或采用了其他形式固定闸门，这样可大大减轻对管道的推力。

设支撑座可以避免管道产生不正常变形。分层浇灌可以使每层水泥有足够的时间凝固。如果管道连接处有不同程度的位移就会造成过度的弯曲应力。对刚性连接应采取以下的措施：第一，将接头浇筑在混凝土墩的出口处，这样可以使外面的第一根管段有足够的活动自由度。第二，用橡胶包裹住管道，以弱化硬性过渡点。柔性接口的管道，当纵坡大于 15° 时，自下而上安装可防止管道下滑移动。

（六）管道连接

管道的连接质量实际反映了管道系统的质量，关系到管道是否能正常工作。不论采取哪种管道连拉形式，都必须保证有足够的强度和刚度，并具有一定的缓解轴向力的能力，而且要求安装方便。承插连接具有制作方便、安装速度快等优点。插口端与承口变径处留有一定空隙，是为了防止温度变化产生过大的温度应力。

胶合刚性连接适用于地基比较软和地上活动荷载大的地带。当连接两个法兰时，只要一个法兰上有 2 条水线即可，在拧紧螺栓时应交叉循序渐进，避免一次用力过大从而损坏法兰。

机械连接活接头有被腐蚀的缺点，所以往往做成外层有环氧树脂或塑料作保护层的钢壳、不锈钢壳、热浸镀锌钢壳。本条强调控制螺栓的扭矩，不要扭紧过度而损坏管道。机械钢接头是一种柔性连接。由于土壤对钢接头腐蚀严重，故本条提出应注意防腐。多功能连接活接头主要用于连接支管、仪表或管道中途投药等，比较灵活方便。

（七）沟槽回填与回填材料

管道和沟槽回填材料构成统一的"管道—土壤系统"，沟槽的回填于安装同等重要。管道在埋设安装后，土壤的重力和活荷载在很大程度上取决于管道两侧土壤的支撑力。土壤对管壁水平运动（挠曲）的这种支撑力受土壤类型、密度和湿度影响。为了防止管道挠曲过大，必须采用加大土壤阻力，提高土壤支撑力的办法。管道浮动将破坏管道接头，造成不必要的重新安装。热变形是指由于安装时的温度和长时间裸露暴晒温度的差异而导致的变形，这将造成接头处封闭不严。

回填料可以加大土壤阻力，提高土壤支撑力，所以管区的回填材料、回填埋设和夯实，对控制管道径向挠曲是非常重要的，对管道运行也是关键环节，所以必须正确进行。

分层回填夯实是为了有效地达到要求的夯实密度，使管道有足够的支撑作用。砂的夯实有一定难度，所以每层应控制在 150mm 以内。当砂质回填材料处于接近其最佳湿度时，夯实最易完成。

五、PE管

（一）管材

管节及管件的规格、性能应符合国家有关标准的规定和设计要求，进入施工现场时其外观质量应符合下列规定：不得有影响结构安全、使用功能及接口连接的质量缺陷；内、外壁光滑、平整，无气泡、无裂纹、无脱皮和严重的冷斑和明显的痕纹、凹陷；管节不得有异向弯曲，端口应平整；橡胶圈应符合规范规定。

（二）管道铺设

应符合下列规定：采用承插式（或套筒式）接口时，宜人工布管且在沟槽内连接；槽深大于3m或管外径大于400mm的管道，宜用非金属绳索兜住管节下管；严禁将管节翻滚抛入槽中；采用电熔、热熔接口时，宜在沟槽边上将管道分段连接后以弹性铺管法移入沟槽；移入沟槽时，管道表面不得有明显的划痕。

（三）管道连接

承插式柔性连接、套筒（带或套）连接、法兰连接、卡箍连接等方法采用的密封件、套筒件、法兰、紧固件等配套管件，必须由管节生产厂家配套供应；电熔连接、热熔连接应采用专用电器设备、挤出焊接设备和工具进行施工；管道连接时必须对连接部位、密封件、套筒等配件清理干净，套筒（带或套）连接、法兰连接、卡箍连接用的钢制套筒、法兰、卡箍、螺栓等金属制品应根据现场土质并且参照相关标准采取防腐措施；承插式柔性接口连接宜在当日温度较高时进行，插口端不宜插到承口底部，应留出不小于10mm的伸缩空隙，插入前应在插口端外壁做出插入深度标记；插入完毕后，承插口周围空隙均匀，连接的管道平直。

电熔连接、热熔连接、套筒（带或套）连接、法兰连接、卡箍连接应在当日温度较低或接近最低时进行；电熔连接、热焰连接时电热设备的温度控制、时间控制，挤出焊接时对焊接设备的操作等，必须严格按接头的技术指标和设备的操作程序进行；接头处应有沿管节圆周平滑对称的外翻边，内翻边应铲平；管道和井室宜采用柔性连接，连接方式符合设计要求；设计无要求时，可采用承插管件连接或中介层做法；管道系统设置的弯头、三通、变径处应采用混凝土支墩或金属卡箍拉杆等技术措施；在消火栓及闸阀的底部应加垫混凝土支墩；非锁紧型承插连接管道，每根管节应有3点以上的固定措施；安装完的管道中心线及高程调整合格后，即将管底有效支撑角范围用中粗砂回填密实，不得用土或其他材料回填。

（四）管材和管件的验收

管材和管件应具有质量检验部门的质量合格证，并应有明显标志表明生产厂家和规格。包装上应标有批号、生产日期和检验代号。

管材和管件的外观质量应符合下列规定：管材与管件的颜色应一致，无色泽不均及分解变色线；管材和管件的内外壁应光滑、平整，无气泡、裂口、裂纹、脱皮和严

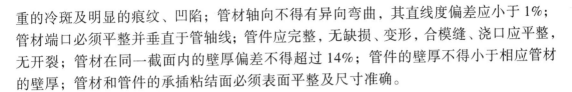

重的冷斑及明显的痕纹、凹陷；管材轴向不得有异向弯曲，其直线度偏差应小于1%；管材端口必须平整并垂直于管轴线；管件应完整，无缺损、变形，合模缝、浇口应平整，无开裂；管材在同一截面内的壁厚偏差不得超过14%；管件的壁厚不得小于相应管材的壁厚；管材和管件的承插粘结面必须表面平整及尺寸准确。

（五）塑料管和管件的存放

管材应按不同的规格分别堆放；DN25以下的管子可进行捆扎，每捆长度应一致，且重量不宜超过50kg；管件应按不同品种和规格分别装箱。

搬运管材和管件时，应小心轻放，严禁剧烈撞击、与尖锐物品碰撞、抛摔滚拖；管材和管件应存放在通风良好、温度不超过40℃的库房或简易棚内，不得露天存放，距离热源1m以上。

管材应水平堆放在平整的支垫物上，支垫物的宽度不应小于75mm，间距不大于1m，管子两端外悬不超过0.5m，堆放高度不能超过1.5m。管件逐层码放，不得叠置过高。

第六章 模板工程

第一节 模板分类和构造

一、模板的分类

（一）按模板形状分

有平面模板和曲面模板。平面模板又称为侧面模板，主要用来结构物垂直面。曲面模板用于廊道、隧洞、溢流面和某些形状特殊的部位，如进水口扭曲面、蜗壳、尾水管等。

（二）按模板材料分

有木模板、竹模板、钢模板、混凝土预制模板、塑料模板、橡胶模板等。

（三）按模板受力条件分

有承重模板和侧面模板。承重模板主要承受混凝土的重量和施工中的垂直荷载，侧面模板主要承受新浇混凝土的侧压力。侧面模板按其支承受力方式，又分为简支模板、悬臂模板以及半悬臂模板。

（四）按模板使用特点分

有固定式、拆移式、移动式和滑动式。固定式用于形状特殊的部位，不能重复使用。后三种模板都能重复使用，或连续使用在形状一致的部位。但其使用方式有所不同：拆移式模板需要拆散移动；移动式模板的车架装有行走轮，可沿专用轨道使模板整体移动（如隧洞施工中的钢模台车）；滑动式模板以千斤顶或卷扬机为动力，可在混凝土连续浇筑的过程中，使模板面紧贴混凝土面而滑动（如闸墩施工中的滑模）。

二、定型组合钢模板

定型组合钢模板系列包括钢模板、连接件、支承件三部分。其中，钢模板包括平面钢模板和拐角模板；连接件有 U 形卡、L 形插销、钩头螺栓、紧固螺栓、蝶形扣件等；支承件有圆钢管、薄壁矩形钢管、内卷边槽钢、单管伸缩支撑等。

（一）钢模板的规格和型号

钢模板包括平面模板、阳角模板、阴角模板和连接角模。单块钢模板由面板、边框和加劲肋焊接而成。面板厚 2.3mm 或 2.5mm，边框和加劲肋上面按一定距离（如 150mm）钻孔，可利用 U 形卡和 L 形插销等拼装成大块模板。

钢模板的宽度以 100mm 为基础，50mm 进级，宽度 300mm 和 250mm 的模板有纵肋；长度以 450mm 为基础，150mm 进级；高度皆为 55mm。其规格以及型号已做到标准化、系列化。

（二）连接件

1.U 形卡

它用于钢模板之间的连接与锁定，使钢模板拼装密合。U 形卡安装间距一般不大于 300mm，即每隔一孔卡插一个，安装方向一顺一倒相互交错。

2.L 形插销

它插入模板两端边框的插销孔内，用于增强钢模板纵向拼接的刚度和保证接头处板面平整。

3. 钩头螺栓

用于钢模板与内、外钢楞之间的连接固定，使其成为整体，安装间距一般不大于 600mm，长度应与采用的钢楞尺寸相适应。

4. 对拉螺栓

用来保持模板与模板之间的设计厚度并承受混凝土侧压力及水平荷载，使模板不致变形。

5. 紧固螺栓

用于紧固钢模板内外钢楞，增强组合模板的整体刚度，长度和采用的钢楞尺寸相适应。

6. 扣件

用于将钢模板与钢楞紧固，与其他的配件一起将钢模板拼装成整体。按钢楞的不同形状尺寸，分别采用碟型扣件和"3"型扣件，其规格分为大小两种。

（三）支承件

配件的支承件包括钢楞、柱箍、梁卡具、圈梁卡、钢管架、斜撑、组合支柱、钢管脚手支架、平面可调桁架和曲面可变桁架等等。

三、木模板

木材是最早被人们用来制作模板的工程材料，其主要优点是：制作方便、拼装随意，尤其适用于外形复杂或异形的混凝土构件。此外，因其导热系数小，对混凝土冬期施工有一定的保温作用。

木模板的木材主要采用松木和杉木，其含水率不宜过高，以免干裂，材质不宜低于三等材。木模板的基本元件是拼板，它由板条和拼条（木档）组成。板条厚 25 ~ 50mm，宽度不宜超过 200mm，以保证在干缩时，缝隙均匀，浇水后缝隙要严密且板条不翘曲，但梁底板的板条宽度不受限制，以免漏浆。拼条截面尺寸为 25mm×35mm ~ 50mm×50mm，拼条间距根据施工荷载大小和板条的厚度而定，一般取 400 ~ 500mm。

四、滑动模板

滑动模板（简称为滑模），是在混凝土连续浇筑过程中，可使模板面紧贴混凝土面滑动的模板。采用滑模施工要比常规施工节约木材（包括模板和脚手板等）70% 左右；采用滑模施工可以节约劳动力 30% ~ 50%；采用滑模施工要比常规施工的工期短、速度快，可以缩短施工周期 30% ~ 50%；滑模施工的结构整体性好，抗震效果明显，适用于高层或超高层抗震建筑物和高耸构筑物施工；滑模施工的设备便于加工、安装、运输。

第二节 模板施工

一、模板安装

安装模板之前，应事先熟悉设计图纸，掌握建筑物结构形状尺寸，并根据现场条件，初步考虑好立模及支撑的程序，以及与钢筋绑扎、混凝土浇捣等工序的配合，尽量避免工种之间的相互干扰。

模板的安装包括放样、立模、支撑加固、吊正找平、尺寸校核、堵设缝隙及清仓去污等工序。在安装过程中，应注意下述事项：（1）模板竖立后，须切实校正位置和尺寸，垂直方向用垂球校对，水平长度用钢尺丈量两次以上，务使模板的尺寸符合设计标准。（2）模板各结合点与支撑必须坚固紧密，牢固可靠，尤其是采用振捣器捣固的结构部位更应注意，避免在浇捣过程中发生裂缝、鼓肚等不良情况。但为了增加模板的周转次数，减少模板拆模损耗，模板结构的安装应力求简便，尽量少用圆钉，多用螺栓、木楔、拉条等进行加固联结。（3）凡属承重的梁板结构，跨度大于 4m 以上时，由于地基的沉陷和支撑结构的压缩变形，跨中应预留起拱高度，每米增高 3mm，两边逐渐减少，至两端同原设计高程等高。（4）为避免拆模时建筑物受到冲击或震动，安装模板时，撑柱下端应设置硬木楔形垫块，所用支撑不得直接支承于地面，应安装在坚实的桩基或垫板上，使撑木有足够的支承面积，以免沉陷变形。（5）模板安装完毕，最好立即浇筑混凝土，以防日晒雨淋导致模板变形。为了保证混凝土表面光滑和便于拆卸，宜在模板表面涂抹肥皂水或润滑油。夏季或在气候干燥情况下，为防止模板干缩裂缝漏浆，在浇筑混凝土之前，需洒水养护。如发现模板因干燥产生裂缝，应事先用木条或油灰填塞衬补。（6）安装边墙、柱、闸墩等模板时，在浇筑混凝土以前，应将模板内的木屑、刨片、泥块等杂物清除干净，并仔细检查各联结点及接头处的螺栓、拉条、楔木等有无松动滑脱现象。在浇筑混凝土过程中，木工、钢筋、混凝土、架子等工种均应有专人"看仓"，以便发现问题随时加固和修理。（7）模板安装的偏差，应符合设计要求的规定，特别是对于通过高速水流，有金属结构及机电安装等部位，更不应超出规范的允许值。

二、模板隔离剂

模板安装前或安装后，为防止模板与混凝土黏结在一起，便于拆模，应及时在模板的表面涂刷隔离剂。

三、模板拆除

模板的拆除顺序一般是先非承重模板，后承重模板；先侧板，后底板。

（一）拆模期限

第一，不承重的侧模板在混凝土强度能保证混凝土表面和棱角不因拆模而受损害时方可拆模。一般此时混凝土的强度应达到2.5MPa以上。

第二，承重模板应在混凝土达到下列强度以后才能拆除（按设计强度的百分率计）：（1）当梁、板、拱的跨度小于2m时，要求达到设计强度的50%。（2）跨度为2～5m时，要求达到设计强度的70%。（3）跨度为5m以上时，要求达到设计强度的100%。（4）悬臂板、梁跨度小于2m为70%；跨度大于2m为100%。

（二）拆模注意事项

模板拆卸工作应注意以下事项：

1. 模板拆除工作应遵守一定的方法与步骤

拆模时要按照模板各结合点构造情况，逐块松卸。首先去掉扒钉和螺栓等连接铁件，然后用撬杠将模板松动或用木楔插入模板与混凝土接触面的缝隙中，以锤击木楔，使模板与混凝土面逐渐分离。拆模时，禁止用重锤直接敲击模板，以免使建筑物受到强烈震动或将模板毁坏。

2. 拆卸拱形模板时

应先将支柱下的木楔缓慢放松，使拱架徐徐下降，避免新拱因模板突然大幅度下沉而担负全部自重，并应从跨中点向两端同时对称拆卸。拆卸跨度较大的拱模时，则需从拱顶中部分段分期向两端对称拆卸。

3. 高空拆卸模板时

不得将模板自高处摔下，而应用绳索吊卸，防止砸坏模板或发生事故。

4. 当模板拆卸完毕后

应将附着在板面上的混凝土砂浆洗凿干净，损坏部分需加修整，板上的圆钉应及时拔除（部分可以回收使用），以免刺脚伤人。卸下的螺栓应与螺帽、垫圈等拧在一起，并加黄油防锈。扒钉、铁丝等物均应收捡归仓，不得丢失。所有模板应按规格分放，妥加保管，以备下次立模周转使用。

6. 对于大体积混凝土

为了防止拆模后混凝土表面温度骤然下降从而产生表面裂缝，应考虑外界温度的变化而确定拆模时间，并应避免早、晚或夜间拆模。

第三节 脚手架

一、脚手架的作用

脚手架是施工作业中不可缺少的手段和设备工具，是为施工现场工作人员生产和堆放部分建筑材料所提供的操作平台，它既要满足施工的需要，又要为保证工程质量和提高工作效率创造条件。其主要作用有以下几方面：（1）要保证工程作业面的连续性施工。（2）能满足施工操作所需要的运料和堆料要求，并方便操作。（3）对高处作业人员能起到防护作用，以确保施工人员的人身安全。（4）使操作不致影响工效和工程的质量。（5）能满足多层作业、交叉作业、流水作业以及多工种之间配合作业的要求。

二、脚手架的分类

脚手架的分类方法很多，通常按以下几种方式分类。

（一）按脚手架的用途划分

一般可分为以下四类：

1. 结构工程作业脚手架（简称为结构脚手架）

它是为满足结构施工作业需要而设置的脚手架，也称之为砌筑脚手架。

2. 装修工程作业脚手架（简称为装修脚手架）

它是为满足装修施工作业而设置的脚手架。

3. 支撑和承重脚手架（简称为模板支撑架或承重脚手架

它是为支撑模板及其荷载或为满足其他承重要求而设置的脚手架。

4. 防护脚手架

包括作业围护用墙式单排脚手架和通道防护棚等，是为了施工安全设置的架子。

（二）按脚手架的设置状态划分

一般可分为以下六类：

1. 落地式脚手架

脚手架荷载通过立杆传递给架设脚手架的地面、楼面、屋面或其他支持结构物。

2. 挑脚手架

从建筑物内伸出的或固定于工程结构外侧的悬挑梁或其他悬挑结构上向上搭设的

脚手架。脚手架通过悬挑结构将荷载传递给工程结构承受。

3. 挂脚手架

使用预埋托挂件或挑出悬挂结构将定型作业架悬挂于建筑物的外墙面。

4. 吊脚手架

悬吊于屋面结构或屋面悬挑梁之下的脚手架。当脚手架是篮式构造时，就称为"吊篮"。

5. 桥式脚手架

由桥式工作台及其两端支柱（一般格构式）构成的脚手架。桥式工作台可自由提升和下降。

6. 移动式脚手架

自身具有稳定结构、可移动使用的脚手架。

（三）按脚手架的搭设位置划分

一般可分为以下两类：

1. 外脚手架

是沿建筑物外墙外侧周边搭设的一种脚手架。它既可用来砌筑墙柱，又可用于外装修。

2. 里脚手架

用于建筑物内墙的砌筑、装修用的脚手架。在施工中，里脚手架搭设在各层楼板上，每层楼板只需搭设两三步。

（四）按脚手架杆件、配件材料和连接方式划分

一般可分为以下种类：（1）木、竹脚手架。（2）扣件式钢管脚手架。（3）碗扣式钢管脚手架。（4）门式钢管脚手架。（5）其他连接形式钢脚手架。

三、木脚手架

（一）概述

木脚手架取材方便，经济适用，历史悠久，搭设经验丰富，技术成熟，是我国工程施工中应用较为广泛的脚手架。但这些脚手架由于木材用量大，重复利用率低，因而，在各方面条件允许的情况下，尽可能不使用木脚手架。

这类脚手架选用木杆为主要杆件，采用8号铁丝绑扎而成的。木脚手架根据使用要求可搭设成单排脚手架或双排脚手架。它是由立杆、大横杆、小横杆、斜撑、剪刀撑、抛撑、扫地杆及脚手板等组成。

2. 木脚手架的搭设

木脚手架的搭设方式一般有单排外脚手架和双排外脚手架。单排外脚手架外侧只有一排立杆，小横杆一端与立杆或大横杆连接，另一端搁置在建筑物上。

注意事项有以下几点：（1）由于单排外脚手架稳定性差，搭设高度一般不得超过20m。（2）小横杆在墙上的搁置宽度不宜小于240mm。（3）立杆埋设深度一般不

小于 0.5m。也可直接立于地面，但应加设垫板，并且用扫地杆帮助稳定。（4）立杆的间距以 1.5m 左右为宜，最大不能超过 2m。横杆的距离一般为 1 ~ 1.2m，最大不得超过 L5m。（5）十字盖之间的间距，一般每隔 6 根立杆设一档十字盖，十字盖占两个立杆档，从下到上绑扎，要撑到地面，并与地面的夹角为 60°。

双排外脚手架内外两侧均设立杆，小横杆两端分别为与内、外侧立杆连接的外脚手架。它的稳定性比较好，搭设高度一般不超过 30m。

四、扣件式钢管脚手架

扣件式钢管脚手架是由钢管和扣件组成，它搭拆方便、灵活，能适应建筑物中平立面的变化，强度高，坚固耐用。扣件式钢管脚手架还可以构成井字架、栈桥和上料台架等，应用较多。

（一）材料要求

1. 杆件

扣件式钢管脚手架的主要杆件有立杆、顺水杆（大横杆）、排杆（小横杆）、十字盖（剪刀撑）、压柱子（抛撑、斜撑）、底座、扣件等。

钢管：采用外径为 48 ~ 51mm、壁厚为 3 ~ 3.5mm 的钢管，长度以 4 ~ 6.5m 和 2.1 ~ 2.3m 为宜。

2. 底座

扣件式钢管脚手架的底座，是由套管和底板焊成。套管通常用外径 57mm、壁厚 3.5mm 的钢管（或用外径为 60mm、壁厚 3 ~ 4mm 的钢管），长为 150mm。底板一般用边长（或直径）150mm、厚为 5mm 的钢板。

3. 扣件

扣件用铸铁锻制而成，螺栓用 Q235 钢制成，其形式有三种。

（1）回转扣件

回转扣件用于连接扣紧呈任意角度相交的杆件，如立杆与十字盖的连接。

（2）直角扣件

直角扣件又称十字扣件，用于连接在扣紧两根垂直相交的杆件，如立杆与顺水杆、排木的连接。

（3）对接扣件

对接扣件又称一字扣件，用于两根杆件的对接接长，如立杆、顺水杆的接长。

（二）扣件式钢管脚手架的搭设与拆除

1. 扣件式钢管脚手架的搭设

架的搭设要求钢管的规格相同，地基平整夯实；对于高层建筑物脚手架的基础要进行验算，脚手架地基的四周排水畅通，立杆底端要设底座或垫木。通常脚手架搭设顺序为：纵向扫地杆→横向扫地杆→立杆→第一步纵向水平杆（大横杆）→第一步横向水平杆（小横杆）→连墙件（或加抛撑）→第二步纵向水平杆（大横杆）→第二步横向水平杆（小横杆）……

开始搭设第一节立杆时，每6跨应暂设一根抛撑，当搭设至设有连墙件的构造层时，应立即设置连墙件与墙体连接，当装设两道墙件后，抛撑便可拆除。双排脚手架的小横杆靠墙一端应离开墙体装饰面至少100mm，杆件相交伸出端长度不小于100mm，以防止杆件滑脱；扣件规格必须与钢管外径相一致，扣件螺栓拧紧。除操作层的脚手板外，宜每隔1.2m高满铺一层脚手板，在脚手架全高或高层脚手架的每个高度区段内，铺板不多于6层，作业不超过3层，或者根据设计搭设。

2. 扣件式钢管脚手架的拆除

扣件式钢管脚手架的拆除按由上而下，后搭者先拆，先搭者后拆的顺序进行，严禁上下同时拆除，以及先将整层连墙件或数层连墙件拆除后再拆其余杆件。如果采用分段拆除，其高差不应大于2步架，当拆除至最后一节立杆时，应先加临时抛撑，后拆除连墙件，拆下的材料应及时分类集中运至地面，严禁抛扔。

第四节 模板施工安全知识

模板施工中的不安全因素较多，从模板的加工制作，到模板的支模拆除，都必须认真加以防范。具体包括：（1）施工技术人员应向机械操作人员进行施工任务及安全技术措施交底。操作人员应熟悉作业环境和施工条件，听从指挥，遵守现场安全规则。（2）机械作业时，操作人员不得擅自离开工作岗位或将机械交给非本机操作人员操作。严禁无关人员进入作业区和操作室内。工作时，思想要集中，严禁酒后操作。（3）机械操作人员和配合作业人员，都必须按规定穿戴劳动保护用品，长发不得外露。高空作业必须戴安全带，不得穿硬底鞋和拖鞋。严禁从高处往下投掷物件。（4）工作场所应备有齐全可靠的消防器材。严禁在工作场所吸烟以及有其他明火，并不得存放油、棉纱等易燃品。（5）加工前，应从木料中清除铁钉、铁丝等金属物。作业后，切断电源，锁好闸箱，进行擦拭、润滑、清除木屑、刨花。（6）悬空安装大模板、吊装第一块预制构件和吊装单独的大中型预制构件时，必须站在操作平台上操作。吊装中的大模板和预制构件上，严禁站人和行走。（7）模板支撑和拆卸时的悬空作业，必须遵守下列规定：①支模应按规定的作业程序进行，模板未固定前不得进行下一道工序。严禁在连接件和支撑件上攀登上下，并严禁在上下同一垂直面上装、拆模板。结构复杂的模板，装、拆应严格按照施工组织设计的措施进行。②支设高度在3m以上的柱模板，四周应设斜撑，并应设立操作的平台。低于3m的可使用马凳操作。③支设悬挑形式的模板时，应有稳固的立足点。支设临空构筑物模板时，应搭设支架或脚手架。模板上有预留洞时，应在安装后将洞盖没。混凝土板上拆模后形成的临边或洞口，应按有关要求进行防护。④拆模高处作业，应配置登高用具或搭设支架。

第七章　混凝土工程

第一节　普通混凝土的施工工艺

普通混凝土施工过程为：施工准备→混凝土的拌制→混凝土运输→混凝土浇筑→混凝土养护。

一、施工准备

混凝土施工准备工作的主要项目有：基础处理，施工缝处理，设置卸料入仓辅助设备、模板，钢筋的架设，预埋件及观测设备的埋设，施工人员的组织，浇筑设备及其辅助设施的布置，浇筑前的检查验收等。

（一）基础处理

土基应先将开挖基础时预留下来的保护层挖除，并清除杂物，然后用碎石垫底，盖上湿砂，再进行压实．浇 8～12cm 厚素混凝土垫层。砂砾地基应清除杂物，整平基础面，并浇筑 10～20cm 厚素混凝土垫层。

对于岩基，一般要求清除到质地坚硬的新鲜岩面，然后进行整修。整修是用铁锹等工具去掉表面松软岩石、棱角和反坡，并且用高压水冲洗，压缩空气吹扫。若岩面上有油污、灰浆及其黏结的杂物，还应采用钢丝刷反复刷洗，直至岩面清洁为止。清洗后的岩基在混凝土浇筑前应保持洁净和湿润。

当有地下水时，要认真处理，否则会影响混凝土的质量。处理方法是：做截水墙，拦截渗水，引入集水井排出；对基岩进行必要的固结灌浆，以封堵裂缝，阻止渗水；沿周边打排水孔，导出地下水，在浇筑混凝土时埋管，用水泵抽出孔内的积水，直至混凝土初凝，7d 后灌浆封孔；将底层砂浆和混凝土的水灰比适当降低。

（二）施工缝处理

施工缝是指浇筑块之间新老混凝土之间的结合面。为保证建筑物的整体性，在新混凝土浇筑前，必须将老混凝土表面的水泥膜（又称乳皮）清除干净，并使其表面新

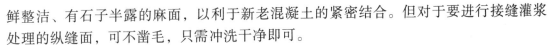

鲜整洁、有石子半露的麻面，以利于新老混凝土的紧密结合。但对于要进行接缝灌浆处理的纵缝面，可不凿毛，只需冲洗干净即可。

施工缝的处理方法有以下几种：

1. 风砂枪喷毛

将经过筛选的粗砂和水装入密封的砂箱，并通入压缩的空气。高压空气混合水砂，经喷砂喷出，把混凝土表面喷毛。一般在混凝土浇后 24～48h 开始喷毛，视气温和混凝土强度增长情况而定。如能在混凝土表层喷洒缓凝剂，则可减少喷毛的难度。

2. 高压水冲毛

在混凝土凝结后但尚未完全硬化以前，用高压水（压力 0.1～0.25MPa）冲刷混凝土表面，形成毛面，对龄期稍长的可用压力更高的水（压力 0.4～0.6MPa），有时配以钢丝刷刷毛。高压水冲毛关键是掌握冲毛时机，过早会使混凝土表面松散和冲去表面混凝土；过退则混凝土变硬，不仅增加工作困难，而且不能保证质量。一般春秋季节，在浇筑完毕后 10～16h 开始；夏季掌握在 6～10h；冬季则在 18～24h 后进行。如在新浇混凝土表面洒刷缓凝剂，则延长冲毛时间。

3. 刷毛机刷毛

在大而平坦的仓面上，可用刷毛机刷毛，它装有旋转的粗钢丝刷以及吸收浮渣的装置，利用粗钢丝刷的旋转刷毛并利用吸渣装置吸收浮渣。

喷毛、冲毛和刷毛适用于尚未完全凝固的混凝土水平缝面的处理。全部处理完后，需用高压水清洗干净，要求缝面无尘无渣，然后再盖上麻袋或草袋进行养护。

4. 风镐凿毛或人工凿毛

已经凝固混凝土利用风镐凿毛或石工工具凿毛，凿深约 1～2cm，然后用压力水冲净。凿毛多用于垂直缝。

仓面清扫应在即将浇筑前进行，以清除施工缝上的垃圾、浮渣以及灰尘，并用压力水冲洗干净。

（三）仓面准备

浇筑仓面的准备工作，包括机具设备、劳动组合、照明、风水电供应、所需混凝土原材料的准备等，应事先安排就绪，仓面施工的脚手架、工作平台、安全网、安全标识等应检查是否牢固，电源开关、动力线路是否符合安全规定。

仓位的浇筑高程、上升速度、特殊部位的浇筑方法和质量要求等技术问题，须事先进行技术交底。

地基或施工缝处理完毕并养护一定时间，已浇好的混凝土强度达到 2.5MPa 后，即可在仓面进行放线，安装模板、钢筋和预埋件和架设脚手架等作业。

（四）模板、钢筋及预埋件检查

开仓浇筑前，必须按照设计图纸和施工规范的要求，对仓面安设的模板、钢筋及预埋件进行全面检查验收，签发合格证。

1. 模板检查

主要检查模板的架立位置与尺寸是否准确，模板及其支架是否牢固稳定，固定模

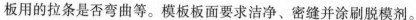

板用的拉条是否弯曲等。模板板面要求洁净、密缝并涂刷脱模剂。

2. 钢筋检查

主要检查钢筋的数量、规格、间距、保护层、接头位置与搭接长度是否符合设计要求。要求焊接或绑扎接头必须牢固，安装后的钢筋网应有足够的刚度以及稳定性，钢筋表面应清洁。

3. 预埋件检查

对预埋管道、止水片、止浆片、预埋铁件、冷却水管和预埋观测仪器等，主要检查其数量、安装位置和牢固程度。

二、混凝土的拌制

混凝土拌制，是按照混凝土配合比设计要求，将其各组成材料（砂石、水泥、水、外加剂及掺合料等）拌和成均匀的混凝土料，从而满足浇筑的需要。

混凝土制备的过程包括储料、供料、配料和拌和。其中配料和拌和是主要生产环节，也是质量控制的关键，要求品种无误、配料准确、拌和充分。

（一）混凝土配料

配料是按设计要求，称量每次拌和混凝土的材料的用量。配料的精度直接影响混凝土质量。混凝土配料要求采用重量配料法，即是将砂、石、水泥、掺合料按重量计量，水和外加剂溶液按重量折算成体积计量。施工规范对配料精度（按重量百分比计）的要求是：水泥、掺合料、水、外加剂溶液为 ±1%，砂石料为 ±2%。

设计配合比中的加水量根据水灰比计算确定，并以饱和面干状态的砂子为标准。由于水灰比对混凝土强度和耐久性影响极为重大，绝不能任意变更；施工采用的砂子，其含水量又往往较高，在配料时采用的加水量，应扣除砂子表面含水量及外加剂中的水量。

1. 给料设备

给料是将混凝土各组分从料仓按要求供到称料料斗。给料设备的工作机构常与称量设备相连，当需要给料时，控制电路开通，进行给料。当计量达到要求时，即断电停止给料。

2. 混凝土称量

混凝土配料称量的设备，有简易称量（地磅）、电动磅秤、自动配料杠杆秤、电子秤、配水箱及定量水表。

（1）简易称量

当混凝土拌制量不大，可采用简易称量的方式。地磅称量，是将地磅安装在地槽内，用手推车装运材料推到地磅上进行称量。这种方法最简便，但称量速度较慢。台秤称量需配置称料斗、储料斗等辅助设备。称料斗安装在台秤上，骨料能由储料斗迅速落入，故称量时间较快，但储料斗承受骨料的重量大，结构较复杂。储料斗的进料可采用皮带机、卷扬机等提升设备。

（2）电动磅秤

电动磅秤是简单的自控计量装置，每种材料用一台装置。给料设备下料至主称量料斗，达到要求重量后即断电停止供料，称量料斗内材料卸到皮带机送至集料斗。

（3）自动配料杠杆秤

自动配料杠杆秤带有配料装置和自动控制装置。自动化水平高，可作砂、石的称量，精度较高。

（4）电子秤

电子秤是通过传感器承受材料重力拉伸，输出电信号在标尺上指出荷重的大小，当指针与预先给定数据的电接触点接通时，即断电停止给料，同时继电器动作，称料斗斗门打开向集料斗供料。

（5）配水箱及定量水表

水和外加剂溶液可用配水箱和定量水表计量。配水箱是搅拌机附属设备，可利用配水箱的浮球刻度尺控制水或外加剂溶液的投放量。定量水表常用于大型搅拌楼，使用时将指针拨至每盘搅拌用水量刻度上，按电钮即可送水，指针也随进水量回移，至零位时电磁阀即断开停水。此后，指针能自动复位至设定的位置。

称量设备一般要求精度较高，而其所处的环境粉尘较大，因此应经常检查调整，及时清除粉尘。一般要求每班检查一次称量精度。

二、混凝土拌和

（一）人工拌和

人工拌和是在一块钢板上进行，先倒入砂子，后倒入水泥，用铁敏反复干拌至少3遍，直到颜色均匀为止。然后在中间扒一个坑，倒入石子和2/3的定量水，翻拌1遍。再进行翻拌（至少2遍），其余1/3的定量水随拌随洒，拌至颜色一致，石子全部被砂浆包裹，石子与砂浆没有分离、泌水和不均匀现象为止。人工拌和劳动强度大、混凝土质量不容易保证，拌和时不得任意加水。人工拌和只适宜施工条件困难、工作量小，强度不高的混凝土。

（二）机械拌和

用拌和机拌和混凝土较广泛，能提高拌和质量和生产率。拌和机械有自落式和强制式两种。

1. 混凝土搅拌机

（1）自落式混凝土搅拌机

自落式搅拌机是通过筒身旋转，带动搅拌叶片将物料提高，在重力作用下物料自由坠下，反复进行，互相穿插、翻拌、混合拌均匀的。

①锥形反转出料搅拌机

锥形反转出料搅拌机是中、小型建筑工程常用的一种搅拌机，正转搅拌，反转出料。由于搅拌叶片呈正、反向交叉布置，拌和料一方面被提升后靠自落进行搅拌，另一方面又被迫沿轴向做左右窜动，搅拌作用强烈。

②双锥形倾翻出料搅拌机

双锥形倾翻出料搅拌机进出料在同一口，出料时由气动倾翻装置使搅拌筒下旋50°～60°，即可将物料卸出。双锥形倾翻出料搅拌机卸料迅速，拌筒容积利用系数高，拌和物的提升速度低，物料在拌筒内靠滚动自落而搅拌均匀，能耗低，磨损小，能搅拌大粒径骨料混凝土。主要用于大体积混凝土工程。

（2）强制式混凝土搅拌机

强制式混凝土搅拌机一般筒身固定，搅拌机片旋转，对于物料施加剪切、挤压、翻滚、滑动、混合使混凝土各组分搅拌均匀。

①涡浆强制式搅拌机

涡浆强制式搅拌机是在圆盘搅拌筒中装一根回转轴，轴上装有拌和铲和刮板，随轴一同旋转。它用旋转着的叶片，将装在搅拌筒内的物料强行搅拌使之均匀。涡浆强制式搅拌机由动力传动系统、上料和卸料装置、搅拌系统、操纵机构和机架等组成。

②单卧轴强制式混凝土搅拌机

单卧轴强制式混凝土搅拌机的搅拌轴上装有两组叶片，两组推料方向相反，使物料既有圆周方向运动，也有轴向运动，从而能形成强烈的物料对流，使混合料能在较短的时间内搅拌均匀。它由搅拌系统、进料系统、卸料系统和供水系统等组成。

③双卧轴强制式混凝土搅拌机

双卧轴强制式混凝土搅拌机，它有两根搅拌轴，轴上布置有不同角度的搅拌叶片，工作时两轴按相反的方向同步相对旋转。由于两根轴上的搅拌铲布置位置不同，螺旋线方向相反，于是被搅拌的物料在筒内既有上下翻滚的动作，也有沿轴向的来回运动，从而增强了混合料运动的剧烈程度，所以搅拌效果更好。双卧轴强制式混凝土搅拌机为固定式，其结构基本与单卧式相似。它由搅拌系统、进料系统、卸料系统和供水系统等组成。

2. 混凝土搅拌机的使用

（1）混凝土搅拌机的安装

①搅拌机的运输

搅拌机运输时，应将进料斗提升到上止点，并用保险铁链锁住。轮胎式搅拌机的搬运可用机动车拖行，但其拖行速度不得超过 15km/h。如在不平的道路上行驶，速度还应降低。

②搅拌机的安装

按施工组织设计确定的搅拌机安放位置，根据施工季节情况搭设搅拌机工作棚，棚外应挖有排除清洗搅拌机废水的排水沟，以保持操作场地的整洁。

固定式搅拌机，应安装在牢固的台座上用，可在机座下铺设木枕并找平放稳。

轮胎式搅拌机，应安装在坚实平整的地面上，全机重量应由四个撑脚负担而使轮胎不受力，否则机架在长期荷载作用下会发生变形，造成连接件扭曲或传动件接触不良而缩短搅拌机使用寿命。当搅拌机长期使用时，为防止轮胎老化和腐蚀，应将轮胎卸下另行保管。机架应以枕木垫起支牢，进料口一端抬高 3～5cm，以适应上料时短时间内所造成的偏重。轮轴端部用油布包好，以防止灰土泥水侵蚀。

某些类型的搅拌机须在上料斗的最低点挖上料坑，上料轨道应伸入坑内，斗口与地面齐平，斗底和地面之间加一层缓冲垫木，料斗上升时靠滚轮在轨道中运行，并由斗底向搅拌筒中卸料。

按搅拌机产品说明书的要求进行安装调试，检查机械部分、电气部分、气动控制部分等是否能正常工作。

（2）搅拌机的使用

①搅拌机使用前的检查

搅拌机使用前应按照"十字作业法"（清洁、润滑、调整、紧固、防腐）的要求检查离合器、制动器、钢丝绳等各个系统和部位，是否机件齐全、机构灵活、运转正常，并按规定位置加注润滑油脂。检查电源电压，电压升降幅度不得超过搅拌电气设备规定的5%。随后进行空转检查，检查搅拌机旋转方向是否与机身箭头一致，空车运转是否达到要求值。供水系统的水压、水量满足要求。在确认以上情况正常后，搅拌筒内加清水搅拌3min然后将水放出，再可投料搅拌。

②开盘操作

在完成上述检查工作后，即可进行开盘搅拌，为了不改变混凝土设计配合比，补偿黏附在筒壁、叶片上的砂浆，第一盘应减少石子约30%，或多加水泥、砂各15%。

③正常运转

（a）投料顺序

普通混凝土一般采用一次投料法或两次投料法。一次投料法是按照砂（石子）、水泥、石子（砂）的次序投料，并在搅拌的同时加入全部拌和水进行搅拌；二次投料法是先将石子投入拌和筒并加入部分拌和用水进行搅拌，清除前一盘拌和料黏附在筒壁上的残余，然后再将砂、水泥及剩余的拌和用水投入搅拌筒内继续拌和。

（b）搅拌时间

混凝土搅拌质量直接和搅拌时间有关。

（c）搅拌质量检查

混凝土拌和物的搅拌质量应经常检查，混凝土拌和物颜色均匀一致，无明显的砂粒、砂团及水泥团，石子完全被砂浆所包裹，说明其搅拌质量较好。

（d）停机

每班作业后应对搅拌机进行全面清洗，并且在搅拌筒内放入清水及石子运转10～15min后放出，再用竹扫帚洗刷外壁。搅拌筒内不得有积水，以免筒壁及叶片生锈，如遇冰冻季节应放尽水箱及水泵中的存水，以防冻裂。

每天工作完毕后，搅拌机料斗应放至最低位置，不准悬于半空。电源必须切断，锁好电闸箱，保证各机构处于空位。

3. 混凝土拌和站（楼）

在混凝土施工工地，通常把骨料堆场、水泥仓库、配料装置、拌和机及运输设备等，比较集中地布置，组成混凝土拌和站，或采用成套的混凝土工厂（拌和楼）来制备混凝土。

三、混凝土运输

混凝土运输是整个混凝土施工中的一个重要环节，对工程质量和施工进度影响较大。由于混凝土料拌和后不能久存，而且在运输过程中对外界的影响敏感，运输方法不当或疏忽大意，都会降低混凝土质量，甚至造成废品。如供料不及时或混凝土品种错误，正在浇筑的施工部位将不能顺利进行。如果要解决好混凝土拌和、浇筑、水平运输和垂直运输之间的协调配合问题，还必须采取适当的措施，保证运输混凝土的质量。

混凝土料在运输过程中应满足下列基本要求：（1）运输设备应不吸水、不漏浆，运输过程中不出现混凝土拌和物分离、严重泌水及过多降低坍落度的问题。（2）同时运输两种以上强度等级的混凝土时，应在运输设备上设置标志，以免混淆。（3）尽量缩短运输时间、减少转运次数。运输时间不得超过表 5-7 的规定。因故停歇过久，混凝土产生初凝时，应作废料处理。在任何情况下，严禁中途加水后运入仓内。（4）运输道路基本平坦，避免拌和物振动、离析、分层。

（一）混凝土运输设备

混凝土运输包括两个运输过程：一是从拌和机前到浇筑仓之前，主要是水平运输；二是从浇筑仓前到仓内，主要是垂直运输。

混凝土的水平运输又称为供料运输。常用的运输方式有人工、机动翻斗车、混凝土搅拌运输车、自卸汽车、混凝土泵、皮带机、机车等几种，应根据工程规模、施工场地宽窄和设备供应情况选用。混凝土的垂直运输又称为入仓运输，主要由起重机械来完成，常见的起重机有履带式、门机、塔机等几种。

这里主要介绍人工、机动翻斗车和混凝土搅拌运输车等几种运输方式。

1. 人工运输设备

人工运输混凝土常用手推车、架子车和斗车等。用手推车和架子车时，要求运输道路路面平整，随时清扫干净，防止混凝土在运输过程中受到强烈振动。道路的纵坡，一般要求水平，局部不宜大于 15%，一次爬高不宜超过 2～3m，运输距离不宜超过 200m。

用窄轨斗车运输混凝土时，窄轨（轨距610mm）车道的转弯半径以不小于10m为宜。轨道尽量为水平，局部纵坡不宜超过 4%，尽可能铺设双线；以便轻、重车道分开。如为单线要设避车叉道。容量为 0.60m，的斗车一般用人力推运，局部地段可用卷扬机牵引。

2. 机动翻斗车

机动翻斗车是混凝土工程中使用较多的水平运输机械。它轻便灵活、转弯半径小、速度快且能自动卸料。车前装有容量为476L的翻斗，载重量约1t，最高时速20km/h.它适用于短途运输混凝土或砂石料。

3. 混凝土搅拌运输车

混凝土搅拌运输车是运送混凝土的专用的设备。它的特点是在运量大、运距远的情况下，能保证混凝土的质量均匀，一般用于混凝土制备点（商品混凝土站）与浇筑点距离较远时使用。它的运送方式有两种：一是在 10km 范围内作短距离运送时，只做运输工具使用，即将拌和好的混凝土接送至浇筑点，在运输途中为防止混凝土分离，让搅拌筒只做低速搅动，使混凝土拌和物不致分离、凝结；二是在运距较长时，搅拌运输两者兼用，即先在混凝土拌和站将干料——砂、石、水泥按配比装入搅拌鼓筒内，并将水注入配水箱，开始只作干料运送，然后在到距使用点 10 ~ 15min 路程时，启动搅拌筒回转，并向搅拌筒注入定量的水，这样在运输途中边运输边搅拌成混凝土拌和物，送至浇筑点卸出。

（二）混凝土辅助运输设备

运输混凝土的辅助设备有吊罐、集料斗、溜槽、溜管等。用于混凝土装料、卸料和转运入仓，对于保证混凝土质量和运输工作顺利进行起着相当大的作用。

1. 溜槽与振动溜槽

溜槽为钢制槽子（钢模），可从皮带机、自卸汽车、斗车等受料，将混凝土转送入仓。其坡度可由试验确定，常采用 45° 左右。当卸料高度过大时，可采用振动溜楷槽。振动溜槽装有振动器，单节长 4 ~ 6m，拼装总长可达 30m，其输送坡度由于振动器的作用可放缓至 15° ~ 20°。采用溜槽时，应在溜槽末端加设 1 ~ 2 节溜管或挡板，以防止混凝土料在下滑过程中分离。利用溜槽转运入仓，是大型机械设备难以控制部位的有效入仓的手段。

2. 溜管与振动溜管

溜管（溜筒）由多节铁皮管串挂而成。每节长 0.8 ~ 1m，上大下小，相邻管节铰挂在一起，可以拖动。采用溜管卸料可起到缓冲消能作用，以防止混凝土料分离和破碎。

溜管卸料时，其出口离浇筑面的高差应不大于 1.5m。并利用拉索拖动均匀卸料，但应使溜管出口段约 2m 长与浇筑面保持垂直，从而避免混凝土料分离。随着混凝土浇筑面的上升，可逐节拆卸溜管下端的管节。

溜管卸料多用于断面小、钢筋密的浇筑部位，其卸料半径为 1 ~ 1.5m，卸料高度不大于 10m。

振动溜管与普通溜管相似，但每隔 4 ~ 8m 的距离装有一个振动器，以防止混凝土料中途堵塞，其卸料高度可达 10 ~ 20m。

3. 吊罐

吊罐有卧罐和立罐之分。卧罐通过自卸汽车受料，立罐置于平台列车直接在搅拌楼出料口受料。

四、混凝土浇筑

（一）铺料

开始浇筑前，要在岩面和老混凝土面上，先铺一层 2 ~ 3cm 厚的水泥砂浆（接缝砂浆）以保证新混凝土与基岩或老混凝土结合良好。砂浆的水灰比应较混凝土水灰比减少 0.03 ~ 0.05。混凝土的浇筑，应按一定厚度、次序、方向分层推进。

混凝土入仓时，应尽量使混凝土按先低后高进行，并注意分料，不要过分集中。其要求如下：（1）仓内有低塘或料面，应按先低后高进行卸料，以免泌水集中带走灰浆。（2）由迎水面至背水面把泌水赶至背水面部分，然后处理集中的泌水。（3）根据混凝土强度等级分区，先高强度后低强度进行下料，以防止减少高强度区的断面。（4）要适应结构物特点。如浇筑块内有廊道、钢管或者埋件的仓位，卸料必须两侧平起，廊道、钢管两侧的混凝土高差不得超过铺料的层厚（一般 30 ~ 50cm）。

常用的铺料方法有以下三种。

1. 平层浇筑法

平层浇筑法是混凝土按水平层连续地逐层铺填，第一层浇完后再浇第二层，依次类推直至达到设计高度。

平层浇筑法，因浇筑层之间的接触面积大（等于整个仓面面积），应注意防止出现冷缝（即铺填上层混凝土时，下层混凝土已经初凝）。为避免产生冷缝，仓面面积 A 和浇筑层厚度 h 必须满足：

$$Ah \leqslant KQ(t_2 - t_1)$$

式中：A——浇筑仓面最大水平面积，m^2。

h——浇筑厚度，取决于振捣器的工作深度，一般为 0.3 ~ 0.5m。

k——时间延误系数，可取 0.8 ~ 0.85。

Q——混凝土浇筑的实际生产能力，m^3/h。

t_2——混凝土初凝时间，h。

t_1——混凝土运输、浇筑所占时间，h。

平层铺料法实际应用较多，有以下特点：（1）铺料的接头明显，混凝土便于振捣，不易漏振。（2）平层铺料法能较好地保持老混凝土面的清洁，保证新老混凝土之间的结合质量。（3）适用不同坍落度的混凝土。（4）适用于有廊道、竖井、钢管等结构的混凝土。

2. 斜层浇筑法

当浇筑仓面面积较大，而混凝土拌和、运输能力有限时，采用平层浇筑法容易产生冷缝时，可用斜层浇筑法和台阶浇筑法。

斜层浇筑法是在浇筑仓面，从一端向另一端推进，推进中及时覆盖，以免发生冷缝。斜层坡度不超过 10°，否则在平仓振捣时易使砂浆流动，骨料分离，下层已捣实的混凝土也可能产生错动。浇筑块高度一般限制在 1.5m 左右。当浇筑块较薄，且对混凝土采取预冷措施时，斜层浇筑法是较常见的方法，因此浇筑过程中混凝土冷量损失较小。

3. 台阶浇筑法

台阶浇筑法是从块体短边一端向另一端铺料，边前进、边加高，逐步向前推进并形成明显的台阶，直至把整个仓位浇到收仓高程。浇筑坝体迎水面仓位时，应顺坝轴线方向铺料。

施工要求如下：（1）浇筑块的台阶层数以 3 ~ 5 层为宜，层数过多，易使下层混凝土错动，并使浇筑仓内平仓振捣机械上下频率调动，容易造成漏振。（2）浇筑过程中，要求台阶层次分明。铺料厚度一般为 0.3 ~ 0.5m，台阶宽度应大于 1.0m，长度应大于 2 ~ 3m，坡度不大于 1 : 2。（3）水平施工缝只能逐步覆盖，必须注意保持老混凝土面的湿润和清洁。在老混凝土面上边摊铺接缝砂浆边浇混凝土。（4）平仓振捣时注意防止混凝土分离和漏振。（5）在浇筑中如因机械和停电等故障而中止工作时，要做好停仓准备，即必须在混凝土初凝前，把接头处混凝土振捣密实。

应该指出，不管采用上述何种铺筑方法，浇筑时相邻两层混凝土的间歇时间不允许超过混凝土铺料允许间隔时间。混凝土允许间隔时间是指自混凝土拌和机出料口到初凝前覆盖上层混凝土为止的这一段时间，它和气温、太阳辐射、风速、混凝土入仓温度、水泥品种、掺外加剂品种等条件有关。

（二）平仓

平仓是把卸入仓内成堆的混凝土摊平到要求的均匀厚度。平仓不好会造成离析，使骨料架空，严重影响混凝土质量。

1. 人工平仓

人工平仓用铁锹，平仓距离不超过 3m。只适用以下场合：（1）在靠近模板和钢筋较密的地方，用人工平仓，使石子分布均匀。（2）水平止水、止浆片底部要用人工送料填满，严禁料罐直接下料，以免止水、止浆片卷曲和底部混凝土架空。（3）门槽、机组预埋件等空间狭小的二期混凝土。（4）各种预埋件、观测设备周围用人工平仓，防止位移与损坏。

2. 振捣器平仓

振捣器平仓时应将振捣器斜插入混凝土料堆下部，使混凝土向操作者位置移动，然后一次一次地插向料堆上部，直到混凝土摊平到规定的厚度为止。如将振捣器垂直插入料堆顶部，平仓工效固然较高，但易造成粗骨料沿锥体四周下滑，砂浆则集中在中间形成砂浆窝，影响混凝土匀质性。经过振动摊平的混凝土表面可能已经泛出砂浆，但内部并未完全捣实，切不可将平仓和振捣合二为一，影响浇筑质量。

（三）振捣

振捣是振动捣实的简称，它是保证混凝土浇筑质量的关键工序。振捣的目的是尽可能减少混凝土中的空隙，以清除混凝土内部的孔洞，并使混凝土与模板、钢筋及埋件紧密结合，从而保证混凝土的最大密实度，提高混凝土质量。

当结构钢筋较密，振捣器难于施工，或混凝土内有预埋件、观测设备，周围混凝土振捣力不宜过大时采用人工振捣。人工振捣要求混凝土拌和物坍落度大于 5cm，铺料层厚度小于 20cm。人工振捣工具有捣固锤、捣固杆和捣固铲。捣固锤主要用来捣固混凝土的表面；捣固铲用于插边，让砂浆与模板靠紧，防止表面出现麻面；捣固杆用于钢筋稠密的混凝土中，以使钢筋被水泥砂浆包裹，增加混凝土与钢筋之间的握裹力。人工振捣工效低，混凝土质量不易保证。

混凝土振捣主要采用振捣器进行，振捣器产生小振幅、高频率的振动，使混凝土在其振动的作用下，内摩擦力和黏结力大大降低，使干稠的混凝土获得了流动性，在

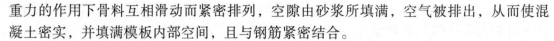

重力的作用下骨料互相滑动而紧密排列，空隙由砂浆所填满，空气被排出，从而使混凝土密实，并填满模板内部空间，且与钢筋紧密结合。

1.混凝土振捣器

混凝土振捣器的分类。

（1）插入式振捣器

根据使用的动力不同，插入式振捣器有电动式、风动式和内燃机式三类。内燃机式仅用于无电源的场合。风动式因其能耗较大、不经济，同时风压和负载变化时会使振动频率显著改变，因而影响混凝土振捣密实质量，逐渐被淘汰。所以，一般工程均采用电动式振捣器。电动插入式振捣器又分为两种。

（2）外部式振捣器

外部式振捣器也称附着式振捣器，由电机、偏心块式振动子组合而成，外形如同一台电动机。机壳一般采用铸铝或铸铁制成，有的为便于散热，在机壳上铸有环状或条状凸肋形散热翼。附着式振捣器是在一个三相二极电动机转子轴的两个伸出端上各装有一个圆盘形偏心块，振捣器的两端用端盖封闭。端盖与轴承座机壳用3只长螺栓紧固，以便维修。外壳上有4个地脚螺钉孔，使用时用地脚螺栓将振捣器固定在模板或平板上进行作业。

附着式振捣器的偏心振动子安装在电机转子轴的两端，由轴承支承。电机转动带动偏心振动子运动，由于偏心力矩作用，振捣器在运转中产生的振动力进行振捣密实作业。

（3）表面式振捣器

外部表面式振捣器也称平板（梁）式振捣器，有两种型式：一种是在上述附着式振捣器底座上用螺栓紧固一块木板或钢板（梁），通过附着式振捣器所产生的激振力传递给振板，迫使振板振动而振实混凝土；另一种是定型的平板（梁）式振捣器，振板为钢制槽形（梁形）振板，上有把手，便于边振捣、边拖行，更适用于大面积的振捣作业。

上述外部式振捣器空载振动频率在2800～2850r/min，由于振捣频率低，混凝土拌和物中的气泡和水分不易逸出，振捣效果不佳。近年来已开始采用变频机组供电的附着式和平板式振捣器，振捣频率可达9000～12000r/min，振捣效果较好。

振动台

混凝土振动台，又称台式振捣器，它是一种使混凝土拌和物振动成型的机械。其机架一般支承在弹簧上，机架下装有激振器，机架上安置成型制品的钢模板，模板内装有混凝土拌和物。在激振器的作用下，机架连同模板和混合料一起振动，使混凝土拌和物密实成型。

2.振捣器的使用

（1）插入式振捣器的使用

1）振捣器使用前的检查

①电机接线是否正确，电压是否稳定，外壳接地是否完好，工作中亦应随时检查；②电缆外皮有无破损或漏电现象；③振捣棒连接是否牢固和有无破损，传动部分两端

及电机壳上的螺栓是否拧紧，软轴接头是否接好；④检查电机的绝缘是否良好，电机定子绕组绝缘不小于 $0.5m\Omega$。如绝缘电阻低于 $0.5m\Omega$，应进行干燥处理。有条件时，可采用红外线干燥炉、喷灯等进行烘烤，但烘烤温度不宜高于100℃；也可采用短路电流法，即将转子制动，在定子线圈内通入电压是额定值10%～15%的电源，使其线圈发热，慢慢干燥。

2）接通电源，进行试运转

①电机的旋转方向应为顺时针方向（从风罩端看），并与机壳上的红色箭头标示方向一致；②当软轴传动与电机结合紧固后，电机启动时如发现软轴不转动或转动速度不稳定，单向离合器中发出"嗒嗒"响的声音，则说明电机旋转方向反了，应立即切断电源，将三相进线中的任意两线交换位置；③电机运转正确时振捣棒应发出"呜、呜、……"的叫声，振动稳定而有力。如果振捣棒有"哗、哗、……"声而不振动，这是由于启动振捣棒后滚锥未接触滚道，滚锥不能产生公转而振动，这时只需轻轻将振捣棒向坚硬物体上敲动一下，使两者接触，即可正常振动。

3）振捣器的操作

振捣在平仓之后立即进行，此时混凝土流动性好，振捣容易，捣实质量好。振捣器的选用，对于素混凝土或钢筋稀疏的部位，宜用大直径的振捣棒；坍落度小的干硬性混凝土，宜选用高频和振幅较大的振捣器。振捣作业路线保持一致，并顺序依次进行，以防漏振。振捣棒尽可能垂直地插入混凝土中。如振捣棒较长或把手位置较高，垂直插入感到操作不便时，也可略带倾斜，但和水平面夹角不宜小于45°，且每次倾斜方向应保持一致，否则下部混凝土将会发生漏振。这时作用轴线应平行，如不平行也会出现漏振点。

振捣棒应快插、慢拔。插入过慢，上部混凝土先捣实，就会阻止下部混凝土中的空气和多余的水分向上逸出；拔得过快，周围混凝土来不及填铺振捣棒留下的孔洞，将在每一层混凝土的上半部留下只有砂浆而无骨料的砂浆柱，影响混凝土的强度。为使上、下层混凝土振捣密实均匀，可将振捣棒上下抽动，抽动幅度为5～10cm。振捣棒的插入深度，在振捣第一层混凝土时，以振捣器头部不碰到基岩或老混凝土面，但相距不超过5cm为宜；振捣上层混凝土时，则应插入下层混凝土5cm左右，使上、下两层结合良好。在斜坡上浇筑混凝土时，振捣棒仍应垂直插入，并且应先振低处，再振高处，否则在振捣低处的混凝土时，已捣实高处混凝土会自行向下流动，致使密实性受到破坏。软轴振捣棒插入深度为棒长的3/4，过深软轴和振捣棒结合处容易损坏。

振捣棒在每一孔位的振捣时间，以混凝土不再显著下沉，水分和气泡不再逸出并开始泛浆为准。振捣时间和混凝土坍落度、石子类型及最大粒径、振捣器的性能等因素有关，一般为20～30s。振捣时间过长，不但会降低工效，且使砂浆上浮过多，石子集中下部，混凝土产生离析，严重时，整个浇筑层呈"千层饼"的状态。

（2）外部式振捣器的使用。

1）外部式振捣器使用前的准备工作

振捣器安装时，底板的安装螺孔位置应正确，否则底脚螺栓将扭斜，并使机壳受到不正常的应力，影响使用寿命。底脚螺栓的螺帽必须紧固，防止松动，且要求四只螺栓的紧固程度保持一致。

如插入式振捣器一样检查电机、电源等内容。

在松软的平地上进行试运转，进一步检查电气部分和机械部分运转情况。

2）外部式振捣器的操作

操作人员应穿绝缘胶鞋、戴绝缘手套，防止触电。平板式振捣器要保持拉绳干燥和绝缘，移动和转向时，应蹬踏平板两端，不得蹬踏电机。操作时可通过倒顺开关控制电机的旋转方向，使振捣器的电机旋转方向正转或反转从而使振捣器自动地向前或向后移动。沿铺料路线逐行进行振捣，两行之间要搭接 5cm 左右，以防漏振。

振捣时间仍以混凝土拌和物停止下沉、表面平整，往上返浆且已达到均匀状态并充满模壳时，表明已振实，可转移作业面。时间一般为 30s 左右。在转移作业面时，要注意电缆线勿被模板、钢筋露头等挂住，防止拉断或造成触电事故。

振捣混凝土时，通常横向和竖向各振捣一遍即可，第一遍主要是密实，第二遍是使表面平整，其中第二遍是在已振捣密实的混凝土面上快速拖行。

附着式振捣器安装时应保证转轴水平或垂直。在一个模板上安装多台附着式振捣器同时进行作业时，各振捣器频率必须保持一致，相对安装的振捣器的位置应错开。振捣器所装置的构件模板，要坚固牢靠，构件的面积应和振捣器的额定振动板面积相适应。

（3）混凝土振动台

混凝土振动台是一种强力振动成型机械装置，必须安装在牢固的基础上，地脚螺栓应有足够的强度并拧紧。在振捣作业中，必须安置牢固可靠的模板锁紧夹具，以保证模板和混凝土与台面一起振动。

五、混凝土的养护

混凝土浇筑完毕后，在一段相当长的时间内，应保持在其适当的温度和足够的湿度，以造成混凝土良好的硬化条件，这就是混凝土的养护工作。混凝土表面水分不断蒸发，如不设法防止水分损失，水化作用未能充分进行，混凝土的强度将受到影响，还可能产生干缩裂缝。因此混凝土养护的目的，一是创造有利条件，使水泥充分水化，加速混凝土的硬化；二是防止混凝土成型后因曝晒、风吹、干燥等自然因素影响，出现不正常的收缩、裂缝等现象。

混凝土的养护方法分为自然养护和热养护两类。养护时间取决于当地气温、水泥品种和结构物的重要性。

第二节 特殊混凝土的施工工艺

一、泵送混凝土

泵送混凝土是把混凝土拌和物从搅拌机出口通过管道连续不断地泵送到浇筑仓面

的一种施工方法。

（一）混凝土泵

1.混凝土泵类型

表 7-1 混凝土泵类型及泵送原理

类别		泵送原理
活塞式	机械式	动力装置带动曲柄使活塞往返动作，将混凝土送出。
	液压式	液压装置推动活塞往返动作，将混凝土送出。
挤压式		泵室内有橡胶管及滚轮架，滚轮架转动时将橡胶管内混凝土压出。
隔膜式		利用水压力压缩泵体内橡胶隔膜，将混凝土压出。
气罐式		利用压缩空气将储料罐内的混凝土吹压输送出。

2.液压活塞式混凝土泵

工程上使用较多的是液压活塞式混凝土泵，它是通过液压缸的压力油推动活塞，再通过活塞杆推动混凝土缸中的工作活塞从而进行压送混凝土。

混凝土泵分拖式（地泵）和泵车两种形式。拖式混凝土泵它主要由混凝土泵送系统、液压操作系统、混凝土搅拌系统、油脂润滑系统、冷却和水泵清洗系统以及用来安装和支承上述系统的金属结构车架、车桥、支脚和导向轮等组成。

混凝土泵送系统由左主油缸、右主油缸、先导阀、洗涤室、止动销、混凝土活塞、输送缸、滑阀及滑阀缸、Y 形管、料斗架组成。当压力油进入右主油缸无杆腔时，有杆腔的液压油通过闭合油路进入左主油缸，同时带动混凝土活塞缩回并产生自吸作用，这时在料斗搅拌叶片的助推作用下，料斗的混凝土通过滑阀吸入口，被吸入输送缸，直到右主轴油缸活塞行程到达终点，撞击先导阀实现自动换向后，左缸吸入的混凝土再通过滑阀输出口进入 Y 形管，完成一个吸与送行程，由于左及右主油缸是不断地交叉完成各自的吸、送行程，这样，料斗里的混凝土就源源不断地被输送到达作业点，完成泵送作业。

将混凝土泵安装在汽车上称为臂架式混凝土泵车，它是将混凝土泵安装在汽车底盘上，并用液压折叠式臂架管道来运输混凝土，不需要在现场临时铺设管道。

（二）泵送混凝土的配合比

泵送混凝土除满足普通混凝土有关要求外，还应具备可泵性。可泵性与胶凝材料类型、砂子级配及砂率、石子颗粒大小及级配、水灰比及外加剂品种和掺量等因素有关。

1.原材料要求

（1）胶凝材料

①水泥

水泥品质符合国家标准。一般采用保水性好的硅酸盐水泥或普通硅酸盐水泥。泵送大体积混凝土时，应选用水化热低的水泥。

②粉煤灰

为节约水泥，保证混凝土拌和物具有必要的可泵性，在配制泵送混凝土时可掺入一定数量粉煤灰。粉煤灰质量应符合标准。

（2）骨料

①砂

砂和水泥构成砂浆使输送管道内壁形成砂浆润滑层，通常要求采用通过0.315mm筛孔的细颗粒不小于15%的颗粒级配良好的中砂，砂的质量要求与普通混凝土相同。

2）石子

石子最大粒径应满足要求，并不应有超径骨料进入混凝土泵。石子级配应连续。

3）外加剂

为节约水泥及改善可泵性，常采用减水剂及泵送剂。

2.坍落度

规范要求进泵混凝土拌和物坍落度一般宜为8～14cm。但如果石子粒径适宜、级配良好、配合比适当，坍落度为5～20cm的混凝土也可泵送。当管道转弯较多时，由于弯管、接头多，压力损失大，应适当加大坍的落度。向下泵送时，为防止混凝土因自重下滑而引起堵管，坍落度应适当减小。向上泵送时，为避免过大的倒流压力，坍落度亦不能过大。

（三）泵送混凝土施工

1.施工准备

（1）混凝土泵的安装。

①混凝土泵安装应水平，场地应平坦坚实，尤其是支腿支承处。严禁左右倾斜和安装在斜坡上，如地基不平，应整平夯实。②应尽量安装在靠近施工现场。若使用混凝土搅拌运输车供料，还应注意车道和进出方便。③长期使用时需在混凝土泵上方搭设工棚。④混凝土泵安装应牢固。

（2）管道安装

泵送混凝土布管，应根据工程施工场地特点，最大骨料粒径、混凝土泵型号、输送距离及输送难易程度等进行选择与配置。布管时，应尽量缩短管线长度，少用弯管和软管；在同一条管线中，应采用相同管径的混凝土管；同时采用新和旧配管时，应将新管布置在泵送压力较大处，管线应固定牢靠，管接头应严密，不得漏浆；应使用无龟裂、无凸凹损伤和无弯折的配管。

（3）混凝土泵空转

混凝土泵压送作业前应空运转，方法是将排出量手轮旋至最大排量，给料斗加足水空转10min以上。

（4）管道润滑剂的压送

混凝土泵开始连续泵送前要对配管泵送润滑剂。润滑剂有砂浆以及水泥浆两种，一般常采用砂浆。

2.混凝土的压送

（1）混凝土压送

开始压送混凝土时，应使混凝土泵低速运转，注意观察混凝土泵的输送压力和各部位的工作情况，在确认混凝土泵各部位工作正常后，方可提高混凝土泵的运转速度，加大行程，转入正常压送。

如管路有向下倾斜下降段时，要将排气阀门打开，在倾斜段起点塞一个用湿麻袋或泡沫塑料球做成的软塞，以防止混凝土拌和物自由下降或分离。塞子被压送的混凝土推送，直到输送管全部充满混凝土后，关闭排气的阀门。

正常压送时，要保持连续压送，尽量避免压送中断。静停时间越长，混凝土分离现象就会越严重。当中断后再继续压送时，输送管上部泌水就会被排走，最后剩下的下沉粗骨料就易造成输送管的堵塞。

泵送时，受料斗内应经常有足够的混凝土，防止吸入空气造成阻塞。

（2）压送中断措施

浇灌中断是允许的，但不得随意留施工缝。浇灌停歇压送中断期内，应采取一定的技术措施，防止输送管内混凝土离析或凝结而引起管路的堵塞。压送中断的时间，一般应限制在1h之内，夏季还应缩短。压送中断期内混凝土泵必须进行间隔推动，每隔4～5min一次，每次进行不少于4个行程的正、反转推动，以防止输送管的混凝土离析或凝结。如泵机停机时间超过45min，应将存留在导管内的混凝土排出，并加以清洗。

二、真空作业混凝土

为提高混凝土的密实性、抗冲耐磨性、抗冻性，以增大强度，减少表面缩裂，可采用混凝土真空作业法。真空作业法借助于真空负压，将水从刚成型的混凝土拌和物中排出，减少水灰比，提高混凝土强度，

（一）真空作业系统

真空作业系统包括真空泵机组、真空罐、集水罐、连接器、气垫薄膜吸水装置等等。

（二）真空吸水施工

1. 混凝土拌和物

采用真空吸水的混凝土拌和物，按设计配合比适当增大用水量，水灰比可为0.48～0.55，其他材料维持原设计不变。

2. 作业面准备按常规方法将混凝土振捣密实，

比设计高度略高5～10mm，具体数据由试验确定。然后在过滤布上涂上一层石灰浆或其他防止黏结的材料，以防过滤布和混凝土黏结。

3. 真空作业

混凝土振捣抹平后15min，应开始真空作业。开机后真空度应逐渐增加，当达到要求的真空度（500～600mmHg），开始正常出水后，真空度保持均匀。结束吸水工作前，真空度应逐渐减弱，防止在混凝土内部留下出水通路，影响混凝土的密实度。

真空吸水时间（min）宜为作业厚度（cm）的1～1.5倍，并以剩余水灰比来检

验真空吸水效果。真空作业深度不宜超过 30cm。

第三节　预制混凝土构件和预应力混凝土施工

一、预制混凝土构件施工

预制混凝土构件的成型工序主要有准备模板、安放钢筋及预埋件、浇筑混凝土、构件表面修饰、养护等。预制混凝土构件振捣工艺通常有振动法、挤压法、离心法、真空作业法等。

预制场地的布置既要有利于吊装，又便于预制，易于管理，尽可能靠近安装地点。预制场地应平整结实，排水良好。

浇筑预制构件，应符合下列规定：（1）浇筑前，应检查钢筋、预埋件的数量和位置。（2）每个构件应一次浇筑完成，不得间断，并宜采用机械振捣。（3）构件的外露面应平整、光滑，不得有蜂窝麻面、掉角、扭曲或开裂等情况。（4）重叠法制作构件时，其下层构件混凝土的强度应达到 5MPa 后方可浇筑上层构件，并应有隔离措施。（5）构件浇制完毕后，应标注型号、混凝土强度等级、制作日期和上下面。无吊环的构件应标明吊点位置。

（一）施工准备

预制现场应设有临时的排水沟，预防下雨时原地下沉。对于立式地胎模，应表面平整、尺寸准确。优先选用型钢底模，也可采用混凝土或砖胎模，底模应抄平。采用地胎模时应处理地基，夯实平整，表面抄平粉光。地胎模要顺滑，便于脱模。

底模使用后应铲除混凝土残渣瘤疤，清扫表面灰尘，涂刷隔离剂。

（二）置放钢筋

钢筋骨架安装定位前应检查钢筋骨架中钢筋的种类、规格与数量、几何形状和尺寸是否符合设计要求，铁件规格、数量和焊接是否正确。亦可在隔离剂已干燥的地胎模上绑扎钢筋骨架，以避免预制钢筋骨架在搬动起吊时变形。

（三）安装侧模

宜优先选用钢制侧模。侧模安装应平整且结合牢固，拼缝紧密不漏浆，内壁要平整光滑。木模应尽可能刨光，转角处应顺滑无缝以便脱模，几何尺寸要求准确，斜撑、螺栓要牢靠，预埋铁件顶留孔洞位置尺寸应符合设计要求。侧模安装后应保持清洁无杂质残渣，以保证混凝土的浇筑质量。

（四）浇筑成型

浇捣混凝土前应检验钢筋、预埋件的规格、数量、钢筋保护层厚度及预留孔洞是否符合设计要求，浇捣时应润湿模板，人工反铲带浆下料，构件厚度不超过 360mm 时可一次浇筑全厚度，用平板振捣器或插入式振捣器振捣；构件厚度大于360mm时应按每层300～350mm厚分层浇筑，振捣器应插入下层混凝土5cm，以使上下层结合成整体。浇筑时应随振随抹，整平表面，原浆收光。

当构件截面较小、节点钢筋较密、预埋件较多时，容易出现蜂窝，应仔细地用套装刀片的振捣器振捣节点和端角钢筋密集处。振捣混凝土时应经常注意和观察模板、支撑架、钢筋、预埋铁件和预留孔洞，发现有松动变形、钢筋移位、漏浆等现象应停止振捣，并应在混凝土初凝前修整完好，继续振捣，直至成型。浇筑顺序应从一端向另一端进行。浇到芯模部位时，注意两侧对称下料和振捣，以防芯模因单侧压力过大而产生偏移。浇到上部有预埋铁件的部位时，应注意捣实下面的混凝土，并保持预埋件位置正确。浇灌混凝土时不得直接站在模板或支撑上操作，不得乱踩钢筋。浇捣完毕后2h内应进行养护。

（五）拆模养护

当混凝土强度达到1.2MPa以上能保证构件不变形、棱角完整无裂缝时即可拆除侧模。预留孔洞芯模应在混凝土强度能保住孔洞表面不发生裂缝、不坍陷时方可拆除。注意芯模应在初凝前后转动，以免混凝土凝结后难于脱模。拆模时应精力集中，随拆随运，拆下的模板堆放在指定的地点，按规格码垛整齐。

采用自然养护时，在浇筑完成12h内进行养护，保湿养护不少于14d。

二、预应力钢筋混凝土施工

预应力钢筋混凝土施工分先张法和后张法两类。

（一）先张法

先张法是在浇筑混凝土之前张拉钢筋（钢丝）产生预应力。一般用于预制梁、板等构件。

施工前将台面的垃圾、泥土等杂物清除干净，然后涂刷隔离剂，待干透后铺筋。钢丝对准两端台座孔眼，按顺序进行，不得交错。钢丝在固定端应用夹具固定在定位板上，张拉端用夹具夹紧，然后用张拉设备张拉，最后锚紧。模板固定即可浇筑混凝土，混凝土应为干硬性混凝土，混凝土下料时应均匀的铺撒。振捣采用平板式振动器或用插入式振捣器。

浇捣时应注意台座内每台作业线上的构件，应一次连续将混凝土浇捣完毕。在振捣混凝土时，振捣器要尽可能避免碰撞预应力钢丝和吊环等，以免移动位置和撞断钢丝；混凝土必须振捣密实，在振捣过程中，模板边角处适当多振，以防止蜂窝、麻面等缺陷产生。

混凝土成型12h内应开始进行养护，当混凝土强度达到设计强度的75%以上时，达到设计要求的松张程度时即可放张。

（二）后张法

后张法是在混凝土浇筑的过程中，预留孔道，待混凝土构件达到设计强度后，在孔道并在孔道内进行压力灌浆，用水泥浆包裹保护预应力钢筋。后张法主要用于制作大型吊车梁、屋架以及用于提高闸墩的承载能力。

如闸墩预应力施工，在张拉前要对钢丝下料编束，埋设钢管、金属波纹管或塑料拔管；然后浇筑混凝土，注意运载工具严禁碰撞预应力管道，振捣器离管道应有一定的距离，以免管道变形或损坏。浇筑时要防止砂浆进入孔道。当发现有变形、移位时，应立即停止浇筑，并在已浇筑混凝土凝结前修整完好。混凝土应一次浇筑完毕，不允许留施工缝。对塑料拔管要求混凝土终凝后即要放气拔管。

当混凝土达到一定强度后即可穿钢丝（也可将预应力钢丝先穿入管道，后浇混凝土）。养护至混凝土达到设计强度的70%以上进行张拉，张拉先后顺序应按设计进行。一般应对称张拉，以免结构承受过大的偏心压力，必要时可分批、分阶段进行。张拉时应注意安全，防止钢筋断裂伤人。预应力筋张、拉结束后，应立即进行灌浆封闭。

目前，正推广应用无黏结预应力混凝土。其做法是在预应力筋表面涂刷防锈涂料并包塑料布（管）后，如同普通钢筋一样先铺设在支好的模板内，待混凝土达到可张拉强度后进行张拉锚固。这样无需留孔与灌浆，施工简单，预应力筋易弯成所需要的曲线形状。

第四节 混凝土冬季、夏季及雨季施工

一、混凝土冬季施工

（一）混凝土冬季施工的一般要求

现行施工规范规定：寒冷地区的日平均气温稳定在5℃以下或最低气温稳定在3℃以下时，温和地区的日平均气温稳定在3℃以下时，均属于低温季节，这就需要采取相应的防寒保温措施，避免混凝土受到冻害。

混凝土在低温条件下，水化凝固速度大为降低，强度增长受到了阻碍。当气温在 $-2℃$ 时，混凝土内部水分结冰，不仅水化作用完全停止，而且结冰后由于水的体积膨胀，使混凝土结构受到损害，当冰融化后，水化作用虽将恢复，混凝土强度也可继续增长，但最终强度必然降低。试验资料表明：混凝土受冻越早，最终强度降低越大。如在浇筑后 3 ~ 6h 受冻，最终强度至少降低50%以上；如在浇筑后 2 ~ 3d 受冻，最终强度降低只有15% ~ 20%。如混凝土强度达到设计强度的50%以上（在常温下养护 3 ~ 5d）时再受冻，最终强度则降低极小，甚至不受影响。所以，低温季节混凝土施工，首先要防止混凝土早期受冻。

（二）冬季施工措施

低温季节混凝土施工可以采用人工加热、保温蓄热及加速凝固等措施，使混凝土入仓浇筑温度不低于5P；同时保证混凝土浇筑后的正温养护条件，在未达到允许受冻临界强度以前不遭受冻结。

1. 调整配合比和掺外加剂

（1）对非大体积混凝土，采用发热量较高的快凝水泥。（2）提高混凝土的配制强度。（3）掺早强剂或早强减水剂。其中氯盐的掺量应按有关规定严格控制，并不适用于钢筋混凝土结构。（4）采用较低的水灰比。（5）掺加气剂可减缓混凝土冻结时在其内部水结冰时产生的静水压力，从而提高混凝土早期抗冻性能。但含气量应限制在 3% ～ 5%。因为，混凝土中含气量每增加 1%，会使强度损失 5%，为弥补由于加气剂招致的强度损失，最好与减水剂并用。

2. 原材料加热法

当日平均气温为 -5 ～ -2℃时，应加热水拌和；当气温再低时，可考虑加热骨料。水泥不能加热，但应保持正温。

水的加热温度不能超过 80℃，并且要先将水和骨料拌和后，这时水温不超过 60℃，以免水泥产生假凝。所谓假凝是指拌和水温超过 60℃时，水泥颗粒表面将会形成一层薄的硬壳，使混凝土和易性变差，而后期强度降低的现象。

砂石加热的最高温度不能超过 100℃，平均温度不宜超过 65℃，并力求加热均匀。对大中型工程，常用蒸汽直接加热骨料，即直接将蒸汽通过需要加热的砂、石料堆中，料堆表面用帆布盖好，为了防止热量损失。

3. 蓄热法

蓄热法是将浇筑法的混凝土在养护期间用保温材料加以覆盖，尽可能把混凝土在浇筑时所包含的热量和凝固过程中产生的水化热蓄积起来，以此延缓混凝土的冷却速度，使混凝土在达到抗冻强度以前，始终保证正温。

4. 加热养护法

当采用蓄热法不能满足要求时可以采用加热养护法，即利用外部热源对混凝土加热养护，包括暖棚法、蒸气加热法和电热法等。大体积混凝土多采用暖棚法，蒸气加热法多用于混凝土预制构件的养护。

（三）冬季施工注意事项

冬季施工应注意以下几点：

（1）砂石骨料宜在进入低温季节前筛洗完毕。成品料堆应有足够的储备和高，并进行覆盖，以防冰雪和冻结。（2）拌和混凝土前，应用热水或蒸汽冲洗搅拌机，并将水或冰排除。（3）混凝土的拌和时间应比常温季节适当延长。延长时间应通过试验确定。（4）在岩石基础或老混凝土面上浇筑混凝土前，应检查其温度。如为负温，应将其加热成正温。加热深度不小于 10cm，并经验证合格后方可浇筑混凝土。仓面清理宜采用喷洒温水配合热风枪，寒冷期间亦可采用蒸气枪，不宜采用水枪或者风水枪。在软基上浇筑第一层混凝土时，必须防止与地基接触的混凝土遭受冻害和地基受冻受形。（5）混凝土搅拌机应设在搅拌棚内并设有采暖设备，棚内温度应高于 51℃混凝土运输容器应有保温装置。

二、混凝土夏季施工

（一）高温环境对新拌及刚成型混凝土的影响

（1）拌制时，水泥容易出现假凝现象。（2）运输时，坍落度损失大，捣固或泵送困难。（3）成型后直接曝晒或干热风影响，混凝土面层急剧干燥，外硬内软，出现塑性裂缝。（4）昼夜温差较大，易出现温差和裂缝。

（二）夏季高温期混凝土施工的技术措施

1.原材料

（1）掺用外加剂（缓凝剂、减水剂）。（2）用水化热低的水泥。（3）供水管埋入水中，储水池加盖，避免太阳直接曝晒。（4）当天用的砂、石用防晒棚遮蔽。（5）用深井冷水或冰水拌和，但不能直接加入冰块。

2.搅拌运输

（1）送料装置及搅拌机不适直接曝晒，应有荫棚。（2）搅拌系统尽量靠近浇筑地点。（3）移动运输设备应遮盖。

3.模板

（1）因干缩出现的模板裂缝，应及时填塞。（2）浇筑前充分将模板淋湿。

4.浇筑

（1）适当减小浇筑层厚度，而减少内部温差。（2）浇筑后立即用薄膜覆盖，不使水分外逸。（3）露天预制场宜设置可移动荫棚，避免制品直接曝晒。

三、混凝土雨季施工

混凝土工程在雨季施工时，应做好以下准备工作：（1）砂石料场的排水设施应畅通无阻。（2）浇筑仓面宜有防雨设施。（3）运输工具应有防雨及防滑设施。（4）加强骨料含水量的测定工作，注意调整拌和用水量。

混凝土在无防雨棚仓面小雨中进行浇筑时，应采取以下技术措施：（1）减少混凝土拌和用水量。（2）加强仓面积水的排除工作。（3）做好新浇混凝土面的保持工作。（4）防止周围雨水流入仓面。

无防雨棚的仓面，在浇筑过程中，如遇大雨、暴雨，应立即停止浇筑，并遮盖混凝土表面。雨后必须先行排除仓内积水，受雨水冲刷的部位应立即处理。如停止浇筑的混凝土尚未超出允许间歇时间或还能重塑之时，应加砂浆继续浇筑，否则应按施工缝处理。

对抗冲、耐磨、需要抹面部位及其他高强度混凝土不允许在雨下施工。

第五节 混凝土施工质量控制与缺陷的防治

一、混凝土的质量控制

混凝土工程质量包括结构外观质量和内在质量。前者指结构的尺寸、位置、高程等；后者则指从混凝土原材料、设计配合比、配料、拌和、运输，浇捣等方面。

（一）原材料的控制检查

1. 水泥

水泥是混凝土主要胶凝材料，水泥质量直接影响混凝土的强度及其性质的稳定性。运至工地的水泥应有生产厂家品质试验报告，工地试验室外必须进行复验，必要时还要进行化学分析。进场水泥每 200 ~ 500t 同品种、同标号的水泥作一取样单位，如不足 200t 亦作为一取样单位。可采用机械连续取样，混合均匀后作为样品，其总量不少于 10kg。检查的项目有水泥等级、凝结时间，体积安定性。必要时应增加稠度、细度、密度和水化热试验。

2. 粉煤灰

粉煤灰每天至少检查 1 次细度和需水量。

3. 砂石骨料

（1）在筛分场每班检查 1 次各级骨料超逊径、含泥量、砂子的细度模数。

（2）在拌和厂检查砂子、小石子的含水量，砂子的细度模数以及骨料的含泥量、超逊径。

4. 外加剂

外加剂应有出厂合格证，并经过试验认可。

（二）混凝土拌和物

拌制混凝土时，必须严格遵守试验室签发的配料单进行称量配料，严禁擅自更改。控制检查的项目有以下几项。

1. 衡器的准确性

各种称量设备应经常检查，确保称量准确。

2. 拌和时间

每班至少抽查 2 次拌和时间，保证混凝土充分拌和，拌和的时间符合要求。

3. 拌和物的均匀性

混凝土拌和物应均匀，经常检查其均匀性。

4. 坍落度

现场混凝土坍落度每班在机口应检查 4 次。

5. 取样检查

按规定在现场取混凝土试样做抗压试验，检查混凝土的强度。

（三）混凝土浇捣质量控制检查

1. 混凝土运输

混凝土运输过程中应检查混凝土拌和物是否发生分离、漏浆、严重泌水和过多降低坍落度等现象。

2. 基础面、施工缝的处理及钢筋、模板、预埋件安装

开仓前应对基础面、施工缝的处理及钢筋、模板、预埋件安装做最后一次检查。应符合规范要求。

3. 混凝土浇筑

严格按规范要求控制检查接缝砂浆的铺设、混凝土入仓铺料、平仓、振捣、养护等内容。

（四）混凝土外观质量和内部质量缺陷检查

混凝土外观质量主要检查表面平整度（有表面平整要求的部位）、麻面、蜂窝、空洞、露筋、碰损掉角、表面裂缝等。重要工程还要检查内部质量缺陷，如用回弹仪检查混凝土表面强度、用超声仪检查裂缝、钻孔取芯检查各项力学的指标等。

二、混凝土施工缺陷及防治

混凝土施工缺陷分外部缺陷和内部缺陷两类。

（一）外部缺陷

1. 麻面

麻面是指混凝土表面呈现出无数绿豆大小的不规则的小凹点。

（1）混凝土麻面产生的原因有

①模板表面粗糙、不平滑。②浇筑前没有在模板上洒水湿润，湿润不足，浇筑时混凝土的水分被模板吸去。③涂在钢模板上的油质脱模剂过厚，液体残留在模板上。④使用旧模板，板面残浆未清理，或清理不彻底。⑤新拌混凝土浇灌入模后，停留时间过长，振捣时已有部分凝结。⑥混凝土振捣不足，气泡没有完全排出，有部分留在模板表面。⑦模板拼缝漏浆，构件表面浆少，或成为凹点，或成为若断若续的凹线。

（2）混凝土麻面的预防措施有

①模板表面应平滑。②浇筑前，不论是哪种模型，均需浇水湿润，但不得积水。③脱模剂涂擦要均匀，模板有凹陷时，注意将积水拭干；④旧模板残浆必须清理干净。⑤新拌混凝土必须按水泥或外加剂的性质，在初凝前振捣。⑥尽量将气泡排出。⑦浇筑前先检查模板拼缝，对可能漏浆的缝，设法封嵌。

（3）混凝土麻面的修补

混凝土表面的麻点，如对结构无大影响，可不作处理。如需处理，方法如下：①用稀草酸溶液将该处脱模剂油点或污点用毛刷洗净，于修补前用水湿透。②修补用的水泥品种必须与原混凝土一致，砂子为细砂，粒径最大不宜超过 1mm。③水泥砂浆配合比为 1∶（2～2.5），由于数量不多，可用人工在小灰桶中拌匀，随拌随用。④按

照漆工刮腻子的方法，将砂浆用刮刀大力压入麻点内，随即刮平。⑤修补完成后，即用草帘或草席进行保湿养护。

2. 蜂窝

蜂窝是指混凝土表面无水泥浆，形成蜂窝状的孔洞，形状不规则，分布不均匀，露出石子深度大于5mm，不露主筋，但有时可能露出箍筋。

（1）混凝土蜂窝产生的原因有

①配合比不准确，砂浆少，石子多；②搅拌用水过少；③混凝土搅拌时间不足，新拌混凝土未拌匀；④运输工具漏浆；⑤使用干硬性混凝土，但振捣不足；⑥模板漏浆，加上振捣过度。

（2）混凝土蜂窝的预防方法是

①砂率不宜过小。②计量器具应定期检查。③用水量如少于标准，应掺用减水剂。④计量器具应定期检查。⑤搅拌时间应足够；⑥注意运输工具的完好性，否则应及时修理。⑦捣振工具的性能必须与混凝土的坍落度相适应。⑧浇筑前必须检查和嵌填模板拼缝，并浇水湿润。⑨浇筑过程中，有专人巡视模板。

（3）混凝土蜂窝修补

如系小蜂窝，可按麻面方法修补。如系较大蜂窝，按下法修补：①将修补部分的软弱部分凿去，用高压水及钢丝刷将基层冲洗干净。②修补用的水泥应与原混凝土的一致，砂子用中粗砂。③水泥砂浆的配合比为1：3～1：2，应搅拌均匀④按照抹灰工的操作方法，用抹子大力将砂浆压入蜂窝内刮平，在棱角部位用靠尺将棱角取直。⑤修补完成后即用草帘或者草席进行保湿养护。

3. 混凝土露筋、空洞

主筋没有被混凝土包裹而外露，或在混凝土孔洞中外露的缺陷称之为露筋。混凝土表面有超过保护层厚度，但不超过截面尺寸1/3的缺陷，称之为空洞。

（1）混凝土出现露筋、空洞的原因有

①漏放保护层垫块或垫块位移。②浇灌混凝土时投料距离过高过远时，又没有采取防止离析的有效措施。③搅拌机卸料入吊斗或小车时，或运输过程中有离析，运至现场又未重新搅拌。④钢筋较密集，粗骨料被卡在钢筋上，加上振捣不足或漏振。⑤采用干硬性混凝土而又振捣不足。

（2）露筋、空洞的预防措施有

①浇筑混凝土前应检查垫块情况。②应采用合适的混凝土保护层垫块。③浇筑高度不宜超过2m。④浇灌前检查吊斗或小车内混凝土有无离析。⑤搅拌站要按配合比规定的规格使用粗骨料。⑥如为较大构件，振捣时专人在模板外用木槌敲打，协助振捣。⑦构件的节点、柱的牛腿、桩尖或桩顶、有抗剪筋的吊环等处钢筋的吊环等处钢筋较密，应特别注意捣实。⑧加强振捣。⑨模板四周，用人工协助来捣实，如为预制构件，在钢模周边用抹子插捣。

（3）混凝土露筋、空洞的处理措施

①将修补部位的软弱部分及突出部分凿去，上部向外倾斜，下部水平。②用高压水及钢丝刷将基层冲洗干净，修补前用湿麻袋或湿棉纱头填满，使旧混凝土内表面充

分湿润。③修补用的水泥品种应与原混凝土的一致，小石混凝土强度等级应比原设计高一级。④如条件许可，可用喷射混凝土修补；⑤安装模板浇筑。⑥混凝土可加微量膨胀剂。⑦浇筑时，外部应比修补部位稍高。⑧修补部分达到了结构设计强度时，凿除外倾面。

（二）混凝土内部缺陷

1. 混凝土空鼓

混凝土空鼓常发生在预埋钢板下面。产生的原因是浇灌预埋钢板混凝土时，钢板底部未饱满或振捣不足。

预防方法：①如预埋钢板不大，浇灌时用钢棒将混凝土尽量压入钢板底部，浇筑后用敲击法检查；②如预埋钢板较大，可在钢板上开几个小孔排除空气，亦可做观察孔。

混凝土空鼓的修补：①在板外挖小槽坑，将混凝土压入，直至饱满，无空鼓声为止；②如钢板较大或估计空鼓较严重，可在钢板上钻孔，用灌浆法将混凝土压入。

2. 混凝土强度不足

混凝土强度不足产生的原因：①配合比计算错误。②水泥出厂期过长，或受潮变质，或袋装重量不足。③粗骨料针片状较多，粗、细骨料级配不良或含泥量较多。④外加剂质量不稳定。⑤搅拌机内残浆过多，或传动皮带打滑从而影响转速。⑥搅拌时间不足。⑦用水量过大，或砂、石含水率未调整，或水箱计量装置失灵。⑧秤具或称量斗损坏，不准确。⑨运输工具灌浆，或经过运输后严重离析。⑩振捣不够密实。

混凝土强度不足是质量上的大事故。处理方案由设计单位而决定。通常处理方法有：①强度相差不大时，先降级使用，待龄期增加，混凝土强度发展后，再按原标准使用。②强度相差较大时，经论证后采用水泥灌浆或化学灌浆补强；③强度相差较大而影响较大时，拆除返工。

第六节 混凝土施工安全技术

一、施工缝处理安全技术

（1）冲毛、凿毛前应检查所有工具是否可靠。（2）多人同在一个工作面内操作时，应避免面对面近距离操作，以防飞石、工具伤人。严禁在同一工作面上下层同时操作。（3）使用风钻、风镐凿毛时，必须遵守风钻、风镐安全技术操作规程。在高处操作时应用绳子将风钻及风镐拴住，并挂在牢固的地方。（4）检查风砂枪枪嘴时，应先将风阀关闭，并不得面对枪嘴，也不得将枪嘴指向他人。使用砂罐时需遵守压力容器安全技术规程。当砂罐与风砂枪距离较远时，中间应有专人联系。（5）用高压水冲毛，必须在混凝土终凝后进行。风、水管须装设控制阀，接头应用铅丝扎牢。使用冲毛机操作时，还应穿戴好防护面罩、绝缘手套和长筒胶靴。冲毛时要防止泥水冲到电气设备或电力线路上。工作面的电线灯应悬挂在不妨碍冲毛的安全高度。（6）仓面冲洗

时应选择安全部位排渣，以免冲洗时石渣落下伤人。

二、混凝土拌和的安全技术措施

（1）安装机械的地基应平整夯实，用支架或支脚简架稳，不准以轮胎代替为支撑。机械安装要平稳、牢固。对外露的齿轮、链轮、皮带轮等转动部位应设防护装置。（2）开机前，应检查电气设备的绝缘和接地是否良好，检查离合器、制动器、钢丝绳、倾倒机构是否完好。搅拌筒应用清水冲洗干净，不得有异物。（3）启动后应注意搅拌筒转向与搅拌筒上标示的箭头方向一致。待机械运转正常后再加料搅拌。若遇中途停机、停电时，应立即将料卸出，不允许中途停机后重载启动。（4）搅拌机的加料斗升起时，严禁任何人在料斗下通过或停留，不准用脚踩或用铁锹、木棒往下拨、刮搅拌筒口，工具不能碰撞搅拌机，更不能在转动时，把工具伸进料斗里扒浆。工作完毕后应将料斗锁好，并检查一切保护装置。（5）未经允许，禁止拉闸、合闸和进行不合规定的电气维修。现场检修时，应固定好料斗，切断电源。进入搅拌筒内工作时，外面应有人监护。（6）拌和站的机房、平台、梯道、栏杆必须牢固可靠。站内应配备有效的吸尘装置。（7）操纵皮带机时，必须正确使用防护用品，禁止一切人员在皮带机上行走和跨越；机械发生故障时应立即停车检修，不得带病而运行。（8）用手推车运料时，不得超过其容量的3/4，推车时不得用力过猛和撒把。

三、混凝土运输混凝土的安全技术措施

（一）手推车运输混凝土的安全技术措施

（1）运输道路应平坦，斜道坡道坡度不得超过3%。（2）推车时应注意平衡，掌握重心，不准猛跑和溜放。（3）向料斗倒料，应有挡车设施，倒料时不得撒把。（4）推车途中，前后车距在平地不得少于2m，下坡不得少于10m。（5）用井架垂直提升时，车把不得伸出笼外，车轮前后要挡牢。（6）行车道要经常清扫，冬季施工应有防滑措施。

（二）自卸汽车运输混凝土的安全技术措施

（1）装卸混凝土应有统一的联系以及指挥信号。（2）自卸汽车向坑洼地点卸混凝土时，必须使后轮与坑边保持适当的安全距离，防止塌方翻车。（3）卸完混凝土后，自卸装置应立即复原，不得边走边落。

四、混凝土平仓振捣的安全技术措施

（1）浇筑混凝土前应全面检查仓内排架、支撑、模板及平台、漏斗及溜筒等是否安全可靠。（2）仓内脚手脚、支撑、钢筋、拉条、预埋件等不得随意拆除、撬动。如需拆除、撬动，应征得施工负责人的同意。（3）平台上所预留的下料孔，不用时应封盖。平台除出入口外，四周均应设置栏杆和挡板。（4）仓内人员上下设置靠梯，严禁从模板或钢筋往上攀登。（5）吊罐卸料时，仓内人员应注意躲开，不得在吊罐正下方停留或操作。（6）平仓振捣过程中，要经常观察模板、支撑、拉筋等是否变形。

如发现变形有倒塌危险，应立即停止工作，并且及时报告。操作时，不得碰撞、触及模板、拉条、钢筋和预埋件。不得将运转中的振捣器，放在模板或脚手架上。仓内人员要集中思想，互相关照。浇筑高仓位时，要防止工具和混凝土骨料掉落仓外，更不允许将大石块抛向仓外，避免伤人。

五、混凝土养护时安全技术措施

（1）养护用水不得喷射到电线以及各种带电设备上。养护人员不得用湿手移动电线。养护水管要随用随关，不得使交通道转梯、仓面出入口、脚手架平台等处有长流水。（2）在养护仓面上遇有沟、坑、洞时，应设有明显的安全标志。必要时，可铺安全网或设置安全栏杆。（3）禁止在不易站稳的高处向低处混凝土面上直接洒水养护。

第八章　水利水电土石方规划

第一节　土石方工程概述

在水利工程中，土石方开挖广泛应用于场地平整和削坡，水工建筑物（水闸、坝、溢洪道、水电站厂房、泵站建筑物等）地基开挖，地下洞室（水工隧洞，地下厂房，各类平洞、竖井和斜井）开挖，河道、渠道、港口开挖及疏浚，填筑材料、建筑石料及混凝土骨料开采，围堰等临时建筑物或砌石、混凝土结构物的拆除等。因而，土石方工程是水利工程建设的主要项目，存在于整个工程的大部分建设过程中。

土石方作业受作业环境、气候等影响较大，并存在施工队伍多处同时作业等问题，管理比较困难，因而在土石方施工过程中易引发安全生产事故。在土石方工程施工的过程中，容易发生的伤亡事故主要有坍塌、机械伤害、高处坠落、物体打击及触电等。要确保水利水电土石方工程的施工安全，一般应遵循以下基本规定：

第一，土石方工程施工应由具有相应的工程承包资质和安全生产许可证的企业承担。

第二，土石方工程应编制专项施工开挖支护方案，必要时应进行专家论证，并应严格按照施工组织方案实施。

第三，施工前应针对安全风险进行安全教育及安全技术交底。特种作业人员必须持证上岗，机械操作人员应经过专业技术培训。

第四，施工现场发现危及人身安全以及公共安全的隐患时，必须立即停止作业，排除隐患后方可恢复施工。

第五，在土方施工过程中，当发现古墓、古物等地下文物或其他不能辨认的液体、气体及异物时，应立即停止作业，做好现场保护，并报有关部门处理后方可继续施工。

第二节 土石的分类及作业

一、土石的分类

土石的种类繁多，其工程性质能直接影响土石方工程的施工方法、劳动力消耗、工程费用和保证安全的措施，应予重视。

（一）按开挖方式分类

土石按照坚硬程度和开挖方法及使用工具分为了松软土、普通土、坚土、沙砾坚土、软石、次坚石、坚石和特坚石等八类，见表8-1。

表8-1 土石的工程分类表

土的分类	土的级别	岩、土名称	重力密度 / (kN/m3)	抗压强度/MPa	坚固系数f	开挖方法及工具
一类土（松软土）	I	略有黏性的沙土、粉土、腐殖土及疏松的种植土，泥炭（淤泥）	6 ~ 15	—	0.5 ~ 0.6	用锹，少许用脚蹬或用板锄挖掘
二类土（普通土）	II	潮湿的黏性土和黄土，软的盐土和碱土，含有建筑材料碎屑、碎石、卵石的堆积土和种植土	11 ~ 16	—	0.6 ~ 0.8	用锹、条锄挖掘、需用脚蹬，少许用镐
三类土（坚土）	III	中等密实的黏性土或黄土，含有碎石、卵石或建筑材料碎屑的潮湿的黏性土或黄土	18 ~ 19	—	0.8 ~ 1.0	主要用镐、条锄，少许用锹
四类土（沙砾坚土）	IV	坚硬密实的黏性土或黄土，含有碎石、砾石（体积在10% ~ 30%、质量在25 kg以下的石块）的中等黏性土或黄土；硬化的重盐土；坚实的白垩；软泥灰岩	19	—	1 ~ 1.5	全部用镐、条锄挖掘，少许用插棍挖掘
五类土（软石）	V ~ VI	硬的石炭纪黏土；胶结不紧的砾石；软、节理多的石灰岩及贝壳石灰岩；坚实的白垩；中等坚实的页岩、泥灰岩	12 ~ 27	20 ~ 40	1.5 ~ 4.0	用镐或撬棍、大锤挖掘，部分使用爆破方法

六类土 (次坚石)	Ⅶ～Ⅸ	坚硬的泥质页岩；坚实的泥灰岩；角砾状花岗岩；泥灰质石灰岩；黏土质砾岩；云母页岩及砾质页岩；风化的花岗岩、片麻岩及正常岩；滑石质的蛇纹岩；密实的石灰岩；硅质胶结的砾岩；沙岩；沙质石灰岩	22～29	40～80	4～10	用爆破方法开挖，部分用风镐
七类土 (坚石)	Ⅹ～Ⅺ	白云岩；大理石；坚实的石灰岩、石灰质及石英质的砾岩；坚硬的砾质页岩；蛇纹岩；粗粒正长岩；有风化痕迹的安山岩及玄武岩；片麻岩；粗面岩；中粗花岗岩；坚实的片麻岩；辉绿岩；珍岩；中粗正长岩	25～31	80～160	10～18	用爆破的方法开挖
八类土 (特坚岩)	ⅩⅣ～ⅩⅥ	坚实的细花岗岩；花岗片麻岩；闪长岩；坚实的玲岩；角闪岩、辉长岩、石英岩、安山岩、玄武岩、最坚实的辉绿岩、石灰岩及闪长岩；橄榄石质玄武岩；特别坚实的辉长岩、石英岩及珍岩	27～33	160～250	18～25以上	用爆破的方法开挖

注：1. 土的级别为相当于一般16级土石分类级别；

2. 坚固系数f为相当于普氏岩石强度系数。

（二）按性状分类

土石按照性状亦可分为岩石、碎石土、沙土、粉土、黏性土以及人工填土。

第一，岩石按照坚硬程度分为坚硬岩、较坚硬、较软岩、软岩、极软岩等五类，按照风化程度可分为未风化、微风化、中等风化、强风化和全风化等五类。

第二，碎石土，为粒径大于2 mm的颗粒含量超过全重50%的土。按形态可以分为漂石、块石、卵石、碎石、圆砾和角砾；按照密实度可分松散、稍密、中密、密实。

第三，沙土，为粒径大于2 mm的颗粒含量不超过全重50%、粒径大于0.075 mm的颗粒超过全重50%的土。按粒径大小可分为砾沙、粗沙、中沙、细沙和粉沙。

第四，黏性土，塑性指数大于10并且粒径小于等于0.075 mm为主的土，按照液性指数为坚硬、硬塑、可塑、软塑和流塑。

第五,粉土,介于沙土和黏性土之间,塑性指数(如)小于或等于10且粒径大于0.075 mm 的颗粒含量不超过全重 50% 的土。

第六,人工填土可分为素填土、压实填土、杂填土和冲填土。

二、土石方作业

(一)土石方开挖

1. 土方开挖方式

（1）人工开挖

在我国的水利工程施工中,一些土方量小及不便于机械化施工的地方,用人工挖运比较普遍。挖土用铁锹、镐等工具。

人工开挖渠道时,应自中心向外,分层下挖,先深后宽,边坡处可按边坡比挖成台阶状,待挖至设计要求时,在进行削坡。应尽可能做到挖填平衡,必须弃土时,应先规划堆土区,做到先挖后倒,后挖近倒,先平后高。通常下游应先开工,并不得阻碍上游水量的排泄,以保证水流畅通。开挖主要有两种形式:

1）一次到底法

适用于土质较好,挖深 2 ~ 3m 的渠道。开挖时应先将排水沟挖到低于渠底设计高程 0.5 m 处,然后再按阶梯状逐层向下开挖,直到渠底。

2）分层下挖法

此法适用于土质不好且挖深较大的渠道。中心排水沟是将排水沟布置在渠道中部,先逐层挖排水沟,再挖渠道,直至挖到渠底为止,如图 8-2（a）所示。如渠道较宽,可采用翻滚排水沟,如图 8-2（b）所示。这种方法的优点是排水沟分层开挖,沟的断面小,土方量少,施工较为安全。

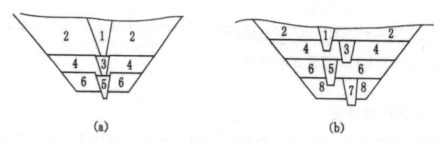

图 8-2 分层下挖法

(a) 中心排水沟; (b) 翻滚排水沟

1～8——开挖顺序; 1、3、5、7——排水

（2）机械开挖

开挖和运输是土方工程施工两项主要过程,承担这两个过程施工的机械是各类挖掘机械、铲运机械和运输机械。

1）挖掘机械

挖掘机械的作用主要是完成挖掘工作，并将所挖土料卸在机身附近或装入运输工具。挖掘机械按工作机构可分为单斗式或多斗式两类。

①单斗式挖掘机

单斗式挖掘机由工作装置、行驶装置以及动力装置等组成。工作装置有正向铲、反向铲、拉铲和抓铲等。工作装置可用钢索或液压操作。行驶装置一般为履带式或轮胎式。动力装置可分为内燃机拖动、电力拖动和复合式拖动等几种类型。

②多斗式挖掘机

多斗式挖掘机是有多个铲土斗的挖掘机械。它能够连续地挖土，是一种连续工作的挖掘机械。按其工作方式不同，分为链斗式和斗轮式两种。

2）铲运机械

铲运机械是指用一种机械能同时完成开挖、运输和卸土任务，这种具有双重功能的机械，常用的有推土机、铲运机、平土机等。

①推土机

推土机是一种在履带式拖拉机上安装推土板等工作装置而成的一种铲运机械，是水利水电建设中最常用、最基本的机械，可用来完成场地平整，基坑、渠道开挖，推平填方，堆积土料，回填沟槽，清理场地等作业，还可以牵引振动碾、松土器、拖车等机械作业。它在推运作业之中，距离不能超过 60 ~ 100 m，挖深不宜大于 1.5 ~ 2.0 m，填高小于 2 ~ 3 m。

推土机按安装方式分为固定式和万能式；按操纵方式分为钢索操纵和液压操纵；按行驶方式分为履带式和轮胎式。固定式推土机的推土板，仅能上下升降，强制切土能力差，但结构简单，应用广泛；万能式推土机不仅能升降，还可左右和上下调整角度，用途多。

②铲运机

铲运机是一种能连续完成铲土、运土、卸土、铺土、平土等工序的综合性土方工程机械，能开挖黏土、沙砾石等，适用于大型基坑、渠道、路基开挖，大型场地的平整，土料开采，填筑堤坝等。

铲运机按牵引方式分为自行式和拖式；按操纵方式分为钢索操纵和液压操纵；按卸土方式分为自由卸土、强制卸土、半强制卸土。铲运机土斗较大，但切土能力相对不足。为了提高生产效率，可采取下坡取土、硬土预松、推土机助推等方法。

③装载机

装载机是一种工作效率高、用途广泛的工程机械。它不但可对堆积的松散物料进行装、运卸作业，还可以对岩石、硬土进行轻度的铲掘工作，并能用于清理、刮平场地及牵引作业。如更换工作装置，还可完成堆土、挖土、松土、起重以及装载棒状物料等工作，因此被广泛应用。

装载机按行走装置可分为轮胎式和履带式两种；按卸载方式可分为前卸式、后卸式和回转式三种；按铲斗的额定重量可分为小型（＜Ⅰt）、轻型（1 ~ 3 t）、中型（4 ~ 8 t）和重型（＞10 t）等四种。

3）水力开挖机械

水力开挖机械有水枪式开挖和吸泥船开挖。

①水枪式开挖

水枪式开挖是利用水枪喷嘴射出的高速水流切割土体形成泥浆，然后输送到指定地点的开挖方法。水枪可在平面上回转360°，在立面上仰俯50°～60°，射程达20～30 m，切割分解形成泥浆后，沿输泥沟自流或由吸泥泵经管道输送至填筑地点。利用水枪开挖土料场、基坑，节约劳力和大型挖运机械，经济效益明显。水枪开挖适于沙土、亚黏土和淤泥。可用于水力冲填筑坝。对硬土，可先进行预松，提高水枪挖土的工效。

②吸泥船开挖

吸泥船开挖是利用挖泥船下的绞刀将水下土方绞成泥浆，再由泥浆泵吸起，经浮动输泥管运至岸上或运泥船。

（3）机械化施工的基本原则

①充分发挥主要机械的作业。

②挖运机械应根据工作特点配套选择。

③机械配套要有利于使用、维修和管理。

④加强维修管理工作，充分发挥机械联合作业的生产力，提高其时间利用系数。

⑤合理布置工作面，改善道路条件，减少连续运转时间。

（4）机械化施工方案选择

土石方工程量大，挖、运、填、压等多个工艺环节环环相扣，从而选择机械化施工方案通常应考虑以下原则：

①适应当地条件，保证施工质量，生产能力满足整个施工过程的要求。

②机械设备机动、灵活、高效、低耗、运行安全、耐久可靠。

③通用性强，能承担先后施工的工程项目，设备利用率高。

④机械设备要配套，各类设备均能充分发挥效率，尤其应注意充分发挥主导机械的效率。

⑤应从采料工作面、回车场地、路桥等级、卸料位置、坝面条件等方面创造相适应的条件，以便充分发挥挖、运、填、压各种机械的效能。

2.石方开挖方式

从水利工程施工的角度考虑，选择合理的开挖顺序，对加快工程进度和保障施工安全具有重要作用。

（1）开挖程序

水利水电的石方开挖，一般包括岸坡和基坑的开挖。岸坡开挖一般不受季节的限制，而基坑开挖则多在围堰的防护下施工，也是主体工程控制性的第一道工序。石方开挖程序及适用条件见表8-3。

表 8-3　石方开挖程序和适用条件

开挖程序	安排步骤	适用条件
自上而下开挖	先开挖岸坡，后开挖基坑；或先开挖边坡，后开挖底板	用于施工场地狭窄、开挖量大且集中的部位
自下而上开挖	先开挖下部，后开挖上部	用于施工场地较大、岸边（边坡）较低缓或岩石条件许可，并有可靠技术措施
上下结合开挖	岸坡与基坑，或边坡与底板上下结合开挖	用于有较宽阔的施工场地和可以避开施工干扰的工程部位
分期或分段开挖	照施工工段或开挖部位、高程等进行安排	用于分期导流的基坑开挖或有临时过水要求的工程项目

（2）开挖方式

1）基本要求

在开挖程序确定之后，根据岩石的条件、开挖尺寸、工程量和施工技术的要求，拟定合理的开挖方式，基本要求是：

①保证开挖质量以及施工安全。

②符合施工工期和开挖强度的要求。

③有利于维护岩体完整和边坡稳定性。

④可以充分发挥施工机械的生产能力。

⑤辅助工程量小。

3. 土石方开挖安全规定

土石方开挖作业的基本规定是：

第一，土石方开挖施工前，应掌握必要的工程地质、水文地质、气象条件、环境因素等勘测资料，根据现场的实际情况，制订施工方案。施工中应遵循各项安全技术规程和标准，按施工方案组织施工，在施工过程中注重加强对人、机、物、料和环等因素的安全控制，保证作业人员、设备的安全。

第二，开挖过程中应注意工程地质的变化，遇到不良地质构造和存在事故隐患的部位应及时采取防范措施，并设置必要的安全围栏及警示标志。

第三，开挖程序应遵循自上而下的原则，并采取有效的安全措施。

第四，开挖过程中，应采取有效的截水、排水措施，防止地表水和地下水影响开挖作业和施工安全。

第五，应合理确定开挖边坡比，及时制订边坡支护方案。

三、土石方爆破

（一）一般规定

第一，土石方爆破工程应该由具有相应爆破资质和安全生产许可证的企业承担。

爆破作业人员应取得有关部门颁发的资格证书，做到持证上岗。爆破工程作业现场应由具有相应资格的技术人员负责指导施工。

第二，爆破前应对爆区周围的自然条件和环境状况进行了调查，了解危及安全的不利环境因素，采取必要的安全防范措施。

第三，爆破作业环境有下列情况时，严禁进行爆破作业

①爆破可能产生不稳定边坡、滑坡、崩塌的危险；

②爆破可能危及建（构）筑物、公共设施或人员的安全；

③恶劣天气条件下。

第四，爆破作业环境有下列情况时，不应进行爆破作业：

①药室或炮孔温度异常，而无有效针对措施；

②作业人员和设备撤离通道不安全或堵塞。

第五，装药工作应遵守下列规定：

①装药前应对药室或炮孔进行清理和验收；

②爆破装药量应根据实际地质条件和测量资料计算确定；当炮孔装药量与爆破设计量差别较大时，应经爆破工程技术人员核算同意后才能调整；

③应使用木质或竹质炮棍装药；

④装起爆药包、起爆药柱和敏感度高的炸药时，严禁投掷或冲击；

⑤装药深度和装药长度应符合设计要求；

⑥装药现场严禁烟火和使用手机。

第六，填塞工作应遵守下列规定：

①装药后必须保证填塞质量，深孔或浅孔爆破不得采用无填塞爆破；

②不得使用石块和易燃材料填塞炮孔；

③填塞时不得破坏起爆线路；发现有填塞物卡孔时应及时进行处理；

④不得用力捣固直接接触药包的填塞材料或用填塞材料冲击起爆药包；

⑤分段装药的炮孔，其间隔填塞长度应按设计要求执行。

第七，严禁硬拉或拔出起爆药包中的导爆索、导爆管或电雷管脚线。

第八，爆破警戒范围由设计确定。在危险区边界，应设有明显标志，并派出警戒人员。

第九，爆破警戒时，应确保指挥部、起爆站以及各警戒点之间有良好的通信联络。

第十，爆破后应检查有无盲炮及其他险情。当有盲炮及其他险情时，应及时上报并处理，同时在现场设立危险标志。

（二）作业要求

主要介绍了浅孔爆破、深孔爆破以及光面爆破或预裂爆破三种爆破方法的作业要求。

1.浅孔爆破

第一，浅孔爆破宜采用台阶法爆破。在台阶形成之前进行爆破时应加大警戒范围。

第二，装药前应进行验孔，对于炮孔间距和深度偏差大于设计允许范围的炮孔，

应由爆破技术负责人提出处理意见。

第三，装填的炮孔数量，应以当天一次爆破为限。

第四，起爆前，现场负责人应对防护体和起爆网路进行检查，并对不合格处提出整改措施。

第五，起爆后，应至少 5 min 后方可进入爆破区检查。当发现有问题时，应立即上报并提出处理措施。

2. 深孔爆破

第一，深孔爆破装药前必须进行验孔，同时应将炮孔周围（半径 0.5 m 范围内）的碎石、杂物清除干净；对孔口岩石不稳固者，应进行维护。

第二，有水炮孔应使用抗水爆破器材。

第三，装药前应对第一排各炮孔的最小抵抗线进行测定，当有比设计最小抵抗线差距较大的部位时，应采取调整药量或间隔填塞等相应的处理措施，使其符合设计要求。

第四，深孔爆破宜采用电爆网路或导爆管网路起爆，大规模深孔爆破应预先进行网路模拟试验。

第五，在现场分发雷管时，应认真检查雷管的段别编号，并应由有经验的爆破工和爆破工程技术人员连接起爆网路，并经现场爆破和设计负责人检查验收。

第六，装药和填塞过程中，应保护好起爆的网路；当发生装药卡堵时，不得用钻杆捣捅药包。

第七，起爆后，应至少经过 15 min 并等待炮烟消散后方可进入爆破区检查。当发现问题时，应立即上报并提出处理措施。

3. 光面爆破或预裂爆破

第一，高陡岩石边坡应采用光面爆破或预裂爆破开挖。钻孔、装药等作业应在现场爆破工程技术人员指导监督下，由熟练爆破工来操作。

第二，施工前应做好测量放线和钻孔定位工作，钻孔作业应做到"对位准、方向正、角度精"。

第三，光面爆破或预裂爆破宜采用不耦合装药，应按设计装药量、装药结构制作药串。药串加工完毕后应标明编号，并按药串编号送入相应炮孔内。

第四，填塞时应保护好爆破引线，填塞质量应符合设计要求。

第五，光面（预裂）爆破网路采用导爆索连接引爆时，应对裸露地表的导爆索进行覆盖，降低爆破冲击波和爆破噪声。

（三）土石方爆破的安全防护及器材管理

第一，爆破安全防护措施、盲炮处理和爆破安全允许距离应按现行国家标准《爆破安全规程》（GB 6722）的相关规定执行。

第二，爆破器材的采购、运输、贮存、检验、使用和销毁应按现行国家标准《爆破安全规程》（GB 6722）的有关规定。

三、土石方填筑

（一）土石方填筑的一般要求

第一，土石方填筑应按施工组织设计进行施工，不应危及周围建筑物的结构或施工安全，不应危及相邻设备、设施的安全运行。

第二，填筑作业时，应注意保护相邻的平面、高程控制点，防止碰撞造成移位及下沉。

第三，夜间作业时，现场应有足够照明，在危险的地段设置明显的警示标志和护栏。

（二）陆上填筑应遵守的规定

第一，用于填筑的碾压、打夯设备，应按照厂家说明书规定操作和保养，操作者应持有效的上岗证件。进行碾压、打夯时应有专人负责指挥。

第二，装载机、自卸车等机械作业现场应设专人指挥，作业范围内不应有人平土。

第三，电动机械运行，应严格执行"三级配电两级保护"和"一机、一闸、一漏、一箱"要求。

第四，人力打夯时工作人员精神应集中，动作应一致。

第五，基坑（槽）土方回填时，应先检查坑、槽壁的稳定情况，用小车卸土不应撒把，坑、槽边应设横木车挡。卸土时，坑槽内不应有人。

第六，基坑（槽）的支撑，应根据已回填的高度，按施工组织设计要求依次拆除，不应提前拆除坑、槽内的支撑。

第七，基础或管沟的混凝土、沙浆应达到一定的强度，当其不受损坏时方可进行回填作业。

第八，已完成的填土应将表面压实，且宜做成一定的坡度以利于排水。

第九，雨天不应进行填土作业。如需施工，应分段尽快完成，且宜采用碎石类土和沙土、石屑等填料。

第十，基坑回填应分层对称，防止造成一侧压力，引起不平衡，破坏基础或构筑物。

第十一，管沟回填，应从管道两边同时进行填筑并夯实。填料超过管顶0.5m厚时，方可用动力打夯，不宜用振动辗压实。

（三）水下填筑应遵守的规定：

第一，所有施工船舶航行、运输、驻位、停靠等应参照水下开挖中船舶相关操作规程的内容执行。

第二，水下填筑应按设计要求和施工组织设计确定施工程序。

第三，船上作业人员应穿救生衣、戴安全帽，并经过水上作业安全技术的培训。

第四，为了保证抛填作业安全及抛填位置的准确率，宜选择在风力小于3级、浪高小于0.5m的风浪条件下进行作业。

第五，水下埋坡时，船上测量人员和吊机应配合潜水员，按"由高到低"的顺序进行埋坡作业。

四、土石方施工安全防护设施

（一）土石方开挖施工的安全防护设施

1. 土石方明挖施工应符合的要求：

第一，作业区应有足够的设备运行场地和施工人员通道。

第二，悬崖、陡坡、陡坎边缘应有防护围栏或明显警告标志。

第三，施工机械设备颜色鲜明，灯光、制动、作业信号、警示装置齐全可靠。

第四，凿岩钻孔宜采用湿式作业，若采用干式作业必须有捕尘装置。

第五，供钻孔用的脚手架，必须设置牢固的栏杆，开钻部位的脚手板必须铺满绑牢，架子结构应符合有关的规定。

2. 在高边坡、滑坡体、基坑、深槽及重要建筑物附近开挖，应有相应可靠防止坍塌的安全防护和监测措施

3. 在土质疏松或较深的沟、槽、坑、穴作业时应设置可靠的挡土护栏或固壁支撑

4. 坡高大于 5 m、小于 100 m，坡度大于 45°的低、中、高边坡和深基坑开挖作业，应符合的规定

（1）清除设计边线外 5 m 范围内的浮石、杂物。

（2）修筑坡顶截水天沟。

（3）坡顶应设置安全防护栏或防护网，防护栏高度不得低于 2 m，护栏材料宜采用硬杂圆木或竹跳板，圆木直径不得小于 10cm。

（4）坡面每下降一层台阶应进行一次清坡，对不良地质构造应采取有效防护措施。

5. 坡高大于 100 m 的超高边坡和坡高大于 300m 的特高边坡作业，应符合的规定

第一，边坡开挖爆破时应做好人员撤离和设备防护工作。

第二，边坡开挖爆破完成 20 min 后，由专业爆破工进入爆破现场进行爆后检查，存在哑炮及时处理。

第三，在边坡开挖面上设置人行及材料运输专用通道。在每层马道或栈桥外侧设置安全栏杆，并布设防护网以及挡板。安全栏杆高度要达到 2 m 以上，采用竹夹板或木板将马道外缘或底板封闭。施工平台应专门设置安全防护围栏。

第四，在开挖边坡底部进行预裂孔施工时，应用竹夹板或木板做好上下立体防护。

第五，边坡各层施工部位移动式管及线应避免交叉布置。

第六，边坡施工排架在搭设及拆除前，应详细进行技术交底和安全交底。

第七，边坡开挖、甩渣、钻孔产生的粉尘浓度按规定进行控制。

6. 隧洞洞口施工应符合下列要求

第一，有良好的排水措施。

第二，应及时清理洞脸，及时锁口。在洞脸边坡外侧应设置挡渣墙或积石槽，或在洞口设置网或木构架防护棚，其顺洞轴方向伸出洞口外长度不得小于 5 m。

第三，洞口以上边坡和两侧岩壁不完整时，应采用喷锚支护或混凝土永久支护等措施。

7. 洞内施工应符合下列规定：

第一，在松散、软弱、破碎、多水等不良地质条件下进行施工，对洞顶、洞壁应采用锚喷、预应力锚索、钢木构架或混凝土衬砌等围岩支护措施。

第二，在地质构造复杂、地下水丰富的危险地段以及洞室关键地段，应根据围岩监测系统设计和技术要求，设置收敛计、测缝计、轴力计等监测仪器。

第三，进洞深度大于洞径 5 倍时，应采取机械通风措施，送风能力必须满足施工人员正常呼吸需要 $[3m^3/(人•min)]$，并能满足冲淡、排除爆炸施工产生的烟尘需要。

第四，凿岩钻孔必须采用湿式作业。

第五，设有爆破后降尘喷雾洒水设施。

第六，洞内使用内燃机施工设备，应配有废气净化装置，不得使用汽油发动机施工设备。

第七，洞内地面保持平整、不积水、洞壁下边缘应设排水沟。

第八，应定期检测洞内粉尘、噪声、有毒气体。

第九，开挖支护距离：Ⅱ类围岩支护滞后开挖 10 ～ 15 m，Ⅲ类围岩支护滞后开挖 5 ～ 10m，Ⅳ类、Ⅴ类围岩支护紧跟掌子面。

第十，相向开挖的两个工作面相距 30 m 爆破时，双方人员均需撤离工作面。相距 15 m 时，应停止一方工作。

第十一，爆破作业后，应安排专人负责及时清理洞内掌子面、洞顶及周边的危石。遇到有害气体、地热、放射性物质时，必须采取专门措施并设置报警的装置。

8.斜、竖井开挖应符合下列要求

第一，及时进行锁口。

第二，井口设有高度不低于 1.2m 的防护围栏。围栏底部距 0.5m 处应全封闭。

第三，井壁应设置人行爬梯。爬梯应锁定牢固，踏步平齐，设有拱圈和休息平台。

第四，施工作业面与井口应有可靠的通信装置及信号装置。

第五，井深大于 10 m 应设置通风排烟设施。

第六，施工用风、水、电管线应沿井壁固定牢固。

（二）爆破施工安全防护设施

第一，工程施工爆破作业周围 300 m 区域为危险区域，危险区域内不得有非施工生产设施。对危险区域内的生产设施设备应采取有效的防护措施。

第二，爆破危险区域边界的所有通道应设有明显的提示标志或标牌，标明规定的爆破时间和危险区域的范围。

第三，区域内设有有效的音响和视觉警示装置，使危险区内人员都能够清楚地听到和看到警示信号。

（三）土石方填筑施工安全防护设施

第一，土石方填筑机械设备的灯光、制动、信号、警告装置齐全可靠。

第二，截流填筑应设置水流流速监测设施。

第三，向水下填掷石块、石笼的起重设备，必须锁定牢固，人工抛掷应有防止人员坠落的措施和应急施救措施。

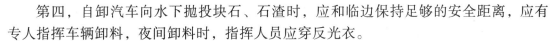

第四，自卸汽车向水下抛投块石、石渣时，应和临边保持足够的安全距离，应有专人指挥车辆卸料，夜间卸料时，指挥人员应穿反光衣。

第五，作业人员应穿戴救生衣等防护用品。

第六，土石方填筑坡面碾压、夯实作业时，应设置边缘警戒线，设备、设施必须锁定牢固，工作装置应有防脱、防断措施。

第七，土石方填筑坡面整坡、砌筑应设置人行通道，双层作业设置遮挡护栏。

第三节　边坡工程施工

一、边坡稳定因素

边坡工程是为满足工程需要而对自然边坡和人工边坡进行改造的工程，根据边坡对工程影响的时间差别，可分为永久边坡和临时边坡两类；根据边坡与工程的关系，可分为建、构筑物地基边坡、邻近边坡和影响较小的延伸边坡。

（一）边坡稳定因素

边坡失稳坍塌的实质是边坡土体中的剪应力大于土的抗剪强度。凡能影响土体中的剪应力、内摩擦力和凝聚力的，都能影响边坡的稳定。

1. 土类别的影响

不同类别的土，其土体的内摩擦力和凝聚力不同。例如沙土的凝聚力为零，只有内摩擦力，靠内摩擦力来保持边坡的稳定平衡；而黏性土则同时存在内摩擦力与凝聚力。所以不同的土能保持其边坡稳定的最大坡度不同。

2. 土的含水率的影响

土内含水越多，土壤之间产生润滑作用越强，内摩擦力和凝聚力降低，因而土的抗剪强度降低，边坡就越容易失稳。同时，含水率增加，使土的自重增加，裂缝中产生静水压力，增加了土体的内剪应力。

3. 气候的影响

气候使土质变软或变硬，如冬季冻融又风化，可降低土体的抗剪强度。

4. 基坑边坡上附加荷载或者外力的影响

使土体的剪应力大大增加，甚至超过土体的抗剪强度，使边坡失去稳定从而塌方。

（二）土方边坡的最陡坡度

为了防止塌方，保证施工安全，当土方达到一定深度时，边坡应做成一定的深度，土石方边坡坡度的大小和土质、开挖深度、开挖方法、边坡留置时间的长短、排水情况、附近堆积荷载有关。开挖深度越深，留置时间越长，边坡应设计得平缓一些，反之则可陡一些。边坡可以做成斜坡式，亦可做成踏步式。地下水位低于基坑（槽）或管沟底面标高时，挖方深度在 5 m 内，不加支撑的边坡的最陡坡度应符合表 8-4 的规定。

表 8-4　土石方边坡坡度规定

土的类型	边坡坡度（高：宽）		
	坡顶无荷载	坡顶有静载	坡顶有动载
中密的沙土	1：1.00	1：1.25	1：1.50
中密的碎石类土	1：0.75	1：1.00	1：1.25
硬塑的轻亚黏土	1：0.67	1：0.75	1：1.00
中密的碎石类土（充填物为黏性土）	1：0.50	1：0.67	1：0.75
硬塑的亚黏土、黏土	1：0.33	1：0.50	1：0.67
老黄土	1：0.10	1：0.25	1：0.33
软土（经井点降水后）	1：1.00		

（三）挖方直壁不加支撑的允许深度

土质均匀且地下水位低于基坑（槽）或管沟的底面标高时，其边坡可做成直立壁不加支撑，挖方深度应根据土质来确定，最大深度见表 8-5。

表 8-5　基坑（槽）做成直立壁不加支撑的深度规定

土的类别	挖方深度 /m
密实、中密的沙土和碎石类土（充填物为沙土）	1.00
硬塑、可塑的轻亚黏土及亚黏土	1.25
硬塑、可塑的黏土和碎石类土（充填物为黏性土）	1.50
坚硬的黏土	2.00

二、边坡支护

在基坑或者管沟开挖时，常因受场地的限制不能放坡，或者为了减少挖填的土石方量，工期以及防止地下水渗入等要求，通常采用设置支撑和护壁的方法。

（一）边坡支护的一般要求

第一，施工支护前，应根据地质条件、结构断面尺寸、开挖工艺、围岩暴露时间等因素进行支护设计，制订详细的施工作业指导书，并向施工作业人员进行交底。

第二，施工人员作业前，应认真检查施工区的围岩稳定情况，需要时应进行安全处理。

第三，作业人员应根据施工作业指导书的要求，及时地进行支护。

第四，开挖期间和每茬炮后，都应对支护进行检查维护。

第五，对不良地质地段的临时支护，应结合永久性支护进行，即在不拆除或部分拆除临时支护的条件下，进行永久性支护。

第六，施工人员作业时，应佩戴防尘口罩、防护眼镜、防尘帽、安全帽、雨衣、雨裤、长筒胶靴和乳胶手套等劳保用品。

（二）锚喷支护

锚喷支护应遵守下列规定：

第一，施工前，应通过现场试验或依工程类比法，确定合理的锚喷支护参数。

第二，锚喷作业的机械设备，应布置在围岩稳定或已经支护的安全地段。

第三，喷射机、注浆器等设备，应在使用前进行安全检查，必要时应在洞外进行密封性能和耐压试验，满足安全要求后方可使用。

第四，喷射作业面，应采取综合防尘措施降低粉尘的浓度，采用湿喷混凝土。有条件时，可设置防尘水幕。

第五，岩石渗水较强的地段，喷射混凝土之前应设法把渗水集中排出。喷后应钻排水孔，防止喷层脱落伤人。

第六，凡锚杆孔的直径大于设计规定的数值时，不应安装锚杆。

第七，锚喷工作结束后，应指定专人检查锚喷质量，若喷层厚度有脱落、变形等情况，应及时处理。

第八，沙浆锚杆灌注浆液时应遵守下列规定：

①作业前应检查注浆罐、输料管及注浆管是否完好。

②注浆罐有效容积应不小于 $0.02m^3$，其耐力不应小于 0.8MPa（$8kg/cm^2$），使用前应进行耐压试验。

③作业开始（或中途停止时间超过 30min）时，应用水或 0.5～0.6 水灰比的纯水泥浆润滑注浆罐及其管路。

④注浆工作风压应逐渐升高。

⑤输料管应连接紧密、直放或大弧度拐弯不应有回折。

⑥注浆罐与注浆管的操作人员应相互配合，连续进行注浆作业，罐内储料应保持在罐体容积的 1/3 左右。

第九，喷射机、注浆器、水箱、油泵等设备，应安装压力表以及安全阀，使用过程中如发现破损或失灵时，应立即更换。

第十，施工期间应经常检查输料管、出料弯头、注浆管以及各种管路的连接部位，如发现磨薄、击穿或连接不牢等现象，应立即处理。

第十一，带式上料机及其他设备外露的转动和传动部分，应设置保护罩。

第十二，施工过程中进行机械故障处理时，应停机、断电、停风；在开机送风、送电之前应预先通知有关的作业人员。

第十三，作业区内严禁在喷头和注浆管前方站人；喷射作业的堵管处理，应尽量采用敲击法疏通，若采用高压风疏通时，风压不应大于 0.4MPa（$4kg/cm^2$），并将输料管放直，握紧喷头，喷头不应正对有人的方向。

第十四，当喷头(或注浆管)操作手和喷射机(或注浆器)操作人员不能直接联系时，应有可靠的联系手段。

第十五，预应力锚索和锚杆的张拉设备应安装牢固，操作方法应符合有关规程的规定。正对锚杆或锚索孔的方向严禁站人。

第十六，高度较大的作业台架安装，应牢固可靠，设置栏杆；作业人员应系安全带。

第十七，竖井中的锚喷支护施工应遵守下列规定：

①采用溜筒运送喷混凝土的干混合料时，井口溜筒喇叭口周围应封闭严密。

②喷射机置于地面时，竖井内输料钢管宜用法兰联结，悬吊应垂直固定。

③采取措施防止机具、配件和锚杆等物件掉落伤人。

第十八，喷射机应密封良好，从喷射机排出的废气应进行妥善处理。

第十九，宜适当减少锚喷操作人员进行连续作业时间，定期进行健康体检。

（三）构架支撑

构架支撑包括木支撑、钢支撑、钢筋混凝土支撑及混合支撑，其架设应遵守下列规定：

1. 采用木支撑的应严格检查木材质量

2. 支撑立柱应放在平整岩石面上，应挖柱窝

3. 支撑和围岩之间，应用木板、楔块或小型混凝土预制块塞紧

4. 危险地段，支撑应跟进开挖作业面；必要时，可采取超前固结的施工方法

5. 预计难以拆除的支撑应采用钢支撑

6. 支撑拆除时应有可靠的安全措施

支撑应经常检查，发现杆件破裂、倾斜、扭曲、变形和其他异常征兆时，应仔细分析原因，采取可靠措施进行处理。

第四节 坝基开挖施工技术

一、坝基开挖的特点

进行岩基开挖，通常是在充分明确坝址的工程地质资料、明确水工设计要求的基础上，结合工程的施工条件，由地质、设计、施工几方面的人员一起进行研究，确定坝基的开挖深度、范围及开挖形态。如发现重大问题，应及时协商处理，修改设计，报上级审批。

在水利水电工程中坝基开挖的工程量达数万立方米，甚至达数十万、百万立方米，需要大量的机械设备（钻孔机械、土方挖运机械等）、器材、资金和劳力，工程地质复杂多变，如节理、裂隙、断层破碎带、软弱夹层及滑坡等，还受河床岩基渗流的影响和洪水的威胁，需占用相当长的工期，从开挖程序来看属多层次的立体开挖作业。因此，经济合理的坝基开挖方案及挖运组织，对于安全生产和加快工程进度具有重要的意义。

二、坝基开挖的程序

岩基开挖要保证质量，加快施工进度，做到安全施工，必须要按照合理的开挖程序进行。开挖程序因各工程的情况不同而不尽统一，但一般都要以人身安全为原则，

遵守自上而下、先岸后坡基坑的程序进行，即按事先确定的开挖范围，从坝基轮廓线的岸坡部分开始，自上而下、分层开挖，直到坑基。

对大、中型工程来说，当采用河床内导流分期施工之时，往往是先开挖围护段一侧的岸坡，或者坝头开挖与一期基坑开挖基本上同时进行，而另一岸坝头的开挖在最后一期基坑开挖前基本结束。

对中、小型工程，由于河道流量小，施工场地紧凑，常采用一次断流围堰（全段围堰）施工。一般先开挖两岸坝头，后进行河床部分基坑开挖。对于顺岩层走向的边坡、滑坡体和高陡边坡的开挖，更应按照开挖程序进行开挖。开挖前，首先要把主要地质情况弄清，对可疑部位及早开挖暴露并提出处理措施。对一些小型工程，为了赶工期也有采用岸坡、河床同时开挖的。这时由于上下分层作业，施工干扰大，应特别注意施工安全。

河槽部分采用分层开挖逐步下降的方法。为了增加开挖工作面，扩大钻孔爆破的效果，提高挖运机械的工作效率，解决开挖施工中的基坑排水问题，通常要选择合适的部位先抽槽，即开挖先锋槽。先锋槽的平面尺寸以便于人工或机械装运出渣为度，深度不大于 2/3（即预留基础保护层），然后就利用此槽壁作为爆破自由面，在其两侧布设有多排炮孔进行爆破扩大，依次逐层进行。当遇有断层破碎带，应顺断层方向挖槽，以便及早查明情况，作出处理方案。抽槽的位置一般选在地形低较、排水方便及容易引入出渣运输道路的部位，也可结合水工建筑物的底部轮廓，如布置，但截水槽、齿槽部位的开挖应做专题爆破设计。尤其对基础防渗、抗滑稳定起控制作用的沟槽，更应慎重地确定其爆破参数，以防因为爆破原因而对基岩产生破坏。

三、坝基开挖的深度

坝基开挖深度，通常是根据水工要求按照岩石的风化程度（强风化、弱风化、微风化和新鲜岩石）来确定的。坝基一般要求岩基的抗压强度约为最大主应力的 20 倍左右，高坝应坐落在新鲜微风化下限的完善基岩上，中坝应建在微风化的完整基岩上，两岸地形较高部位的坝体及低坝可建在弱风化下限的基岩上。

岩基开挖深度，并非一挖到新鲜岩石就可以达到设计要求，有时为了满足水工建筑物结构形式的要求，还须在新鲜岩石中继续下挖。如高程较低的大坝齿槽、水电站厂房的尾水管部位等，有时为了减少在新鲜岩石上的开挖深度，可提出改变上部结构形式，以减少开挖工程量。

总之，开挖深度并不是一个多挖几米或少挖几米的问题，而是涉及大坝的基础是否坚实可靠、工程投资是否经济合理、工期和施工强度有无保证的大问题。

四、坝基开挖范围的确定

一般水工建筑物的平面轮廓就是岩基底部开挖的最小轮廓线。实际开挖时，由于施工排水、立模支撑、施工机械运行以及道路布置等原因，常需适当扩挖，扩挖的范围视实际需要而定。

实际工程中扩挖的距离，有从数米到数十米的。

坝基开挖的范围必须充分考虑运行和施工的安全。随着开挖高程的下降，对坡（壁）面应及时测量检查，防止欠挖，并避免在形成高边坡后再进行坡面处理。开挖的边坡一定要稳定，要防止滑坡和落石伤人。如果开挖的边坡太高，可在适当的高程设置平台和马道，并修建挡渣墙和拦渣栅等相应的防护措施。近年来，随着开挖爆破技术的发展，工程中普遍采用预裂爆破来解决和改善高边坡的稳定问题。在多雨地区，应十分注意开挖区的排水问题，防止由于地表水的侵蚀，引起新的边坡失稳问题。

开挖深度和开挖范围确定之后，应绘出开挖纵、横断面及地形图，作为基础开挖施工现场布置的依据。

五、开挖的形态

重力坝坝段，为了维持坝体稳定，避免应力集中，要求开挖以后基岩面比较平整，高差不宜太大，并尽可能略向上游倾斜。

岩基岩面高差过大或向下游倾斜，宜开挖成一定宽度的平台。平台面应避免向下游倾斜，平台面的宽度以及相邻平台之间的高差应与混凝土浇筑块的尺寸协调。通常在一个坝段中，平台面的宽度约为坝段宽度的1/3左右。在平台较陡的岸坡坝段，还应根据坝体侧向稳定的要求，在坝轴线的方向也开挖成一定宽度的平台。

拱坝要径向开挖，因此岸坡地段的开挖面将会倾向下游。在这种情况下，沿径向也应设置开挖平台。拱座面的开挖，应与拱的推力方向垂直，以保证按设计要求使拱的推力传向两岸岩体。

支墩坝坝基同样要求开挖比较平整，并略向上游倾斜。支墩之间高差变大时，应该使各支墩能够坐落在各自的平台上，并在支墩之间用来回填混凝土或支墩墙等结构措施加固，以维护支墩的侧向稳定。

遇有深槽或凹槽以及断层破碎带情况时，应做专门的研究，一般要求挖去表面风化破碎的岩层以后，用混凝土将深槽或凹槽以及断层破碎带填平，使回填的混凝土形成混凝土塞和周围的基岩一起作为坝体的基础。为了保证混凝土塞和周围基岩的结合，还可以辅以锚筋和接触灌浆等加固措施。

六、坝基开挖的深层布置

（一）坝基开挖深度

一般是根据工程设计提出的要求来确定的。在工程设计中，不同的坝高对基岩的风化程度的要求也不一样：高坝应坐落在新鲜微风化下限的完整基岩之上；中坝应建在微风化的完整基岩上；两岸地形较高部位的坝体及低坝可建在弱风化下限的基岩上。

（二）坝基开挖范围

在坝基开挖时，因排水、立模、施工机械运行及施工道路布置等原因，使得开挖范围比水工建筑物的平面轮廓尺寸略大一些，若岩基底部扩挖的范围应根据时间需要

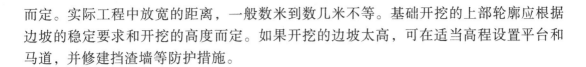

而定。实际工程中放宽的距离，一般数米到数几米不等。基础开挖的上部轮廓应根据边坡的稳定要求和开挖的高度而定。如果开挖的边坡太高，可在适当高程设置平台和马道，并修建挡渣墙等防护措施。

七、岩基开挖的施工

岩基开挖主要是用钻孔爆破，分层向下，留有一定保护层的方式再进行开挖。

坝基爆破开挖的基本要求是保证质量，注意安全，方便施工。

保证质量，就是要求在爆破开挖过程中防止由于爆破震动影响而破坏基岩，防止产生爆破裂缝或使原有的构造裂隙有所发展；防止由于爆破震动影响而损害已经建成的建筑物或已经完工的灌浆地段。为此，对坝基的爆破开挖提出了一些特殊的要求和专门的措施。

为保证基岩岩体不受开挖区爆破的破坏，应按留足保护层（系指在一定的爆破方式下，建筑物基岩面上预留的相应安全厚度）的方式进行开挖。当开挖深度较大时，可采用分层开挖。分层厚度可根据爆破方式、挖掘机械的性能等因素确定。

遇有不利的地质条件时，为防止过大震裂或滑坡等，爆破孔深和最大装药量应根据具体条件由施工、地质和设计单位共同研究，另行确定。

开挖施工前，应根据爆破对周围岩体的破坏范围及水工建筑物对基础的要求，确定垂直向和水平向保护层的厚度。

保护层以上的开挖，通常采用延长药包梯段爆破，或先进行平地抽槽毫秒起爆，创造条件再进行梯段爆破。梯段爆破应采用毫秒分段起爆，最大一段起爆药量应不大于 500 kg。

保护层的开挖，是控制基岩质量的关键。基本要求：

第一，如留下的保护层较厚，距建基面 1.5m 以上部分，仍可采用中（小）孔径且相应直接的药卷进行梯段毫秒爆破。

第二，紧靠建基面土 1.5m 以上的一层，采用手风钻钻孔，仍可用毫秒分段起爆，其最大一段起爆药量应不大于 300kg。

第三，建基面土 1.5m 以内的垂直向保护层，采用手风钻孔以及火花起爆，其药卷直径不得大于 32 ～ 36mm。

第四，最后一层炮孔，对于坚硬、完整岩基，可以钻至建基面终孔，但孔深不得超过 50cm；对于软弱、破碎岩基，要求留 20 ～ 30cm 的撬挖层。

在安排施工进度时，应避免在已浇的坝段和灌浆地段附近进行爆破作业，如无法避免时，则应有充分的论证和可靠的防震措施。

根据建筑物对基岩的不同要求和混凝土不同的龄期所允许的质点振速度值（即破坏标准），规定相应的安全距离和允许装药量。

在邻近建筑物的地段（10m 以内）进行爆破时，必须根据被保护对象的允许质点振动速度值，按该工程实例的振动衰减规律严格控制浅孔火花起爆的最小装药量。当装药量控制到最低程度仍不能满足要求时，应采取打防震孔或其他防震措施解决。

在灌浆完毕地段及其附近，如因特殊情况需要爆破时，只能进行少量的浅孔火花爆破。还应对灌浆区进行爆前和爆后的对比检查，必要时还须进行一定范围的补灌。

此外，为了控制爆破的地震效应，可采用限制炸药量或静态爆破的办法。也可采用预裂防震爆破、松动爆破、光面爆破等行之有效减震措施。

在坝基范围进行爆破和开挖，要特别注意安全。必须遵守爆破作业的安全规程。在规定坝基爆破开挖方案时，开挖程序要以人身安全为原则，应自上而下，先岸坡后河槽的顺序进行，即要按照事先确定的开挖范围，从坝基轮廓线的岸坡部分开始，自上而下，分层开挖，直到河槽，不得采用自下而上或造成岩体倒悬的开挖方式。但经过论证，局部宽敞的地方允许采用"自下而上"的方式，拱坝坝肩也允许采用"造成岩体倒悬"的方式。如果基坑范围比较集中，常有几个工种平行作业，在这种情况下，开挖比较松散的覆盖层和滑坡体，更应自上而下进行。如稍有疏忽，就可能造成生命财产的巨大损失，这是过去一些工程得到的经验教训，应引以为戒。

河槽部分也要分层、逐步下挖，为了增加开挖工作面，扩大钻孔爆破的效果，解决开挖施工时的基坑排水问题，通常要选择合适的部位，抽槽先进。抽槽形成后，再分层向下扩挖。抽槽的位置，一般选在地形较低，排水方便，容易引入出渣运输道路的部位，常可结合水工建筑物的底部轮廓，如截水槽、齿槽等部位进行布置。但截水槽、齿槽的开挖，应做专题爆破设计。特别对基础防渗、抗滑稳定起控制作用的沟槽，更应慎重地确定其爆破参数。

方便施工，就是要保证开挖工作的顺利进行，要及时做好排水工作。岸坡开挖时，要在开挖轮廓外围，挖好排水沟，将地表水引走。河槽开挖时，要配备移动方便的水泵，布量好排水沟和集水井，将基坑积水和渗水抽走。同时，还必须从施工进度安排、现场布置及各工种之间互相配合等方面来考虑，做到工种之间互相协调，使人工和设备充分发挥效率，施工现场井然有序以及开挖进度按时完成。为此，有必要根据设备条件将开挖地段分成几个作业区，每个作业区又划分几个工作面，按开挖工序组织平行流水作业，轮流进行钻孔爆破、出渣运输等工作。在确定钻孔爆破方法时，需考虑到炸落石块粒径的大小能够与出渣运输设备的容量相适应，尽量减少和避免二次爆破的工作量。出渣运输路线一端应直接连到各层的开挖工作面的下面，另一端应和通向上、下游堆渣场的运输干线连接起来。出渣运输道路的规划应该在施工总体布置中，尽可能结合场内交通半永久性施工道

路干线的要求一并考虑，以节省临时工程的投资。

基坑开挖的废渣最好能加以利用，直接运至使用地点或暂时堆放。因此，需要合理组织弃渣的堆放，充分利用开挖的土石方。这不但可以减少弃渣占地，而且还可以节约资金，降低工程造价。

不少工程利用基坑开挖的弃渣来修筑土石副坝和围堰，或将合格的沙石料加工成混凝土骨料，做到料尽其用。另外，在施工安排有条件时，弃渣还应结合农业上改地造田充分利用。为此，必须对整个工程的土石方进行全面规划，综合平衡，做到开挖和利用相结合。通过规划平衡，计算出开挖量中的使用量及弃渣量，均应有堆存和加工场地。弃渣的堆放场地，或利用于填筑工程的位置，应有沟通这些位置的运输道路，使其构成施工平面图的一个组成部分。

弃渣场地必须认真规划，并结合当地条件做出合理布局。弃渣不得恶化河道的水流条件，或造成下游河床淤积；不得影响围堰防渗，抬高尾水和堰前水位，阻滞水流；同时，还应注意防止影响度汛安全等情况的发生。特别需要指出的是：弃渣堆放场地还应力求不占压或少占压耕地，以免影响农业生产。临时堆渣区，应规划布置在非开挖区或不干扰后续作业的部位。

近年来，在岩石坝基开挖中，国内一些工程采用预裂爆破、扇形爆破开挖等新技术，获得了优良的开挖质量和较好的经济效应，目前正在日益广泛地推广应用。

第五节　岸坡开挖施工

一、分层开挖法

平原河流枢纽的岩坡较低较缓，其开挖施工方法与河床开挖无大的差别。高岸坡开挖方法大体上可分为分层（梯段）开挖法、深孔爆破开挖法和辐射孔开挖法三类。

这是应用最广泛的一种方法，即从岸坡顶部起分梯段逐层下降开挖。主要优点是施工简单，用一般机械设备可以进行施工。对爆破岩块大小和岩坡的振动影响均较容易控制。

岸坡开挖时如果山坡较陡，修建道路很不经济或根本不可能时，则可用竖井出渣或将石渣堆于岸坡脚下，即将道路通向开挖工作面是最简单的方法。

（一）道路出渣法

岸坡开挖量大时，采用此法施工，层厚度根据地质、地形和机械设备性能确定，一般不宜大于 15 m。如岸坡较陡，也可每隔 40 m 高差布置一条主干道（即工作平台）。上层爆破石渣抛弃工作平台或由推土机推至工作平台，进行二次转运。如岸坡陡峭，道路开挖工程量大，也要由施工隧洞通至各工作面。采用了预裂爆破或光面爆破形成岸坡壁面。

（二）竖井出渣法

当岸坡陡峭无法修建道路，而航运、过木或其他原因在截流前不允许将岩渣推入河床内时，可采用竖井出渣法。图 8-6 为意大利柳米耶坝坑道竖井出渣岸坡开挖图。工程施工时在截流前不允许将石渣抛入河床，而岸坡很陡无法修建道路时，岸坡开挖高度达 135 m 以上，右岸开挖量为 4.4 万 m^3，左岸为 1.8 万 m^3，左右岸均开挖有斜井，斜井与平洞相连通。上面用小间距钻孔爆破，使岩石成为小碎块，用推土机将其推入斜井内，再经平洞运走。这种方法一般应用在开挖量不太大的地方，当挖方量很大时，只能作为辅助设施。

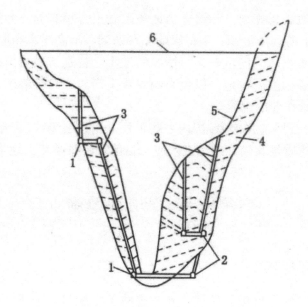

图 8-6 意大利柳米耶坝坑道竖井出渣岸坡开挖图
1—坑道；2—运输洞；3 竖井；4—开挖设计线；5—地面线；6—坝顶

（三）抛入河床法

这是一种由上而下的分层开挖法，无道路通至开挖面，而是用推土机或其他机械将爆破石渣推入河床内，再由挖掘机装汽车运走。这种方法应用较多，但是在河床允许截流前抛填块石的情况下才能运用。这种方法的主要问题是爆破前后机械设备均需撤出或进入开挖面，很多工程都是将浇筑混凝土的缆式起重机先装好，钻机和推土机均由缆机吊运。

一些坝因河谷较窄或岸坡较陡，石渣推入河床后，不能利用沿岸的道路出渣，只好开挖隧洞至堆渣处进行出渣。

（四）由下而上分层开挖

当岩石构造裂隙发育或地质条件等因素导致边坡难以稳定，不便采用由上而下的开挖法时，可考虑由下而上分层开挖，这种方法的优点主要是安全，混凝土浇筑时，应在上面留一定的空间，以便上层爆破时供石渣堆积。

二、深孔爆破开挖法

高岸坡用几十米的深孔一次或二三次爆破开挖，其优点是减少爆破出渣交替所耗时间，提高挖掘机械的时间利用率。钻孔可在前期进行，对加快工程建设有利，但深孔爆破技术复杂，难保证钻孔的精确度，装药、爆破都需要较好的设备以及措施。

三、辐射孔爆破开挖法

辐射孔爆破开挖法也是加快施工进度的一种施工方法，在矿山开采时使用较多。

为了争取工期，加快坝基开挖进度，一般采用辐射孔爆破开挖法。

高岸坡开挖时，为保证下部河床工作人员和机械安全，必须对岸坡采取防护措施。一般采用喷混凝土、锚杆和防护网等措施。喷混凝土是常用方法，不但可以防止块石掉落，对软弱易风化岩石还可起到防止风化与雨水湿化剥落的作用。锚杆用于岩石破碎或有构造裂隙可能引起大块岩体滑落的情况，从而保证安全。防护网也是常用的防护措施。防护网可贴岸坡安设，也可与岸坡垂直安设。外国常用的有尼龙网、有孔的金属薄板或钢筋网，多悬吊于锚杆之上。当与岸坡垂直安设时，应在相距一定高度处安设，以免高处落石击破防护网。

第九章　水质检测基础知识

一、水源

水是地球上分布最广的物质，占据着地球表面的四分之三，其构成了海洋、江河、湖泊以及积雪和冰川。另外，地层中还存在着大量的地下水，大气中也存在着相当多的水蒸气。地面水主要来自雨水，地下水主要来自地表水，而雨水又来自地面水和地下水的蒸发。所以，水在自然界中是不断循环的。

水分子（H_2O）是由两个氢原子和一个氧原子组成的，然而大自然中是没有纯的水的，因为水是一种溶解能力很强的溶剂，能溶解大气中、地表面和地下岩层里的许多物质。另外，也有一些不溶于水的物质会和水混合在一起。

火力发电厂用水的水源主要有两种：一种是地表水；另一种是地下水。地表水是指流动或静止在地表面的水，主要是江河、湖泊和水库水。海水虽属于地表水，但由于其特殊的水质，则另作介绍。天然水中除含有氧气和二氧化碳，还有其他多种多样的杂质，这些杂质按照其粒径大小可分为悬浮物、胶体和溶解物质三大类。

（一）悬浮物

颗粒直径约在 10^{-4}mm 以下的微粒，这类物质在水中是不稳定的，很容易被除去，水发生的浑浊现象都是由此类物质造成的。

（二）胶体

颗粒直径为 10^{-6} ~ 10^{-4}mm 的微粒，其许多分子和离子的集合体，有明显的表面活性，常常因吸附大量离子而带电，不易下沉。

（三）溶解物质

颗粒直径约在 10^{-6}mm 以下的微粒，大都是离子和一些溶解气体。呈离子状态的杂质主要有阳离子（钠离子、钾离子、钙离子、镁离子）、阴离子（氯离子、硫酸根、

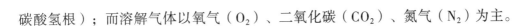

碳酸氢根）；而溶解气体以氧气（O_2）、二氧化碳（CO_2）、氮气（N_2）为主。

二、水中的溶解物质

（一）水中杂质的表示方法

1. 悬浮物的表示方法

悬浮物的量可以用质量方法用来测定（将水中悬浮物过滤、烘干后称量），通常用透明度或浑浊度（浊度）来代替。

2. 溶解盐类的表示方法

（1）含盐量

水中所含盐类的总和。

（2）蒸发残渣

水中不挥发物质的量。

（3）灼烧残渣

水在800℃下灼烧而得到的残渣。

（4）电导率

水导电能力大小的指标。

（5）硬度

硬度是用来表示水中某些容易形成垢类和在洗涤时容易消耗肥皂的物质。对于天然水来说，主要是指钙、镁离子。硬度按照水中存在的阴离子情况可划分为碳酸盐硬度和非碳酸盐硬度两类。

（6）碱度和酸度

碱度表示水中 OH^-、CO_3^{2-}、HCO_3^- 的含量以及其他一些弱酸盐类量的总和。碱度表示方法可分为甲基橙碱度以及酚酞碱度两种。酸度表示水中能与强酸起中和作用的物质的量。

3. 有机物的表示方法

有机物的量通常用耗氧量来表示。

（二）溶解物质

溶解物质是指颗粒直径小于 10^{-6}mm 的微粒，它们大都以离子或溶解气体的状态存在于水中，现概述如下：

1. 离子态杂质

天然水中含有的离子种类甚多，但在通常的情况下，它们总是一些常见的离子。天然水中离子态杂质来自水源经地层时溶解的某些矿物质，例如石灰石（$CaCO_3$）和石膏（$CaSO_4 \cdot 2H_2O$）的溶解。$CaCO_3$ 在水中的溶解度虽然很小，但当水中含有游离态 CO_2 时，$CaCO_3$ 会被转化为较易溶的 $Ca(HCO_3)_2$ 而溶于水中。其反应为：

$$CaCO_3 + CO_2 + H_2O = Ca(HCO_3)_2$$

含钠的矿石在风化过程中易于分解，并释放出 Na^+，所以地表水和地下水中普遍

含有 Na^+。因为钠盐的溶解度很高，在自然界中一般不存在 Na^+ 的沉淀反应，所以在高含盐量水中，Na^+ 是主要的阳离子。天然水中 K^+ 的含量远低于 Na^+，这是因为含钾的矿物比含钠的矿物抗风化能力大，所以 K^+ 比 Na^+ 较难转移至天然水中。由于在一般水中 K^+ 的含量不高，并且化学性质与 Na，相似，因此在水质分析中，常以（$K^+ + Na^+$）之和表示它们的含量，并取加权平均值 25 作为两者的摩尔质量。天然水中都含有 Cl^-，这是因为水流经地层时，溶解了其中的氯化物，所以 Cl^- 几乎存在于所有的天然水中。

2. 溶解气体

天然水中常见的溶解气体有氧气（O_2）和二氧化碳（CO_2），有时还有硫化氢（H_2S）、二氧化硫（SO_2）和氨（NH_3）等。

天然水中 O_2 的主要来源是大气中 O_2 的溶解，因为空气中含有 20.95% 的氧，水与大气接触使水具有自充氧的能力。另外，水中藻类的光合作用也会产生一部分 O_2，但这种光合作用并不是水体中 O_2 的主要来源，因为在白天靠这种光合作用产生的 O_2，又会在夜间的新陈代谢过程中被消耗掉。

地下水因不与大气相接触，O_2 的含量一般低于地表水，天然水的 O_2 含量一般为 $0 \sim 14$ mg / 1.

天然水中 CO_2 主要来自水中或泥土中有机物的分解或氧化，也有因地层深处进行的地质过程而生成的，其含量在每升几毫克至几百毫克之间。地表水的 CO_2 含量常为 $20 \sim 30$ mg / L，地下水的 CO_2 含量较高，有时会达到每升几百毫克。

天然水中的 CO_2 并非来自大气，而恰好相反，它会向大气析出，因为大气中 CO_2 的体积百分数只有 0.03% $\sim$ 0.04%，而其溶解度仅为 $0.5 \sim 1.0$ mg / 1.

3. 微生物

在天然水中还有许多微生物，其中属于植物界的有细菌类、藻类和真菌类；属于动物界的有鞭毛虫、病毒等原生动物。此外，还有属于高等植物的苔类和属于后生动物的轮虫、涤虫等。

三、天然水的分类

通常天然水有两种分类方法：一种是按主要的水质指标分，另一种是按水中盐类的组成分。天然水可以按其硬度或含盐量分类，因为这两种指标可以代表水受矿物质污染的程度。

我国天然水的水质由东南沿海的极软水向西北经软水和中等硬度水而递增至硬水。这里所谓的软水是指天然水硬度较低，不是指经软化处理后所获得的软化水。

四、电厂用水的类别

水在火力发电厂水汽循环系统中所经历过程不同，水质常有较大的差别。因此根据实用的需要，人们常给予这些水不同的名称。它们分别是原水、锅炉补给水、给水、锅炉水、锅炉排污水、凝结水、冷却水和疏水等。现分别简述如下：

（一）原水

原水也称为生水，是未经任何处理的天然水（如江河水、湖水、地下水等），它是电厂各种用水的水源。

（二）锅炉补给水

原水经过各种水处理工艺净化处理后，用来补充发电厂水、汽损失的水称之为锅炉补给水。按其净化处理方法的不同，又可分为软化水和除盐水等'

（三）给水

送进锅炉的水称为给水。给水主要由凝结水和锅炉补给水组成。

（四）锅炉水

在锅炉本体的蒸发系统中流动着的水称为锅炉水，习惯上简称为炉水。

（五）锅炉排污水

为了防止锅炉结垢和改善蒸汽品质，用排污的方法排出了一部分炉水，这部分排出的炉水称为锅炉排污水。

（六）凝结水

蒸汽在汽轮机中做功后，经冷却水冷却凝结成的水称为凝结水，它是锅炉给水的主要组成部分。

（七）冷却水

作为冷却介质的水称为冷却水。这里主要指用来冷却做功后的蒸汽的冷却水，如果该水循环使用，则称之为循环冷却水。

（八）疏水

将给水加热后进入加热器的蒸汽和这部分蒸汽冷却后形成的水，以及机组停行时，蒸汽系统中的蒸汽冷凝之后形成的水，都称为疏水。

在水处理工艺过程中，还有所谓的清水、软化水、除盐水及自用水等。

五、水质指标

所谓水质是指水和其中杂质共同表现出的综合特性，而表示水中的杂质个体成分或整体性质的项目，称为水质指标。

由于各种工业生产过程对水质的要求不同，因此采用的水质指标也有所差别。火力发电厂用水的水质指标有两类：一类是表示水中杂质离子组成的成分；另一类是表示某些化合物之和或某种性能，这些指标是由于技术上的需要而专门制定的，故称其为技术指标。

（一）表示水中悬浮物及胶体的指标

1. 悬浮固体

悬浮固体是水样在规定的条件下，经过滤可除去的固体，单位为毫克／升（mg／L）这项指标仅能表示水中颗粒较大的悬浮物，而不包括能穿透滤纸的颗粒／J、的悬浮物及胶体，所以仃较大的局限性。此指标的测定需要：将水样过滤，滤出的悬浮物需经烘干和称量等手续，操作麻烦不易作为现场的监督指标

2. 浊度

浊度是反映水中悬浮物和胶体含量的一个综合性指标，它是利用水中悬浮物和胶体颗粒对光的散射作用来表示其含量的一种指标，即表示水浑浊的程度。

浊度是通过专用仪器测定的，操作简便迅速。由于标准水样配制方法不同，所使用的单位也不相同，目前以硫酸肼（$N_2H_4 \cdot H_2SO_4$）和六次甲基四胺 [（CH_2）$_6N_4$] 配制成的浑浊液为标准，与水样进行比较测定，其单位用福马胜（FTU）表示。

3. 透明度

透明度是利用水中悬浮物和胶体物质的透光性来表示其含量的一种指标，即表示水透明程度的指标，单位为厘米(cm)。水的透明度与浊度成反比，水中悬浮物含量越高，其透明度越低。而由于透明度是通过人的眼睛观察水层厚度来确定水中悬浮物含量的，因此它带有人为的随意性。

（二）表示水中溶解盐类的指标

1. 含盐量

含盐量是表示水中各种溶解盐类的总和，由水质全分析的结果通过计算求出。含盐量有两种表示方法：一是摩尔表示法，即将水中各种阳离子（或阴离子）均按带一个电荷的离子为基本单位，计算其含量（单位为mmol／L），然后将它们（阳离子或阴离子）相加；二是重量表示法，即水中各种阴、阳离子的含量以mg／L为单位全部相加。由于水质全分析比较麻烦，因此常用溶解固体近似地表示或用电导率衡量水中含盐量的多少。

2. 溶解固体

溶解固体是将一定体积的过滤水样，经蒸干并在105℃～110℃下干燥至恒重所得到的蒸发残渣量，单位用毫克／升（mg／L）表示。它只能近似地表示水中溶解盐类的含量，因为在这种操作条件下，水中的胶体及部分有机物与溶解盐类一样能穿过滤纸，许多物质的湿分和结晶水不能除尽，而碳酸氢盐则全部转换为碳酸盐。

3. 电导率

表示水中离子导电能力大小的指标，称为电导率。因为溶于水的盐类都能电离出具有导电能力的离子，所以电导率是表征水中溶解盐类的一种代替指标。水越纯净，含盐量越小，电导率越小。

水电导率的大小除了与水中离子含量有关外，还和离子的种类有关，单凭电导率不能计算出水中含盐量。在水中离子的组成比较稳定的情况下，可以根据试验求得电导率与含盐量的关系，并将测得的电导率换算成含盐量。电导率的单位为微西／厘米

（μS／cm）。

（三）表示水中容易结垢物质的指标

表示水中容易结垢物质的指标是硬度，它们是指水中某些易于形成沉淀的，都是二价或二价以上的金属离子。在天然水当中，可以形成硬度的物质主要为钙、镁离子，所以常认为硬度就是水中这两种离子的含量。水中钙离子含量称钙硬（H_{Ca}），镁离子含量称镁硬（H_{Mg}），总硬度是指钙硬和镁硬之和，即 $H = H_{Ca} + H_{Mg} = \left[(1/2)Ca^{2+}\right] + \left[(1/2)\ M\right]$。根据 Ca^{2+}、Mg^{2+} 与阴离子组合形式的不同，又将硬度分为碳酸盐硬度和非碳酸盐硬度。

盐硬度（HT）是指水中钙、镁的碳酸盐及碳酸氢盐的含量。此类硬度在水沸腾时从溶液中析出而产生沉淀，所以有时也称为暂时硬度。非碳酸盐硬度（HF）是指水中钙、镁的硫酸盐、氯化物等的含量。因为这种硬度在水沸腾时不能析出沉淀，所以有时也称为永久硬度。硬度单位为毫摩尔／升（mmol／L），这是一种常见的表示物质浓度的方法，是我国的法定计量单位。

1. 表示水中碱性物质的指标

表示水中碱性物质的指标是碱度，碱度是表示水中可以用强酸中和的物质量。形成碱度的物质有：

（1）强碱

如 NaOH、Ca（OH）$_2$ 等，它们在水中全部以 OH$^-$ 形式存在。

（2）弱碱

如 NH$_3$ 的水溶液，它在水中部分以 OH$^-$ 形式存在。

（3）强碱弱酸盐类

如碳酸盐、磷酸盐等，它们水解时产生 OH$^-$。

在天然水中的碱度成分主要是碳酸氢盐，有时还有少量腐殖酸盐。水中常见的碱度形式是 OH$^-$、CO$_3^{2-}$ 和 HCO$_3^-$，当水中同时存在 HCO$_3^-$ 和 OH$^-$ 的时候，就发生的化学反应：

$$HCO_3^- + OH^- \rightarrow CO_3^{2-} + H_2O$$

故一般说水中不能同时含有 HCO$_3^-$；碱度和 OH$^-$ 碱度。根据这种假设，水中的碱度可能有五种不同的形式：只有 OH$^-$ 碱度；只有 CO$_3^{2-}$ 碱度；只有 HCO$_3^-$ 碱度；同时有（OH$^-$+CO$_3^{2-}$）碱度；同时有（CO$_3^{2-}$+HCO$_3^-$）碱度。

水中的碱度是用中和滴定法进行测定的，这时所用的标准溶液是 HCl 或 H$_2$SO$_4$ 溶液，酸和各种碱度成分的反应是：

0H$^-$+HJI?。

CO，”+II*—HCO;

HCO；+H+-^H2O+C02

如果水的 pH 值较高，并用酸滴定，上述三个反应将依次进行。当用甲基橙作指示剂时，因终点的 pH 值为 4.2，所以上述三个反应都可以进行到底，所测得的碱度是水的全碱度，也叫甲基橙碱度；如用酚酞作指示剂，终点的 pH 值为 8.3，则测得的是

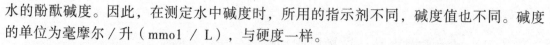

水的酚酞碱度。因此，在测定水中碱度时，所用的指示剂不同，碱度值也不同。碱度的单位为毫摩尔／升（mmol／L），与硬度一样。

2. 表示水中酸性物质的指标

表示水中酸性物质的指标是酸度，酸度是表示水中能用强碱中和的物质量。可能形成酸度的物质有：强酸、强酸弱碱盐、弱酸和酸式盐。

天然水中酸度的成分主要是碳酸，一般没有强酸酸度。水中酸度的测定是用强碱标准来滴定的。当所用指示剂不同时，所得到的酸度不同。如：用甲基橙作指示剂，测出的是强酸酸度。用酚酞作指示剂，测定的酸度除强酸酸度（如果水中有强酸酸度）外，还有 H_2CO_3 酸度，即 CO_2 酸度。水中酸性物质对碱的全部中和能力称为总酸度。

这里需要说明的是：酸度并不等于水中氢离子的浓度，水中氢离子的浓度常用 pH 值表示，其是指呈离子状态 H^+ 的数量；而酸度则表示在中和滴定过程中可以和强碱进行反应的全部 H^+ 的数量，其中包括原已电离的和将要电离的两个部分。

3. 表示水中有机物的指标

天然水中的有机物种类繁多，成分也很复杂，且分别是以溶解物、胶体和悬浮状态存在。因此很难进行逐类测定，通常是利用有机物比较容易被氧化这一特性，用某些指标间接地反映它的含量，如化学氧化、生物氧化和燃烧等三种氧化方法，并都是以有机物在氧化过程中所消耗氧化剂的数量来表示有机物可氧化程度的。

（1）化学耗氧量（COD）

在规定条件下，用氧化剂处理水样时，水样中有机物氧化所消耗氧化剂的量，即化学耗氧量。计算时折合为氧的质量浓度，简写代号为 COD，单位用 mg／L 表示。化学耗氧量越高，水中有机物越多。常采用的氧化剂有重铬酸钾和高锰酸钾，氧化剂不同，测得有机物的含量也不同。如用重铬酸钾 $K_2Cr_2O_7$ 作氧化剂，在强酸加热沸腾回流的条件下，以银离子作催化剂，可对水中 85%-95% 的有机物进行氧化，不能被完全氧化的是一些直链的、带苯环的有机物，但这种方法基本上能反映出水中有机物的总地、如用高锰酸钾作氧化剂，只能氧化约 70%，的比较容易氧化的有机物，并且有机物的种类不同，所得的结果也有很大差别，所以这项指标具有明显的相对性，目前它较多地用于轻度污染的天然水和清水的测定中。

（2）生化需氧量（BOD）

在特定条件下，水中的有机物和无机物进行生物氧化时所消耗溶解氧的量，即生化需氧量，单位也用 mg／L 表示。构成有机体的有机物大多是碳水化合物、蛋白质和脂肪等，其组成元素是碳、氢、氧、氮等，所以不论有机物的种类如何，有氧分解的最终产物总是二氧化碳、水和硝酸盐。

六、天然水中几种主要化合物的化学特性

天然水中含有的杂质种类虽然较多，但天然水中主要杂质的种类差不多是一致的，它们总是几种常见的化合物，所以在研究水的净化处理时，只需研究若干常见的化合物即可。

（一）碳酸化合物

碳酸和它的盐类统称为碳酸化合物，在天然水中尤其是在含盐量较低的水中，含量最大的化合物常常是碳酸化合物。而且，在自然界发生的自然现象中，如天然水对酸、碱的缓冲性，沉积的生成与溶解等，碳酸也常常起着非常重要的作用。

1.硅酸化合物

硅酸是一种比较复杂的化合物，它的形态多，在水中有离子态、分子态以及胶态。硅酸的通式为 $xSiO_2-)H_2O$。当 x 和 y 等于 1 时，分子式可写成 H_2SiO_3，称为偏硅酸；当 x=1，y=2 时，分子式为 H_4SiO_4，其为正硅酸；当 x＞1 时，硅酸呈聚合态，称多硅酸。当硅酸的聚合度增大时，它会由溶解态转化成胶态，当其浓度较大时，会呈凝胶状析出。

当水的 pH 值不是很高时，溶于水的二氧化硅主要是分子态的简单硅酸，至于这些溶于水的硅酸到底是正硅酸还是偏硅酸，还有待研究。因为硅酸通常显示出二元酸的性质，所以本书中均以偏硅酸来表示。硅酸的酸性很弱，电离度不大，所以当纯水中含有硅酸时不易用 pH 值或电离率检测出来。

当 pH 值增大到 9 时，二氧化硅的溶解度就明显增大，此时硅酸电离成 H_2SiO_3 的量增多，所以溶解的二氧化硅除生成硅酸外，还会生成大量的 $HSiO_3^-$，其反应方程式为：

$H_2SiO_3=HSiO_3^-+H^+$

当 pH 值较大且水中溶解的硅酸化合物较多时，它们会形成多聚体，其反应方程式为：

$4H_2SiO_3=H_6Si_4O_{12}^{2-}+2H^+$

在天然水中，硅酸化合物是常见的杂质。它来自水流经地层时和含有硅酸盐和铝硅酸盐岩石的反应。地下水的硅酸化合物含量通常比地面水多，天然水中硅酸化合物（以二氧化硅表示）含量为 1～20mg／L，地下水则有高达 60 mg／L 的。

硅酸化合物的形态会影响到它的测定方法。采用钼蓝比色法能测得的只是水中分子质量较低的硅酸化合物。至于分子质量较大的硅酸，有的不与钼酸反应，有的反应缓慢。根据此种反应能力不同，水中硅酸化合物可分成两类。那些能够直接用比色法测得的称为活性二氧化硅（简称活性硅），不能测得的称为非活性二氧化硅。

在火力发电厂中，水中硅酸化合物是有害的物质。当锅炉水中铝、铁和硅的化合物含量较高时，其会在热负荷很高的炉管内形成水垢。在高压锅炉中，硅酸会溶于蒸汽，随之被带出锅炉，最后沉积在汽轮机内所以硅酸化合物是水净化的主要对象之一。

2.铁化合物

在天然水中铁是常见的杂质。水中的铁有 Fe^{2+}、Fe^{3+} 两种。在深井中因溶解氧的浓度很小、pH 值较低，水中会有大量的 Fe^{2+}，且浓度高达 10 mg／L 以上时，这是因为常见的亚铁盐类的溶解度较大，Fe^{2+} 不易形成沉淀物。

当水中溶解氧浓度较大和 pH 值较高时，Fe^{2+} 会氧化成 Fe^{3+}，而 Fe^{3+} 的盐类很易水解，从而转变成 $Fe(OH)_3$ 沉淀物或胶体。

当 pH 值≥8 时，水中 Fe^{2+} 被溶解氧氧化的速度很快。在地表水中，由于溶解氧的含量较多，因此 Fe^{2+} 的量通常很小，但在含有腐殖酸的沼泽水中，Fe^{2+} 的量可能较多，因为这种水的 pH 值常接近于 4，Fe^{2+} 会与腐殖酸形成络合物，这种络合物不易被溶解氧氧化。在 pH 值为 7 左右的地表水中，通常只有含呈胶态氢氧化铁的铁。锅炉给水携带铁的氧化物会造成锅炉炉管内氧化铁垢的生成。

第二节 水的预处理

未经处理的水未进锅炉前需做除去水中杂质的工作，称为炉外水处理，也可以叫作补给水处理。据水中所含杂质种类不同，应采取不同的水处理方法。

对于水中较大的悬浮物来说，靠重力沉淀的方法就可以将其除掉，这种处理方式称为自然沉淀法。对于水中的胶体微粒来说，常采用向水中加入一些化学药品，使胶体颗粒凝聚沉淀，这种处理方式称为混凝沉淀法。对于溶于水中的盐类来说，可采用蒸馏法、离子交换法、电渗析法等。目前电厂多采用离子交换法。

一、混凝、沉淀的原理

混凝、沉淀过程一般是在澄清器内进行的。处理方法是：向水中加入混凝剂（硫酸铝、聚合铝和硫酸亚铁、氯化铁等）、石灰乳以及镁剂（菱苦土或白云粉）等化学药品。各种药品的作用如下：

（一）混凝剂的作用

混凝剂在水中的作用是：促使水中微小的悬浮物或胶体颗粒相互凝聚而形成大颗粒下沉。

（二）石灰乳的作用

石灰乳的成分是氢氧化钙。石灰乳加入水中可以提高水的 pH 值，有利于不溶性氢氧化物沉淀出来：

$Ca(OH)_2 + Ca(HCO_3)_2 -> 2CaCO_3 \downarrow + 2H_2O$。

$2Ca(OH)_2 + Mg(HCO_3)_2 -> 2CaCO + Mg(OH)_2$

上述化学反应的结果促使水的暂时硬度降低。

（3）镁剂的作用

镁剂的主要化学成分是氧化镁（MgO）。如果在进行石灰、混凝处理时，向水中加入镁剂，就会使氢氧化镁的沉淀物增多。除硅效果的好坏，除了必须加入适量的镁剂外，还与水的温度和 pH 值等有关的处理时最好的温度应为（40 ± 1）℃，pH 值应为 $10.1 \sim 10.3$。

二、混凝、沉淀设备及处理过程

能够利用混凝、沉淀的方法除掉水中悬浮物的沉淀设备叫作澄清池。目前水处理常见的澄清池有水力循环澄清池、机械搅拌澄清池、脉冲澄清池和泥渣悬浮澄清池等。各种澄清池尽管在结构上有差异，但它们的工作原理是相似的这里仅以悬浮澄清池为例来阐述澄清池的工作过程。

原水首先经过空气分离器把水中含有的空气分离出去。这样就可避免空气迎入澄清，池内搅动悬浮层，并把悬浮泥渣带出澄清池，进而破坏悬浮层的正常工作。

未含空气的水和各种药剂，经过喷嘴送入澄清池下部的混合区。由于混合区水流漩涡很强，可以使混凝剂与水充分混合。在混合区顶部装有水平和垂直的多孔隔板，从混合区出来的水继续向上流经多孔板时，多孔板既能使水得到进一步的混合，又能消除漩涡使其成为平稳水流，进而进入反应区。反应区是澄清器的中心部分，也是主要工作区当水进入反应区后，水中杂质逐渐凝聚成絮状悬浮物（称为泥渣），由泥渣组成的悬浮层对水能起过滤作用。

经过反应区悬浮层后的水，继续上升，进入过渡区。由于筒体截面逐渐增大，水的流速逐渐减小，进而使悬浮物与水分离。澄清池上部出水区截面最大，水在这里流速最低，于是水与悬浮物在此得到很好的分离。最后，澄清水由环形集水槽引出，送至清水箱。

澄清池的中央设有垂直圆形的排泥筒。沿着排泥筒的不同高度开有许多层窗口，多余的泥渣自动经排泥窗口进入浓缩器，经浓缩后的泥渣由底部排污管排入地沟。

浓缩器与集水槽之间设有回水导管。由于浓缩器和集水槽之间有水位差，使浓缩器上部的清水经加水导管送入集水槽，而悬浮层上部的水经排泥窗口进入浓缩器，同时带走了多余的泥渣，使悬浮层保持固定的高度。

三、过滤处理

生水经过混凝、沉淀处理后，虽然已将水中大部分悬浮物等杂质除掉，但是水中仍残留有 20 mg ／ L 左右的细小悬浮颗粒，需要进一步处理

除去残留的悬浮杂质，常用的方法是过滤。在电厂水处理中，主要是采用粒状滤料形成滤层，当浑水通过滤层时，就可以把水中悬浮物吸附、截留下来，并形成清水。

（一）过滤原理

浑水通过滤层时，为什么能除掉水中的悬浮物呢？对过滤的机理。现在还有些不同的看法。目前人们认为，经过混凝处理的水，通过滤层的滤料时，滤层起到两个作用：一是滤料颗粒表面与悬浮物之间的吸力，使悬浮物被吸附；二是滤层对悬浮颗粒的机械筛除作用。但这两者中主要的是吸附作用。

（二）滤料选择

选作滤料的固体颗粒应有足够的机械强度和很好的化学稳定性，避免在运行和冲洗时，因摩擦而导致破碎或因溶解而使引出水水质恶化。

石英砂有足够的机械强度，在中性、酸性水中都很稳定，但在碱性水中却能够溶解，使水受到污染。无烟煤的化学稳定性较高，在一般碱性、中性和酸性水中都不溶解，它的机械强度也较好。此外，还应该选择合适的滤料粒度和级配。

（三）过滤设备及运行

过滤设备有多种，电厂水处理中常见的有机械过滤器和无阀滤池等。

1. 设备结构

它的本体是一个圆柱形容器，内部装有进水装置、滤层以及排水装置。外部设有必要的管道、阀门等。在进、出口的两根水管上装有压力表，两表的压力是就是过滤时的水头损失（运行时的阻力）

进水装置可以是漏头形式或其他形式的，其主要作用是使进水沿过滤器截面被均匀分配。滤层由滤料组成，滤料的粒径一般为 0.6 ~ 1.0 mm，滤层的厚度一般为 1.1 ~ 1.2 m。

排水系统多采用支管缝隙式配水装置。它的作用：一是使出水汇集和反洗水进入，并使其能沿着过滤器的截面均匀分布；二是阻止滤料被带出。

2. 设备运行

过滤器在工作时，浑水经进水口流到进水漏斗，然后流经过滤层除掉浑水中的细小悬浮物而成为了清水，此清水经排水系统送出。系统滤速为 8 ~ 10m／h 或更大。

过滤器在运行过程中，由于滤料不断吸附浑水中的悬浮杂质，使运行阻力逐渐增大。当阻力增大到一定时，应停止运行，对滤料进行反洗。

在反洗滤料时，先将过滤器内的水排放到滤层以上约 10 cm 处，用压缩空气吹洗 3 min 左右，然后将反洗清水和压缩空气从过滤器底部排水系统加入，经过滤层上升并冲动滤料使滤料浮动起来。此时滤料颗粒在水中游动并且相互摩擦，通过这样的方式将滤粒表面所吸附的杂质洗掉。在用清水和压缩空气混合反洗 3 ~ 5 min 后，停止压缩空气，再仅用清水继续反洗约 2 min 后停止反洗。洗掉的吸附杂质随水上升，经上部进水漏斗和上底部排水门排入地沟。最后，继续用水正洗到合格，并投入运行或备用。

3. 双层滤料

一般机械过滤器多用单层滤料，但单层滤料反洗后，在水流的作用下，滤料颗粒形成了"上细下粗"的排列。由于滤层上部的砂粒细，砂粒之间孔隙小，所以吸附的悬浮物大多数集中在上面，致使滤层下部的滤料不能充分发挥吸附作用。如此，就带来了水流阻力增长快，运行周期短的缺点。

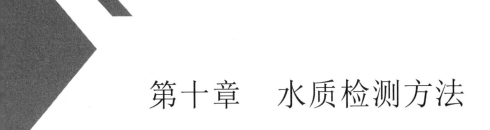

第十章 水质检测方法

第一节 一般理化性质

一、色度

清洁水无色透明，深层时为浅蓝色。天然水中含有泥土、有机质、无机矿物质、浮游生物等，往往呈现一定的颜色。水中腐殖质过多时呈棕黄色，黏土使水呈黄色，铁的氧化物使水呈黄褐色，水中藻类大量生长时可呈现不同的颜色，如水球藻使水呈绿色，硅藻使水呈棕绿色，蓝绿藻使水呈绿宝石色。水体受工业废水污染时，可呈现该废水的特有颜色，有颜色的水减弱水的透光性，影响水生生物生长和观赏的价值，而且还含有有危害性的化学物质。水处理可以去除带色物质和悬浮颗粒，而使水色明显变浅。

色度是水质的外观指标，水的颜色分为表色和真色。真色是指去除悬浮物后水的颜色，没有去除悬浮物的水具有的颜色称表色；对于清洁或浑浊度很低的水，真色和表色相近，对于着色深的工业废水和污水，真色和表色差别较大，水的色度是指水的真色。

水的色度是评价感官质量的一个重要指标一般来讲，水的色度在卫生意义上不是很大。饮用水卫生标准规定色度不应大于15度，主要是考虑到了不应引起感官上的不快。多数洁净的江河水色度常在15～25度之间，如果原水色度不超过75度，经过自来水厂的混凝、沉淀和过滤等常规处理后，出水色度可以降到15度以下但如果水的颜色是由有毒物质所引起的，无论色度大小如何，只要此物质在水中的浓度超过其容许浓度，均不能用作饮用水。

二、浑浊度

浑浊度是水体物理性状指标之一。它表征水中悬浮物质等阻碍光线透过的程度。一般来说，水中的不溶解物质越多，浑浊度也越高，但二者之间没有直接的定量关系。浑浊度是由于水中存在颗粒物质如黏土、污泥、胶体颗粒、浮游生物及其他微生物而形成，用以表示水的清澈或浑浊程度，是衡量水质良好程度的重要指标之一。

浑浊度和色度都是水的光学性质，但它们是有区别的。色度是由于水中的溶解物质引起的，而浑浊度则是由不溶物质引起的，所以有的水体色度很高但并不浑浊，反之亦然。

三、臭和味

纯净的水是无臭无味的。饮用水中的异臭、异味是由原水、水处理或输水过程中微生物污染和化学污染引起的。

天然水中臭和味的主要来源有：水生动植物或微生物的繁殖和衰亡；有机物的腐败分解；溶解的气体如硫化氢；溶解的矿物盐或混入的泥土等水中有大量水藻繁殖或有机物较多时会有鱼腥味及霉烂气，水中含有硫化氢时水呈臭鸡蛋味，铁盐过多时有涩味。受生活污水、工业废水污染时可呈现出特殊的臭和味。臭是检验原水与处理水的水质必测项目之一。检验臭也是评价水处理效果和追踪污染源的一种手段。无臭无味的水虽然不能保证是安全的，但有利于饮用者对水质的信任。

四、肉眼可见物

为了说明水样的一般外观，以"肉眼可见物"来粗略描述其可察觉的特征。水源水中的肉眼可见物包括各种可能的杂质，如果自来水含有这些物质则可能引起用户不满。常见的肉眼可见物有：悬浮固体、水面漂浮物、沉积物、微生物和微型生物等。肉眼可见物与水质危害没有必然联系，不会直接影响人体健康，然而是对水中带有污染物的一种警告，因此必须查明肉眼可见物的来源方可以放心使用。世界各国在该项指标的要求上是一致的：即水中无任何肉眼可见物。肉眼可见物对感官性状影响严重。

五、pH

饮用水中的 pH 值表示水中酸碱的强度，它是最常用和最重要的水质指标之一，反映了溶液中各种溶解性化合物达到的酸碱平衡状态，主要是二氧化碳、碳酸氢盐及碳酸盐的平衡。

水的 pH 值是表示水中氢离子活度 $\alpha(H^+)$ 的负对数值，表示为：$pH=-\lg\alpha(H^+)$ 由于氢离子活度的数值往往很小，在应用上很不方便，所以就用 pH 值这一概念来作为水溶液酸性、碱性的判断指标。它能够表示出酸性、碱性的变化幅度的数量级的大小，并由此得到：第一，中性水溶液，$pH=-\lg\alpha(H^+)=-\lg10^{-7}=7$；第二，酸性水溶液，$pH<7$，pH 值越小，表示酸性越强；第三，碱性水溶液，$pH>7$，pH 值越大，表示碱性越强。

天然水的 pH 值多在 6～9 之间，pH 值在 6.5～9.5 范围内一般不影响饮用，但水的 pH 值可通过影响其他水质指标及水处理效果而间接影响健康。pH 值过低会腐蚀水管，过高会使溶解盐析出，降低氯化消毒作用。

水中 pH 值的测定方法有玻璃电极法和比色法。比色法比较简单，但受色度、浑

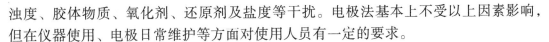

浊度、胶体物质、氧化剂、还原剂及盐度等干扰。电极法基本上不受以上因素影响，但在仪器使用、电极日常维护等方面对使用人员有一定的要求。

5.标准色列制备

取 25.0 in L 配成的各种标准缓冲溶液（表 2-3、表 2-4），分别置于内径一致的试管中，向 pH 6.0-7.6 的标准缓冲溶液中各加 1.0mL 溴百里酚蓝指示剂（试剂（4））；向 pH 7.0 ~ 8.4 的标准缓冲溶液中各加 1.0mL 酚红指示剂（试剂（5）），立即盖好，然后放入铁丝筐中，将铁丝筐放在沸水浴内消毒 30 min，取出用蜡封口。pH 小于 10 的标准缓冲溶液色列有效期建议为 3 个月，注意避光保存。若出现颜色变化、浑浊、沉淀等现象，应重新配制。

六、电导率

电导率是以数字表示水溶液传导电流的能力。水中各种溶解盐都是以离子状态存在，它们都具有导电能力。水中溶解的盐类越多，离子也越多，水的电导就越大电导率常用于检测水中溶解性盐类物质浓度的变化和间接推测水中离子化合物的数量。

水溶液的电导率取决于离子的性质和浓度、溶液的温度和黏度等。水中多数无机盐是以离子状态存在的，是电的良好导体，但有机化合物分子难以离解，基本不具备电导性，因此电导率又可以间接表示水中溶解性总固体的含量和含盐量。严格来说，水中溶解固体并不全都是电解质盐类，一些有机物（如苯、蔗糖等）也能溶于水但并不离解。即使对于电解质，当其浓度过高时，也会因离子间引力而降低离子的活动能力，从而影响导电能力天然水可视为电解质的稀溶液，在这个前提下，电解质浓度的增加不会影响它的离解度，所以离子的数目按浓度增加的比例增加，即电导率和电解质浓度成线性关系。

电导率还与测定时的温度有关。接近常温时，温度每升高 1℃，电导率增加约 2%，因此水样应在 25℃下测定电导率，否则需要做温度校正，并按 25℃报告所测结果。电导率的测定方法是电导率仪法。

在电解质的溶液里，离子在电场的作用下，由于离子移动具有导电作用。在相同温度下测定水样的电导（G），它与水样的电阻（R）呈倒数关系：

$$G = \frac{1}{R}$$

在一定条件下，水样的电导随离子含量的增加而增高，而电阻则降低。因此，电导率 V 就是电流通过单位面积（4）为 1cm^2，距离（L）为 1cm 的两铂墨电极的电导能力。

$$\gamma = G \times \frac{L}{A}$$

即电导率 γ 为给定的电导池常数（C）与水样电阻 Rs 的比值，

$$\gamma = C \times G_s = \frac{C}{R_s} \times 10^6$$

七、溶解氧（电化学探头法）

溶解氧是指溶解在水中的分子态氧，通常记作 DO，用每升水中氧的毫克数或饱和百分率表示。溶解氧的饱和含量和空气中氧的分压、大气压、水的温度和盐度有密切的关系。溶解氧是水质重要指标之一，也是水体净化的重要因素之一，溶解氧高有利于水中各类污染物的降解，从而使水体较快得以净化；反之，溶解氧低，水中污染物降解得较慢。

第二节 重量分析法

一、方法概述

重量分析法是通过被测量组分的质量来确定被测组分百分含量的分析方法。重量分析法又可分为：第一，沉淀法——利用沉淀反应；第二，挥发法——利用物质的挥发性；第三，萃取法——利用物质在两相中溶解度不同。

重量分析法的特点是：常量分析准确度较高，但操作复杂，对低含量组分的测定误差较大。重量分析法需要使用的设备是电子天平。

二、检测项目

（一）溶解性总固体

溶解性总固体（TDS）可以反映被测水样中无机离子和部分有机物的含量。不同地理区域由于矿物可溶性不同，溶解性固体可在较大的范围内变化。水中含有多溶解性总固体，TDS 水平大于 1000mg／L 时，饮用水的口感发生明显变化，会有苦咸的味觉并感受到胃肠的刺激。高水平的 TDS 也会在配水管道、热水器、锅炉和家庭用具上结出很多水垢，其他离子如铜、硝酸盐、砷、铝、铅等有毒物质含量也可能升高。水中溶解性总固体的测定方法如下：

1.测定原理

水样经过滤后，在一定温度下烘干，所得的固体残渣称之为溶解性总固体，包括不易挥发的可溶性盐类、有机物及能通过滤器的不溶性微粒等。烘干温度一般采用（105±3）℃，但 105℃烘干温度不能彻底除去高矿化水中盐类所含的结晶水。采用（180±3）℃的烘干温度，能得到较为准确的结果。

当水样中的溶解性总固体含有多量的氯化钙、硝酸钙、氯化镁、硝酸镁时，由于这些化合物具有强烈的吸湿性使称量不能恒定质量，此时可在水样中加入适量碳酸钠溶液得以改进。

2.仪器

分析天平；水浴锅；电恒温干燥箱；瓷蒸发皿；干燥器；中速定量滤纸或滤膜（孔

径 0.45μm）及相应滤器。

3. 试剂

碳酸钠溶液（10g／L）：称取 10 g 无水碳酸钠（Na_2CO_3），溶于纯水之中，稀释至 1000 ml.

4. 分析步骤

第一，溶解性总固体［在（105±3）℃温度烘干］；将蒸发皿洗净，放在（105±3）℃烘箱内 30 min。取出，于干燥器内冷却 30 min。在分析天平上称重，再次烘烤、称重，直至恒定质量（两次称重相差不超过 0.0004g）。将水样上清液用滤器过滤用无分度吸管吸取过滤水样 100mL 于蒸发皿中，如水样的溶解性总固体过少时可增加水样体积。将蒸发皿置于水浴上蒸干（水浴液面不要接触皿底）将蒸发皿移入（105±3）℃烘箱内，1 h 后取出。干燥器内冷却 30 min，称重。将称过质量蒸发皿再放入（105±3）℃烘箱内 30 min，干燥器内冷却 30 min，称重，直至恒定质量。

第二，溶解性总固体在［（180±3）℃温度烘干］；按上述步骤将蒸发皿在（180±3）龙烘干并称重至恒定质量；吸取 100mL 水样于蒸发皿中，精确加入 25.0mL 碳酸钠溶液（10g／L）于蒸发皿内，混匀。同时做一个只加 25.0mL 的碳酸钠溶液（10g／L）的空白计算水样结果时应减去碳酸钠空白的质量。

5. 计算

$$\rho(TDS) = \frac{(m_1 - m_0) \times 1000 \times 1000}{V}$$

公式中 $\rho(TDS)$——水样中溶解性总固体的质量浓度，mg／L；

m_0——蒸发皿的质量，g；

m_1——蒸发皿和溶解性总固体的质量，g；

V——水样体积，ml.

（二）注意事项

1. 注意水浴锅的使用

水浴锅应放在固定的平台上，电源电压必须和产品要求的电压相符，电源插座应采用三孔安全插座，并安装接地线，使用前应先将水加入箱内，水位必须高于隔板，切勿无水或水位低于隔热板加热，以防损坏加热管。注水时不可将水放得太满，以免水沸腾时流入隔层和控制箱内发生触电事故、

2. 该项目要特别注意恒重的要求

严格按"2 个 30min"操作。两次称量相差不超过 0.0004g 才是达到恒重。

第三节 容量分析法

一、方法概述

容量分析法是用一种已知准确浓度的标准溶液，滴定一定体积的待测溶液，直到化学反应按计量关系作用完全为止，然后根据标准溶液的体积和浓度计算待测物质含量的检测方法这种方法也称为滴定分析法。

（一）基本概念

1. 标准滴定溶液

滴定分析过程中，已知准确浓度的试剂溶液称之为标准滴定溶液（又称滴定剂）。

2. 滴定

将标准滴定溶液装在滴定管中，通过滴定管逐滴加入到盛有一定量被测物溶液的锥形瓶（或烧杯）中进行测定，这一操作过程称为"滴定"。

3. 化学计量点

当加入的标准滴定溶液的量与被测物的量恰好符合化学反应式所表示的化学计量关系量时，称反应到达"化学计量点"。

4. 滴定终点

滴定时，指示剂改变颜色的那一点称为"滴定终点"

5. 滴定误差

滴定终点和化学计量点的差值称为"终点误差"。

（二）对滴定反应的要求

反应必须定量进行——反应要按一定的化学方程式而进行，有确定的化学计量关系；反应必须定量完成——反应接近完全（＞99.9%）；反应速度要快有时可通过加热或加入催化剂的方法来加快反应速度；必须有适当的方法确定滴定终点——有合适的指示剂；共存物质不干扰反应——干扰应可以通过控制实验条件或加掩蔽剂消除。

（三）滴定分析法分类

1. 酸碱滴定法

利用酸和碱的中和反应的一种滴定分析法，如常见的酸、碱标准溶液的标定等。其基本反应为：

$$H^+ + OH^- = H_2O$$

2. 配位滴定法（络合滴定分析）

利用配位反应进行的一种滴定分析法。常用来金属离子的测定。如 EDTA 测定总硬度，其反应为：

$$Ca^{2+} + Y^{4-} \rightarrow CaY^{2-}$$

公式中，Y^{4-} 表示 EDTA 的阴离子。

3. 氧化还原滴定法

以氧化还原反应为基础的一种滴定分析法，可用于对具有氧化还原性质的物质或某些不具有氧化还原性质的物质进行测定，如耗氧量（高锰酸盐指数）测定中，草酸钠和高锰酸钾在酸性条件下的反应如下：

$$5C_2O_4^{2-} + 2MnO_4^- + 16H^- = 10CO_2 + 2Mn^{2+} + 8H_2O$$

4. 沉淀滴定法

以沉淀生成反应为基础的一种滴定分析法，可用来对 Ag^+、CN^+、SCN^- 及类卤素等离子进行测定，如银量法氯化物的测定其反应如下：

$$Ag^+ + Cl^- = AgCl\downarrow$$

（四）滴定方式

1. 直接滴定法

凡能完全满足滴定分析要求的反应，都可用标准滴定溶液直接滴定被测物质例如用 NaOH 标准滴定溶液直接滴定 HC1、H_2SO_4 等。

2. 反滴定法

又称回滴法，是在待测试液中准确加入适当过量的标准溶液，待反应完全后，再用另一种标准溶液返滴剩余的第一种标准溶液，从而测定待测组分的含量。这种滴定方式主要用于滴定反应速度较慢或无合适指示剂的滴定反应。耗氧量（高锰酸盐指数）测定中，加入过量的高锰酸钾溶液在酸性条件下将还原性物质氧化，过量高锰酸钾用草酸标准溶液还原。

3. 置换滴定法

是先加入适当的试剂与待测组分定量反应，生成另一种可滴定的物质，再利用标准溶液滴定反应产物，然后由滴定剂的消耗量，反应生成的物质与待测组分等物质的量的关系计算出待测组分的含量。这种滴定方式主要用于因滴定反应没有定量关系或伴有副反应而无法直接滴定的测定。例如，次氯酸钠中有效氯含量的测定，次氯酸根与碘化钾反应，析出碘，以淀粉为指示剂，用硫代硫酸钠标准滴定析出的碘，进而求出有效氯的含量。

4. 间接滴定法

某些待测组分不能直接与滴定剂反应，但可通过其他化学反应，间接测定其含量。例如，溶液中 Ca^{2+} 几乎不发生氧化还原的反应，但利用它与 $C_2O_4^{2-}$ 作用形成 CaC_2O_4 沉淀，过滤洗净后，加入 H_2SO_4，使其溶解，用 $KMnO_4$ 标准滴定溶液滴定 $C_2O_4^{2-}$，就可间接测定 Ca^{2+} 含量。

（五）滴定分析的计算

滴定分析是一种基于化学反应的定量分析方法。

设滴定剂 B 和被测物质 A 发生如下化学反应：

$$aA + bB = \quad cC + dD$$

它表示 A 与 B 是按物质的量之比 a：b 的关系反应的，反应完全时，A 与 B 物质的量 n_A 和 n_B 满足：

$$n_A : n_B = a : b$$

这就是滴定分析定量计算的基础。

1. 求待测溶液 A 物质的量浓度 C_A

滴定分析中，若已知待测溶液的体积 V_A、标准溶液 B 物质量浓度 C_B 和消耗的标准溶液体积 V_B，求待测溶液 A 物质的量浓度 C_A，则：

$$n_A = \frac{a}{b} \cdot n_B$$

得

$$c_A \cdot V_A = \frac{a}{b} \cdot c_B \cdot V_B$$

则

$$c_A = \frac{a}{b} \cdot \frac{V_B}{V_A} \cdot c_B$$

2. 求待测组分 A 的质量浓度 ρ_A

若已知待测溶液的体积 V、标准溶液 B 物质的量浓度 C_B 及消耗的标准溶液体积 V_B，组分 A 的摩尔质量 M_A，求待测溶液 A 的质量浓度力 ρ_A，则从

$$n_A = \frac{a}{b} \cdot n_B$$

得

$$\frac{m_A}{M_A} = \frac{a}{b} \cdot c_B \cdot V_B$$

$$m_A = \frac{a}{b} \cdot c_B \cdot V_B \cdot M_A$$

所以

$$\rho_A = \frac{m_A}{V} = \frac{\frac{a}{b} \cdot c_B \cdot V_B \cdot M_A}{V}$$

（六）滴定分析的原理

1. 酸碱滴定法

（1）酸碱指示剂的作用原理

酸碱滴定法一般都需要用指示剂来确定反应的终点。这种指示剂通常称之为酸碱指示剂。酸碱指示剂一般是弱有机酸或弱有机碱，它们在酸碱滴定中也参与质子转移反应，它们的酸式或碱式因结构不同而呈不同的颜色。因此当溶液的 pH 值改变到一定的数值时，就会发生明显的颜色变化。所以酸碱指示剂可指示溶液的 pH 值。例如，甲基橙是一种常用的酸碱双色指示剂，它在酸性溶液中以红色的醌式结构形式存在，在碱性溶液中以黄色的偶氮式结构形式存在。

酸碱指示剂的酸式（HIn）和碱式（In⁻）有如下的离解平衡：

$$HIn \rightarrow H^+ + In^-$$

达到平衡时，$K_{HIn} = \frac{[H^+][In^-]}{[HIn]}$

公式中，K_{HIn} 是指示剂的离解常数。上式还可改写为 $\frac{[In^-]}{[HIn]} = \frac{K_{HIn}}{[H^+]}$

由上式可知，比值 $\frac{[In^-]}{[HIn]}$ 是溶液中 H⁺ 浓度的函数，随着溶液氢离子浓度［H⁺］的改变，指示剂的酸式和碱式的比例也不断变化，［H⁺］越高，酸式所占比例越大；［H⁺］越低，酸式所占比例越小，碱式越多。

当 $\frac{[In^-]}{[HIn]} = 1$ 时，pH=pK_{HIn} 表示指示剂酸式体与碱式体浓度相等，溶液呈其酸式色和碱式色的中间色。因此，称此时的 pH 值为酸碱指示剂的理论变色点。

当 $\frac{[In^-]}{[HIn]} \geq 10$ 时，pH=pK_{HIn}+1，表示指示剂在溶液中主要由碱式体存在，溶液呈碱式色。

当 $\frac{[In^-]}{[HIn]} \leq \frac{1}{10}$ 时，pH=pK_{HIn}−1，表示指示剂在溶液中主要以酸式体存在，溶液呈酸式色。

溶液的 pH 值由 pK_{HIn}−1 变化到 pK_c+1 时，此时人眼能明显地看出指示剂由酸式色变为碱式色。所以，pH=pK_{HIn}±1 称之为指示剂的理论变色 pH 范围。由于人眼对各种颜色的敏感程度不同，致使指示剂的实际变色范围与其理论变色范围不尽相同。例如，甲基橙的 pK_{HIn} 为 3.4，其理论变色范围就为 pH=2.4 ～ 4.4。但由于肉眼对黄色的敏感度较低，因此，红色中略带黄色时，不易辨认出黄色，只有当黄色比重较大时，才能观察出来。因此，甲基橙变色范围在 pH 值小的一边就短些，因而其实际变色范围为 pH=3.1 ～ 4.4。

由于指示剂的离解常数受溶液温度、离子强度和介质的影响，因此这些因素也都将影响指示剂的变色范围，此外，指示剂的用量及滴加顺序也会影响它的变色。

（2）酸碱滴定的基本原理

酸碱滴定是以酸碱反应为基础的化学分析方法。滴定过程中，溶液的 pH 随着滴定剂的加入不断变化，如何选择适当的指示剂判断终点，并使终点充分接近化学计量点，对取得准确的定量分析结果是十分重要的。

滴定突跃有重要的实际意义，它是选择指示剂的依据，凡变色点 pH 值处于滴定突跃范围内的指示剂均可选用。此例中，酚酞、甲基红、甲基橙均适用。用指示剂确定的滴定终点与化学计量点不一定完全吻合，此例中如用了甲基橙作指示剂，滴定终点在化学计量点之前，而用酚酞作指示剂，滴定终点在化学计量点之后。

2. 氧化还原滴定法

（1）氧化还原反应

氧化还原反应是一种电子由还原剂转移到氧化剂的反应。反应速度慢；常伴有副反应发生是氧化还原反应常见的两个特性。影响氧化还原反应速度的因素：氧化剂和还原剂的性质；反应物的浓度；溶液的温度；催化剂的作用。

（2）氧化还原滴定指示剂

第一，自身指示剂。标准溶液本身就是指示剂，常用于高锰酸钾法。因为高锰酸根离子颜色很深，而还原后的，离子在稀溶液为无色，滴定时无需另加入指示剂，只要高锰酸钾稍微过量一点溶液呈淡粉红色，即可显示滴定终点。

第二，特殊指示剂。利用溶液本身不具有氧化还原性，但能与氧化剂或还原剂作用产生特殊的颜色，出现或消失指示滴定终点。

第三，氧化还原指示剂。它本身就是一种弱氧化剂或弱还原剂，它的氧化型或还原型具有明显不同的颜色。

（3）氧化还原滴定法的分类

氧化还原滴定法按滴定剂（氧化剂）的不同分为：碘量法、高锰酸钾法、重铬酸钾法、溴量法、铺量法等这里介绍水质分析中常用的高锰酸钾法。高锰酸钾是一种强氧化剂，在酸性、中性或碱性溶液中都能发生氧化作用。

在强酸性溶液中，发生下列反应：

$$MnO_4^- + 8H + 5e = Mn^{2+} + 4H_2O$$

$$E_0 = +1.51V$$

在中性、微酸性或中等强度的碱性溶液中发生下列反应：

$$MnO_4^- + 4H^+ + 3e = MnO_2 \downarrow + 2H_2O$$

$$E_0 = +1.695V$$

$$MnO_4^- + 2H_2O + 3e = MnO_2 \downarrow + 4OH^-$$

$$E_0 = +0.51V$$

在中性、微酸性、碱性溶液中，反应产生物是褐色二氧化锰沉淀，影响终点的观察，所以很少应用。

在高锰酸钾滴定中，所用的酸应该是不含还原性物质的硫酸，而不能用硝酸和浓盐酸、因为硝酸本身是强氧化剂，它可能氧化某些被滴定的物质；浓盐酸能被高锰酸钾氧化，所以都不适用。

高锰酸钾不能用直接法配制标准溶液，蒸馏水中常含有少量有机杂质，能还原 $KMnO_4$ 使其水溶液浓度在配制初期有较大变化。配制时常将溶液煮沸以使其浓度迅速达到稳定；或者使用新煮沸放冷的蒸馏水配制，并且将配成的溶液盛在棕色玻璃瓶中放置在冷暗处一段时间（通常为 2 周）后，用玻璃砂芯漏斗过滤，除去二氧化锰，标定滤液，暗处储存。

3.沉淀滴定法

沉淀滴定法对沉淀反应的要求是：沉淀生成的速度要快、沉淀的溶解度必须很小，并且反应能定量进行、终点检测方便。

沉淀滴定法实际应用较多的是银量法。利用生成难溶性银盐的沉淀滴定法称为银量法。根据所用的标准溶液和指示剂的不同，银量法又分为莫尔法、佛尔哈德法和法扬斯法，都可用于测定 Cl^-、Br^-、I^- 和 SCN^-。这里只介绍了水质分析中常用的莫尔法。

（1）莫尔法原理

以铬酸钾（K_2CrO_4）为指示剂，用硝酸银作标准溶液测定卤化物（Cl^-、Br^-、I^-）的方法称为莫尔法，例如硝酸银滴定氯化物。

$$Ag^+ + Cl^- \rightarrow AgCl\downarrow (白色)$$

$$2Ag^+ + CrO_4^{2-} \rightarrow Ag_2CrO_4\downarrow (砖红色)$$

由于铬酸银（Ag_2CrO_4）的溶解度比氯化银（AgCl）的溶解度大，当用 $AgNO_3$ 标液滴定时，首先生成氯化银（AgCl）的白色沉淀，滴定达到了化学计量点时，由于 Ag^+ 离子浓度迅速增加，立即出现砖红色铬酸银沉淀，指示滴定终点。

（2）滴定条件

第一，K_2CrO_4 的用量。指示剂的用量愈多，终点的反应愈灵敏：但指示剂要消耗硝酸银标准溶液，因此，指示剂的用量将会影响滴定的准确度。指示剂的用量过多，终点提前，使结果偏低；指示剂的用量过少，则多消耗 Ag^+，使结果偏高。

第二，滴定应控制的酸度。滴定时溶液的酸度必须在 pH 6.5 ~ 10.5 之间。若 pH 过低，会生成红色重铬酸根离子（$Cr_2O_7^{2-}$），使终点不明显：

$$2CrO_4^{2-} + 2H^+ = Cr_2O_7^{2-} + H_2O$$

pH 过高时，溶液又会生成黑褐色的氧化银：

$$2Ag^+ + 2OH^- \rightarrow Ag_2O\downarrow + H_2O$$

第三，滴定时须剧烈摇动，从而减小沉淀对被滴定剂的吸附，使终点提前。

二、设备器材

滴定管是进行容量分析的重要设备，能否正确使用滴定管，直接影响到检测结果是否准确，因此，对滴定管使用过程中的许多细节要求需要提醒注意。

滴定管是滴定操作时准确测量标准溶液体积的一种量器。滴定管的管壁上有刻度线和数值，"0"刻度在上，自上而下数值由小到大。

（一）酸式滴定管的使用方法

1.洗涤

通常滴定管可用自来水或者管刷蘸洗涤剂（不能用去污粉）洗刷，而后用自来水冲洗干净，去离子水润洗3次有油污的滴定管要用铬酸洗液洗涤。

2.给旋塞涂凡士林（起密封和润滑的作用）

将管中的水倒掉，平放在台上，把旋塞取出，用滤纸将旋塞和塞槽内的水吸干。用手指蘸少许凡士林，在旋塞芯两头薄薄地涂上一层（导管处不涂凡士林），然后把旋塞插入塞槽内，旋转几次，使油膜在旋塞内均匀透明，且旋塞转动灵活。

3.试漏

将旋塞关闭，滴定管里注满水，把它固定在滴定管架上，放置10 min，观察滴定管口及旋塞两端是否有水渗出，旋塞不渗水才可使用若不漏，将活塞旋转180.，静置5min，再观察一次，无漏水现象即可使用。检查发现漏液的滴定管，须重新装配，直至不漏才能使用。

4.润洗

应先用标准液（5～6mL）润洗滴定管3次，洗去管内壁的水膜，以确保标准溶液浓度不变。方法是两手平端滴定管同时慢慢转动使标准溶液接触整个内壁，并使溶液从滴定管下端流出装液时要将标准溶液摇匀，然后不借助于任何器皿直接注入滴定管内。

5.排气泡

滴定管内装入标准溶液后要检查尖嘴内是否有气泡。如有气泡，将影响溶液体积的准确测量。排除气泡的方法是：用右手拿住滴定管无刻度部分使其倾斜约30.角，左手迅速打开旋塞，使溶液快速冲出，将气泡带走。排尽气泡后，加入溶液使之在"0"刻度以上，打开旋塞调液面到。刻度上约0.5 cm处，静止0.5～1 min，再调节液面在0.00刻度处即为初读数；备用。

6.进行滴定操作时，应将滴定管夹在滴定管架上

左手控制旋塞，大拇指在管前，食指以及中指在后，三指轻拿旋塞柄，手指略微弯曲，向内扣住旋塞，避免产生使旋塞拉出的力。向里旋转旋塞使溶液滴出。滴定管应插入锥形瓶口1～2cm，右手持瓶，使瓶内溶液顺时针不断旋转。掌握好滴定速度（连续滴加，逐滴滴加，半滴滴加），滴定过程中眼睛应看着锥形瓶中颜色的变化，而不能看滴定管。终点前用洗瓶冲洗瓶壁，再继续滴定至终点。

7.读数方法

滴定开始前和滴定终了都要读取数值。读数时须将滴定管从管夹上取下，用右手拇指和食指捏住滴定管上部无刻度处，使管自然下垂。读数时，使弯液面的最低点与分度线上边缘的水平面相切，视线与分度线上边缘在同一水平面上，以防止视差。颜

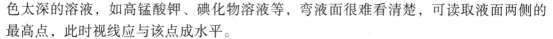

色太深的溶液，如高锰酸钾、碘化物溶液等，弯液面很难看清楚，可读取液面两侧的最高点，此时视线应与该点成水平。

8.滴定前

滴定管尖嘴部分不能留有气泡，尖嘴外不能挂有液滴；滴定终点时，滴定管尖嘴外若挂有液滴，其体积应从滴定液（通常为标准液）中扣除，标准的酸式滴定管，1滴为 0.05 ml.滴定管使用完后，弃去滴定管内剩余的溶液，不能倒回原瓶，然后把滴定管洗净，打开旋塞倒置于滴定管架上。

（二）碱式滴定管的使用方法

1.试漏

给碱式滴定管装满水后夹在滴定管架上静置 5min。若有漏水应更换橡皮管或管内玻璃珠，直至不漏水且能灵活控制液滴为止。

2.滴定管内装入标准溶液后，要将尖嘴内的气泡排出

方法是：把橡皮管向上弯曲，出口上斜，挤捏玻璃珠，使溶液从尖嘴快速喷出，气泡即可随着排掉。

3.进行滴定操作时

用左手的拇指和食指捏住玻璃珠中部靠上部位的橡皮管外侧，向手心方向捏挤橡皮管，使其与玻璃珠之间形成一条缝隙，溶液方可流出。注意不要捏玻璃珠下方的胶管，否则易使空气进入而形成气泡。

三、检测项目

在水质分析日常检测中，容量分析法的项目有总硬度、总碱度、耗氧量（高锰酸盐指数）、氯化物、碘量法测定溶解氧等。

（一）总硬度

传统水的硬度是以水与肥皂反应的能力来衡量的。硬水需要更多的肥皂才能产生泡沫，事实上，水的硬度是由多种溶解性多价金属阳离子作用的，这些离子能与肥皂生成沉淀，并与部分阴离子形成水垢，硬度过高会引起胃肠功能性紊乱和肾等组织结石。总硬度检测方法如下：

1.乙二胺四乙酸二钠滴定法

（1）应用范围

本法最低检测质量 0.05 mg，若取 50mL 水样，最低检测质量浓度为 1.0mg／1.

（2）测定原理

水样中的钙、镁离子与铬黑 T 指示剂形成紫红色螯合物，这些螯合物的不稳定常数大于乙二胺四乙酸二钠钙和镁螯合物的不稳定常数。当 pH=10 时，乙二胺四乙酸二钠先与钙离子，再与镁离子形成螯合物，滴定至终点时，溶液呈现出铬黑 T 指示剂的纯蓝色。

（3）仪器

第一，酸式滴定管：25mL 或 50 ml. 第二，锥形瓶：250 ml.

（4）试剂

缓冲溶液（pH=10）。

第一，称取 16.9g 氯化铵，溶于 143mL 氨水（p20=0.88 g／mL）中。

第二，称取 0.780g 硫酸镁及 1.178g 乙二胺四乙酸二钠，溶于 50mL 纯水中，加入 2mL 氯化铱 – 氢氧化铱溶液氯化铵以及 5 滴铬黑 T 指示剂（此时溶液应呈紫红色。若为纯蓝色，应再加极少量硫酸镁使呈紫红色），用乙二胺四乙酸二钠标准溶液滴定至溶液由紫红色变为纯蓝色。合并上述两种溶液，并用纯水稀释至 250 ml. 合并后如果溶液又变为紫红色，在计算结果时应扣除试剂空白。

乙二胺四乙酸二钠标准溶液［c（Na_2EDTA）=0.01mol／L］；称取 3.72g 乙二胺四乙酸二钠溶解于 1000mL 纯水中，用锌标准溶液标定。

标定：吸取 25.00mL 锌标准溶液于锥形瓶中，加入 25mL 的纯水，加入几滴氨水调节溶液至近中性，再加 5mL 缓冲溶液和 5 滴铬黑 T 指示剂，在不断振荡下，用 Na_2EDTA 标准溶液滴定至不变的纯蓝色，计算 Na_2EDTA 标准溶液的浓度：

$$c\left(Na_2EDTA\right)=\frac{c(Zn)\times V_2}{V_1}$$

公式中 c（Na_2EDTA）——Na_2EDTA 标准溶液的浓度，mol／L；

c（Zn）——锌标准溶液的浓度，mol／L；

V_1——消耗 Na2EDTA 溶液的体积，mL；

V_2——所取锌标准溶液的体积，mL

第三，锌标准溶液：称取 0.6 ~ 0.7g 纯锌粒，溶于盐酸溶液（1+1）中，置于水浴上温热至完全溶解，移入容量瓶之中，定容至 1000mL；用于标定乙二胺四乙酸二钠溶液。

第四，铬黑 T 指示剂：称取 0.5g 铬黑 T 用乙醇（95%）溶解，并稀释至 100 ml. 放置于冰箱中保存，可稳定一个月。

（5）分析步骤

量取 50.0mL 水样，置于三角瓶。加入 1 ~ 2mL 缓冲液，5 滴铬黑 T 指示剂，摇匀后，立即用 Na_2EDTA 标准溶液滴定，边滴边摇匀，至溶液由紫红色变为纯蓝色，即终点。记录用量。同时做空白试验。

（6）计算

总硬度以下式计算：

$$\rho\left(CaCO_3\right)=\frac{\left(V_1-V_0\right)\times c\times 100.09\times 1000}{V}$$

公式中：$\rho\left(CaCO_3\right)$——总硬度（以 $CaCO_3$ 计），mg／L；

V_0——空白滴定所消耗 Na_2EDTA 标准溶液的体积，mL；

V_1——所消耗 Na_2EDTA 标准溶液的体积，mL；

c——Na₂EDTA 标准溶液的浓度，mol／L；

V—水样体积，ml.

100.09——与 1.00L 乙二胺四乙酸二钠标准溶液［c（Na₂EDTA）=1.000mol／L］相当的以毫克表示的总硬度（以 CaCO₃ 计）。

2. 注意事项

水温气温较低时，反应较慢，颜色变化不灵敏，故应逐滴加入并且不断摇匀，如滴入过快，终点延迟，造成结果偏高。加缓冲液后，立即滴定，否则水中钙、镁可产生沉淀，使结果偏低。铬黑 T 指示剂配成溶液后较易失效，存放时间不宜过长，应放在冰箱内保存（4℃），否则颜色变化不灵敏。如果在滴定时终点不敏锐。而且加入掩蔽剂后仍不能改善，则应重新配制指示剂。水样过酸或过碱时，应先用碱或酸调节样品 pH 至 10 左右，再按步骤进行测定。当水中存在有干扰离子时，于水样中加入 1～5mL 硫化钠溶液（5g Na₂S•9H₂O 溶于 100mL 水中）此液可消除铝、钴、铜、镉、铅、锰、镍、锌，或加入 1～3mL 氨基三乙醇消除铁、锰、铝干扰。为防止碳酸钙及氢氧化镁在碱性溶液中沉淀，滴定时水样中的钙、镁离子含量不能过多，若取 50mL 水样，所消耗的 0.01 mol／L Na₂EDTA 溶液体积应少于 15 ml。总硬度大时，应稀释样品进行检测。

（二）总碱度

水中的碱度是指水中所能与强酸定量作用的物质总量，这类物质包括强碱、弱碱、强碱弱酸盐等。天然水中的碱度主要是由重碳酸盐、碳酸盐和氢氧化物引起的，其中重碳酸盐是水中碱度的主要形式。碱度指标常用于评价水体的缓冲能力和金属在其中的溶解性，是对水及废水处理过程控制的判断性指标。

1. 酸碱指示剂滴定法

（1）测定原理

水样用标准酸溶液（本方法使用盐酸溶液）滴定至规定的 pH 值，其终点可由加入的酸碱指示剂在该 pH 值时颜色的变化来判断。

（2）仪器

酸式滴定管：25mL 或 50 ml. 锥形瓶：250mL。

（3）试剂

第一，无二氧化碳水：用于制备标准溶液及稀释用的纯水，临用前煮沸 15min，冷却至室温。pH 值应大于 6.0，电导率小于 2μS／cm。

第二，甲基橙指示剂：称取 0.05 g 甲基橙溶于 100mL 纯水中。

第三，碳酸钠标准溶液（c=0.0250mol／L）：称取 1.3249g（于 250 龙烘干 4h）的基准试剂无水碳酸钠，溶于少量无二氧化碳水之中，定容 1000ml. 储存在聚乙烯瓶中，保存时间不超过一周。

第四，盐酸标准溶液（0.0250 mol／L）：吸取 2.1mL 浓盐酸（p=1.19 g／mL），并用纯水稀释至 1000mL，标定：

吸取 25.00mL 碳酸钠标准溶液于 250mL 锥形瓶中，加无二氧化碳水稀释至 50mL，加入 3 滴甲基橙指示剂，用盐酸标准溶液滴定由桔黄色刚变成桔红色，记录盐酸标准溶液用量。

$$c = \frac{25.00 \times 0.0250}{V}$$

公式中：c——盐酸标准溶液浓度，mo1／L；

V——消耗盐酸标准溶液体积，m1。

（4）分析步骤

量取50.0mL水样，置于三角瓶。加入3滴甲基橙指示剂，摇匀后，用盐酸标准溶液滴定，边滴边摇匀，至溶液由桔黄色刚变成桔红色，即是终点。

（5）计算

总碱度计算公式：

$$\rho(CaCO_3) = \frac{c \times V \times \frac{100.09}{2} \times 1000}{V_1}$$

公式中：$\rho(CaCO_3)$——总碱度（以$CaCO_3$计），mg／L；

c——盐酸标准溶液浓度，mo1／L；

V——消耗盐酸标准溶液体积，m1。

V_1——水样体积，m1。

100.09——与1.00mol盐酸标准溶液相当的以毫克表示的碱度（以$CaCO_3$计）。

2.注意事项

总氯较高时，使指示剂褪色，影响终点的掌握，用$Na_2S_2O_3$脱氯后检测，浑浊度高时，可离心后取上清液进行检测

（三）耗氧量（高锰酸盐指数）

耗氧量也称高锰酸盐指数。在水源水分析中，尤其是在水质较差的水源中，要具体测定有某些有机物质较为困难，所以我们通过判断水中还原物质多少来反映水质优劣（包括有机物，无机物），通过加入氧化剂高锰酸钾去氧化水中还原性物质，求出耗氧量，间接地反映出水质受污染状况。

容量法检测有酸性高锰酸钾滴定法和碱性高锰酸钾滴定法两种。前者适用于氯化物质量浓度低于300 mg／L的水样，后者适用于氯化物质量浓度高于300 mg／L时的水样。本教材介绍一般情况下使用较多的酸性法。

1.酸性高锰酸钾滴定法

（1）适用范围

取100mL水样时，本法最低检测质量浓度为0.05 mg／1。最高可测定耗氧量为5.0 mg／1.若水样耗氧量较高，应先稀释再进行测定。本法适用于氯离子含量不超过300 mg／L的水样。

（2）测定原理

高锰酸钾在酸性溶液中将还原性物质氧化，过量的高锰酸钾用草酸还原。根据高

锰酸钾消耗量表示耗氧量（以 O_2 计）。

（3）仪器

酸式滴定管：25mL 或 50ml。锥形瓶：250 ml。水浴装置。

（4）试剂

第一，硫酸溶液（1+3）：将 1 体积硫酸（ρ_{20}=1.84g／mL）溶液在水浴冷却下缓缓加入到 3 体积纯水中，煮沸，滴加高锰酸钾溶液到溶液保持微红色。

第二，草酸钠标准储备溶液［c（1／2Na$_2$C$_2$O$_4$）=0.1000 mol／L］：称取 6.701 g 草酸钠，溶于少量纯水中，并于 1000mL 容量瓶中用纯水定容。储存于棕色瓶中，置暗处保存。

第三，高锰酸钾溶液［c（1／5KMnO$_4$）=0.1000mol／L］：称取 3.3 g 高锰酸钾，溶于少量纯水中，并稀释至 1000mL. 煮沸 15min，静置 2 周。吸取上清液，标定。储存于棕色瓶中。

第四，标定：吸取 25.00mL 草酸钠溶液于 250mL 锥形瓶中，加入 75mL 新煮沸放冷的纯水及 2.5mL 硫酸（ρ_{20}=1.84 g／mL）。迅速自滴定管中加入约 24mL 高锰酸钾溶液，待褪色后加热至 65℃，再继续滴定呈微红色并且保持 30 s 不褪。滴定终了时，溶液温度不低于 55℃，记录高锰酸钾溶液用量。

高锰酸钾溶液的浓度计算：

$$c\left(\frac{1}{5}KMnO_4\right)=\frac{0.1000\times25.00}{V}$$

公式中：c（1／5KMnO$_4$）——高锰酸钾溶液的浓度，mol／L；

V——高锰酸钾溶液的用量，ml。

校正高锰酸钾溶液的浓度［c（1／5KMnO$_4$）］为 0.1000mol／l。

第四，高锰酸钾标准溶液：［c（1／5KMnO$_4$）=0.01000mol／L］：将高锰酸钾溶液准确稀释 10 倍。

第五，草酸钠标准使用溶液［c（1／2Na$_2$C$_2$O$_4$）=0.0100 mol／L］：将草酸钠标准储备溶液准确稀释 10 倍。

（5）分析步骤

取 100mL 充分混匀的水样于锥形瓶之中。加入硫酸溶液（1+3）5mL，用于滴定管准确加入 10.00mL KMnO$_4$ 标准溶液摇匀，将锥形瓶放在沸腾水内水浴，准确放置 30min。如加热过程中红色明显减退，须将水样稀释重做。取出锥形瓶，趁热加入 10.00mL 草酸钠，充分摇匀，使红色褪尽。用 KMnO$_4$ 标准溶液滴定到微红色为终点（保持微红色 30s 不褪色），记录用量 V_1（mL）。向滴定至终点的水样中，趁热（70～80℃）加入 10.00mL 草酸钠标准使用溶液。立即用 KMnO$_4$ 标准溶液滴定至微红色，记录用量 V_2（mL）。求出校正系数

$$K=\frac{10}{V_2}$$

如水样用纯水稀释，则另取 100mL 纯水，同上述步骤滴定，记录 $KMnO_4$ 标准溶液消耗量 V_0（mL）。

（6）计算

$$耗氧量 (O_2,\ mg/L) = \frac{\left[(10+V_1)K-10\right]\times c\times 8\times 1000}{100}$$

如水样用纯水稀释，则采用以下公式计算：

$$耗氧量 (O_2,\ mg/L) = \frac{\left\{\left[(10+V_1)K-10\right]-\left[(10+V_0)K-10\right]R\right\}\times c\times 8\times 1000}{V_3}$$

公式中：R——稀释水样时，纯水在 100mL 体积内所占比例，例如，25mL 水样用纯水稀释至 100mL，则 $R=\dfrac{100-25}{100}=0.75$。

c——高锰酸钾标准溶液的浓度［c（1／$5KMnO_4$）=0.0100mol／L］；

8—与 1.00mL 高锰酸钾标准溶液［c（1／$5KMnO_4$）=1.000 mol／L］相当的以毫克（mg）表示氧的质量；

V_3——水样体积，mL；

K——校正系数。

2. 注意事项

在加热过程中，若红色明显褪去，需稀释样品重新再做；水浴过程应保持沸腾，水浴时间严格控制为 30 min；水浴液面应高于锥形瓶内样品液面高度；滴定过程中应保持温度为 70 ~ 80℃，温度低则反应慢，温度过高可使草酸钠分解，使结果不准确；高锰酸钾溶液很不稳定，应保存在棕色瓶中，每次使用前来进行标定；当样品中氯离子＞ 300 mg／L 时，应采用碱性法测定高锰酸盐指数，在碱性条件下，高锰酸钾不能氧化水中的氯离子，可解决对测试的干扰。确保结果准确匚其测定步骤与酸性法基本一样，只不过在加热反应前将溶液用 NaOH 溶液调至碱性。在加热反应结束之后先将水样加入硫酸酸化，随后的测试步骤和计算方法与酸性法完全相同。

（四）氯化物

氯化物是水中一种常见的无机阴离子在人类的生存活动中，氯化物有很重要的生理作用及工业用途。若饮水中氯离子含量达到 250mg／L，相应的阳离子为钠时，会感觉到咸味，影响口感。

1. 硝酸银容量法

（1）适用范围

本法最低检测质量为 0.05 mg，若取 50mL 水样，最低检测质量浓度为 1.0 mg／1。

（2）测定原理

硝酸银与氯化物生成氯化银沉淀，过量的硝酸银和铬酸钾指示剂反应生成红色铬酸银沉淀，指示反应达到终点。

（3）仪器

棕色酸式滴定管：25mL；锥形瓶：250m1。

（4）试剂

第一，氯化钠标准溶液（p=0.5 mg／mL）：称取经700℃烧灼1 h的氯化钠8.2420g，溶于纯水中并稀释至1000mL吸取10.0mL，用纯水稀释至100.0 ml。

第二，硝酸银标准溶液（c=0.01400mol／L）：称取2.4g硝酸银溶于纯水，并定容至1000 ml，储存于棕色试剂瓶内，用氯化钠标准溶液标定。

第三，标定：吸取25.00mL氯化钠标准溶液，置于锥形瓶，加纯水25mL。另取一锥形瓶加50mL纯水作为空白，各加1mL铬酸钾溶液，用硝酸银标准溶液滴定，直至产生淡桔黄色为止。

计算硝酸银标准溶液浓度：

$$m = \frac{25 \times 0.50}{V_1 - V_0}$$

公式中：m——1.00mL硝酸银标准溶液相当于氯化物（Cl⁻）的质量，mg；

V_0——滴定空白的硝酸银标准溶液用量，mL；

V_1——滴定氯化钠标准溶液的硝酸银标准溶液用量，ml。

第四，铬酸钾溶液（50g／L）：称取5g铬酸钾，溶于少量纯水中，滴加硝酸银标准溶液至生成红色不褪为止，混匀，静置24 h后过滤，滤液用纯水稀释至100ml。

（5）分析步骤

量取50.0mL水样于锥形瓶中。加入1.0mL铬酸钾指示剂，用硝酸银标准溶液进行滴定，边滴定边摇匀，直至产生橘黄色为止，记录用量同时做空白试验。

（6）计算

$$\rho\left(Cl^-\right) = \frac{\left(V_1 - V_0\right) \times m \times 1000}{V}$$

公式中：$\rho\left(Cl^-\right)$——水样中的氯化物（以Cl⁻计）的质量浓度，mg／L；

V_0——空白试验消耗的硝酸银标准溶液体积，mL；

V_1——水样消耗的硝酸银标准溶液体积，mL；

V—水样体积，ml；

m——1.00mL硝酸银标准溶液相当于氯化物（Cl⁻）的质量，mg。

2.注意事项

被测定水样pH应在6.3～10为宜，过低影响生成的铬酸银沉淀，过高会产生氢氧化银沉淀，影响结果。pH过高时，可用不含氯离子的硫酸溶液 [c（1／2H₂SO₄）=0.05 mol／L] 中和水样；pH过低时，可用氢氧化钠溶液（2g／L）调为中性（pH 6.3～10）。

水样中含有硫化氢将干扰测定影响测定值。可以加入数滴30%H₂O₂使其氧化或将水样煮沸除去。

浑浊度大于100 NTU，色度大于50度时，在水样中加入2mL A1（OH）₃悬浮液，振荡均匀，过滤，弃去初滤液20 ml.

A1（OH）₃悬浮液的配制方法：称取125 g硫酸铝钾 [KA1（SO₄）₂·12H₂O] 或

硫酸铝铵［$NH_4Al(SO_4)_2 \cdot 12H_2O$］，溶于 1000mL 纯水中。加热到 60℃，缓缓加入 55mL 氨水（ρ_{20}=0.88g／mL），使氢氧化铝沉淀完全。充分搅拌后静置，弃去上清液，用纯水反复洗涤沉淀，至倾出上清液中不含氯离子（用硝酸银硝酸溶液试验）为止。然后加入 300mL 纯水成悬浮液，使用前振摇均匀。

对耗氧量大于 15mg／L 的水样，加入少许高锰酸钾晶体，煮沸，再加入数滴乙醇还原过多的高锰酸钾，过滤。水样被有机物严重污染或着色严重，先用无水 Na_2CO_3 调节成酚酞显红色碱性，蒸干，600℃灼烧后，用水溶解，以酚酞为指示剂，用硝酸调节红色消失，再按常规测定氯化物。

（五）溶解氧（碘量法）

1.碘量法

（1）适用范围

在没有干扰的情况下，此方法适用于各种溶解氧浓度大于 0.2 mg／L 和小于氧的饱和浓度两倍（约 20 mg／L）的水样。

（2）测定原理

在水样中加入硫酸锰和碱性碘化钾，水中溶解氧将低价锰氧化成高价锰，生成四价锰的氢氧化物棕色沉淀。加酸后，氢氧化物沉淀溶解并和碘离子反应释放出游离碘。以淀粉做指示剂，用硫代硫酸钠滴定释放出的碘，计算溶解氧含量。

（3）仪器

250 ~ 300mL 溶解氧瓶。

（4）试剂

第一，硫酸锭溶液；称取 480g 硫酸锰（$MnSO_4 \cdot 4H_2O$）或 364g $MnSO_4 \cdot H_2O$ 溶于水，稀释至 1000 ml。此溶液加至酸化过的碘化钾溶液中，遇淀粉不得产生蓝色。

第二，碱性碘化钾溶液：称取 500g 氢氧化钠溶解于 300 ~ 400mL 水中，另称取 150g 碘化钾（或 135g NaI）溶于 200mL 水中，待氢氧化钠溶液冷却后，将两溶液合并，混匀，用水稀释至 1000mL。如有沉淀，则放置过夜后，倾出上清液，贮于棕色瓶中。用橡皮塞塞紧，避光保存。此溶液酸化后，遇淀粉不应呈蓝色。

第三，硫酸（1+5）溶液。

第四，1% 淀粉溶液：称取 1g 可溶性淀粉，用少量水调成糊状，再用刚煮沸的水冲稀至 100 ml。冷却后，加入 0.1 g 水杨酸或者 0.4g 氯化锌防腐。

第五，重铬酸钾标准溶液 [c（1／$6K_2Cr_2O_7$）=0.0250 mol／L]：称取于 105 ~ 110℃烘干 2h 并冷却的优级纯重铬酸钾 1.2258g，溶于水，移入 1000mL 容量瓶中，用水稀释至刻度，摇匀。

第六，硫代硫酸钠溶液：称取 3.2g 硫代硫酸钠（$Na_2S_2O_3 \cdot 5H_2O$）溶于煮沸放冷的水中，加入 0.2g 碳酸钠，用水稀释至 1000mL，贮存于棕色瓶中。使用前用重铬酸钾标准溶液（试剂（5））标定。标定方法如下：

于 250mL 碘量瓶中，加入 100mL 水和 1 g 碘化钾，加入 10.00mL 重铬酸钾标准溶液、5mL 硫酸溶液，密塞，摇匀。于暗处静置 5min 后，用待标定的硫代硫酸钠标准溶液滴定至溶液呈淡黄色，加入 1mL 淀粉溶液，继续滴定至蓝色刚好褪去为止，记录用量。

计算：

$$M\left(Na_2S_2O_3\right)=\frac{10.00\times0.0250}{V\left(Na_2S_2O_3\right)}$$

公式中：M（$Na_2S_2O_3$）——硫代硫酸钠溶液的浓度，mol／L；

V（$Na_2S_2O_3$）——消耗的硫代硫酸钠标准溶液体积，ml；

（5）分析步骤

第一，采样：将溶解氧瓶放入水中约 1.5m 以下，灌满并慢慢将瓶取出（整瓶灌满水）。

第二，溶解氧固定（一般在采样现场完成）：在采样后，用吸管插入溶解氧瓶的液面下加入 1mL 硫酸锰，1mL 碱性碘化钾。盖紧瓶盖（勿留气泡），把水样颠倒混合几次，待沉淀下降至瓶中部时再颠倒混合一次，静置数分钟，待沉淀物下降到瓶底。

第三，加入 1mL 浓硫酸，盖好瓶塞，颠倒混匀至沉淀物全部都溶解，静置 5min。吸取 100mL 水样于三角瓶中，用 0.0250 mol／L 硫代硫酸钠标准溶液滴定至淡黄色，加入 1mL 淀粉，继续滴至蓝色褪去为止。

（6）计算

$$溶解氧_{(O_2,\ mg/L)}=\frac{V\times M\times8\times1000}{100}$$

公式中：M——硫代硫酸钠溶液的浓度，mol／L；

V——水样消耗的硫代硫酸钠标准溶液体积，mL；

8——和 100mL 硫代硫酸钠标准溶液［c（$Na_2S_2O_3$）=1.000 mol／L］相当的以毫克（mg）表示氧的质量。

2. 注意事项

由于溶解氧与水温和气压有关，因而采样瓶不得有气泡，采样后必须立即固定。样品中亚硝酸盐超过 0.05 mg／L，三价铁低于 1 mg／L 时，采用叠氮化钠修正法；当三价铁超过 1 mg／L 时，采用高锰酸钾修正法；水样有色或有悬浮物，采用明矾絮凝修正法；含有活性污泥悬浊物的水样，采用硫酸铜－氨基磺酸絮凝修正法；氧化的有机物，如丹宁酸、腐殖酸以及木质素等会对测定产生干扰；氧化或还原物质、能固定或消耗碘的悬浮物对本法有干扰；加入淀粉指示剂后要摇匀，并放慢滴定速度。

第四节　比色分析和分光光度法

一、方法概述

通常，有色物质溶液颜色深浅与其浓度有关，浓度越大，颜色越深。借助于与标准色阶目视比较颜色深浅来确定溶液中有色物质含量的方法，称为目视比色分析法。如果是使用分光光度计，利用溶液对单色光的吸收程度来确定物质含量的方法，则称为分光光度法。根据入射光波长范围的不同，又可分为紫外分光光度法、可见光分光光度法和红外分光光度法等。

分光光度法是通过测定被测物质在特定波长处或者一定波长范围内光的吸收度，对该物质进行定性和定量分析的方法。常用的波长范围为：200 ~ 380nm 的紫外光区；380 ~ 780 nm 的可见光区；2.5 ~ 25μm（按波数计为 4000 ~ 400cm^{-1}）的红外光区。所用仪器分别为紫外分光光度计、可见光分光光度计（或比色计）、红外分光光度计

（一）物质对光的选择性吸收

单色光是由具有相同波长的光子所组成，由不同波长的光组成的光称为复合光。物质的颜色是由于其选择性地吸收某种波长的可见光所致，溶液也是如此。当让白光通过某一有色溶液时，该溶液会选择性地吸收某些波长的色光而让其他波长的光透射过去，从而呈现出透射光的颜色，吸收光和透射光称为互补色光。

溶液的颜色实质是它所吸收的色光的互补色。例如，日光照射 $KMnO_4$ 溶液，其中绿光被吸收，故溶液呈紫色；$CuSO_4$ 溶液呈蓝色是因为溶液吸收了黄光。有色溶液的浓度越高，光选择吸收越多，颜色也就越深。

依次将各种波长的单色光通过某一有色溶液，测量每一波长下溶液对该波长的吸收程度，然后以波长为横坐标，吸光度为纵坐标作图，得到一条曲线，称为该溶液的吸收光谱曲线。同一物质对不同波长的光吸收情况不同，其中吸收程度最大处的波长称为最大吸收波长，吸收曲线的形状与溶液浓度无关，在某固定波长处，同一物质的吸光度随溶液浓度的增加而增加。吸收光谱的上述特点是进行分光光度法从而分析定性、定量的依据。

（二）光吸收定律

当单色光通过某均匀溶液时，溶液对光的吸收程度与液层厚度和溶液浓度的乘积成正比，这称为朗伯－比尔定律，可用公式表示。

$$A = lg\frac{1}{T} = lg\cdot$$

公式中，A 为吸光度；I_0 入射光强度；I_t 为透射光强度；T 为透光率。

朗伯－比尔定律是分光光度分析的理论基础，应用广泛。适用于均匀非散射的液体，也适用于气体和均质固体。

在分析中，入射光的波长和强度一定及液层厚度也固定，朗伯－比尔定律可写成。

$$A=Kbc$$

公式中，K 为比例常数；b 为光通过的液层厚度；c 为溶液的浓度。

其物理意义是：在一定温度下，一束平行的单色光通过均匀的非散射的溶液时，溶液对光的吸收程度与溶液的浓度及液层厚度的乘积成正比。

若配制一系列浓度的标准溶液，分别测定它们在一定波长下的吸光度，以溶液浓度为横坐标，吸光度为纵坐标，可得到一条通过原点的直线（有时也可能不通过原点），这条直线称为标准曲线或工作曲线、在相同条件下测定未知试液的吸光度，从工作曲

线上即可查出未知样品的浓度。这种方法称之为工作曲线法。

在实际分析工作中，一般应用标准曲线上吸光度 0.2 ~ 0.8 范围的直线部分，均会获得满意的结果。吸光度过低或太高，都会影响分析结果的准确度，尤其测定水中的物质含量较高时，往往出现标准曲线弯曲现象，而偏离朗伯－比尔定律在实际工作中，有时会碰到标准曲线弯曲的现象，这种现象称为朗伯－比尔定律的偏离。造成偏离的原因主要是：仪器方面的原因，主要是入射光束不纯，不是真正的单色光；化学方面的原因。

（三）显色反应及其影响因素

在进行比色分析或分光光度法分析时，经常利用某种反应将水样中被测组分转变为有色化合物，然后进行测定，这种把被测组分转变为有色化合物的反应称作显色反应，与被测组分形成有色化合物的试剂叫作显色剂。分光光度法应用的显色反应主要有氧化还原反应和络合反应两大类。

1. 显色反应的基本要求

（1）选择性好，干扰少或干扰易消除

一种显色剂最好只与一种被测组分起到显色反应，或者显色剂与干扰组分生成的有色化合物的吸收峰与被测组分生成的吸收峰相距较远，这样干扰较少，有利于被测组分的检出。

（2）灵敏度足够高

分光光度法多用于微量组分的测定，因此应选择显色剂与被测组分生成有色化合物摩尔吸收系数大的显色反应，这有利于提高反应灵敏度，减少测定的误差。

（3）有色化合物的组成恒定，符合一定的化学式

对于可能形成不同配合比的配合反应，应注意控制实验条件，以免产生误差。有色化合物的化学性质应稳定。有色化合与显色剂之间的颜色差别要大，以减小试剂空白。一般要求有色化合物与显色剂的最大吸收波长差在 60 nm 以上。

2. 影响显色反应的因素

（1）显色剂用量显色反应通常可用下式表示。

$$M（被测组分）+R（显色剂）=MR（有色化合物）$$

为了保证显色反应尽可能进行完全，通常需要加入过量的显色剂，但不是越多越好，对于有些显色反应，显色剂加入太多，可能会产生副反应。显色剂的适宜用量要通过实验来确定。

（2）酸度

酸度从以下几方面影响显色反应。

第一，酸度影响显色剂浓度和颜色。许多显色剂是有机酸，因此溶液的酸度将影响显色剂的离解，并影响显色反应的完全程度，从下面的反应式可以看出酸度增加对显色反应的影响。

$$M（待测离子）+HR（显色剂）=MR（有色化合物）+H^+$$

酸度对显色反应的第二个影响是显色剂的颜色。由于许多显色剂是酸碱指示剂，

所以在不同的酸度下有不同的颜色，在这种情况下，对于溶液酸度的选择就变得十分重要。

PAR（4-（2-吡啶偶氮）间苯二酚）（以 H_2R 表示）在不同 pH 值下，有不同颜色：pH＜6，主要以黄色 H2R 形式存在；当 pH=7～12 时，主要以橙色 HR^- 形式存在；当 pH＞13 时，主要以红色 R2$^-$ 形式存在。大多数金属离子可以与 PAR 生成红色或红紫色配合物。因此 PAR 适于在酸性和弱酸性溶液中进行测定。在碱性溶液中，显色剂本身已显红色，比色测定显然难以进行。

第二，酸度影响被测离子的存在形式由于大多数金属离子易于水解，溶液酸度过低可能影响金属离子的存在形式。因为在这种情况下，被测物除以简单的离子形式存在外，还可能形成一系列羟基或多核羟基配位离子，如果酸度更低时，则可能进一步水解成碱式盐或氢氧化物沉淀，使显色反应无法正常进行。

第三，酸度影响配合物的组成。对于某些生成逐级配合物的显色反应，酸度不同，其配合物的配合比不同，其颜色也不相同。如磺基水杨酸与 Fe^{3+} 的显色反应，在不同的酸度下，可以生成 1∶1、1∶2、1∶3 三种颜色不同的配合物。

（3）温度

大多数的显色反应是在室温下进行，但有些显色反应需在加热至一定温度时才能进行，而某些有色配合物在较高温度下易分解，因此选择适宜的显色温度是很重要的。由于温度对光的吸收和颜色的深浅都有影响，因此在进行同一组分析时，其绘制标准曲线和进行试样分析时，应使温度保持一致。

（4）时间

显色时间是指有色配合物形成并保持颜色稳定的持续时间。由于许多显色反应需要一定的时间才能完成，并且形成有色配合物的稳定程度也不一样，所以应根据"显色"时的实际情况，在最合适的时间内进行测定。

第一，有色配合物瞬间形成，颜色很快达到稳定，并保持较长的时间。此种情况可在显色后较长时间内测定。如用双硫腙比色法测定水中镉（Cd^{2+}）生成的红色络合物。

第二，有色配合物迅速生成，但在较短时间即开始褪色，对于这类反应，应在显色后立即进行测定。如硫氰酸盐比色法测铁（Fe^{3+}），生成的硫氰酸铁。

第三，有色配合物形成缓慢，溶液颜色需较长时间才能稳定。对这类反应可在完成显色后放置一段时间进行测定。如水杨酸分光光度法测定氨氮。

（5）溶剂

有机溶剂会降低有色化合物的离解度，提高显色反应的灵敏度；同时，有机溶剂还可能提高显色反应的速度，影响有色配合物的溶解度和组成等。因此，可以利用有色化合物在有机溶剂中稳定性好、溶解度大的特点，选择合适的有机溶剂，采用萃取光度法来提高显色反应的选择性和灵敏度。

（6）溶液中共存离子

共存离子干扰是指由于溶液有其他离子存在而影响被测组分吸光光度值的情况。如果溶液中共存离子与被测组分或显色剂生成无色络合物或有色络合物，将使吸光度值减少或增加，造成负误差或正误差。如果溶液中共存离子本身有颜色也会干扰到测定。要消除共存离子的干扰可采用以下方法。

第一，控制溶液酸度，使待测离子显色，而干扰离子不生成有色化合物。例如，二苯碳酰二肼测定 Cr^{6+} 时，Mo^{6+}，Hg^{2+} 均有干扰，若在稀酸（$0.05 \sim 0.3mol/L$）介质中，上述离子均不对测定产生干扰。

第二，加入掩蔽剂，例如，用 N，N-二甲基对苯二胺盐酸盐测定水中硫化氢，Fe3+ 存在干扰，可通过加入磷酸氢二胺消除干扰。

第三，利用氧化还原反应，改变干扰离子价态，使干扰离子不与显色剂反应。例如，用铬天青 S 比色法测定 Al^{3+} 时，Fe^{3+} 干扰测定，加入抗坏血酸将 Fe^{3+} 还原为 Fe^{2+} 后，可消除干扰。

第四，选择适当的参比溶液，从而消除显色剂和某些有色共存离子的干扰。一般做空白试验可以抵消有色共存离子或显色剂本身颜色所造成的干扰。

第五，选择适当的波长消除干扰。例如，紫外光度法测定水中 NO_3^--N 时，由于有干扰物质常出现峰重叠，造成误差。可改用双波长紫外光度法、导数紫外光度法等直接测定水中 NO_3^--N，消除干扰等等。

第六，采用适当的分离方法来消除干扰。

（四）分光光度法的特点

1. 灵敏度高

分光光度法是测量物质微量组分（$0.001\% \sim 1\%$）的常用方法。

2. 准确度高

可见分光光度法的相对误差一般为 $2\% \sim 5\%$，采用精密的分光光度法测量，其相对误差可低于 1%。用于常量组分的分析，分光光度法的准确性不及重量法和滴定分析法，但对于微量组分的分析，则完全可以满足要求。

3. 适用范围广

几乎所有的无机离子和许多有机物都可以直接或间接地采用分光光度法进行分析测定。由于可任意选取某种波长的单色光，在一定的条件下，利用吸光度的加和性，可同时测定水样中两种或两种以上的物质组分含量。由于入射光的波长范围扩大了，不仅可以测定在可见光区（$400 \sim 800$ nm）有特征吸收的有色物质，也可以测定紫外光区（$200 \sim 400$ nm）和红色外光区（$2.5 \sim 25$ μm）有适当吸收的无色物质。

（五）测量的误差

1. 方法误差

方法误差是指分光光度法本身所产生的误差。误差主要由于溶液偏离比尔定律和溶液中干扰物质影响所引起的。

（1）溶液偏离比尔定律

光度法的理论基础是朗伯-比尔定律，但在工作中经常会遇到工作曲线偏离线性的问题。这大多是由于化学变化（如缔合、离解及形成新络合物等）所引起的，致使有色溶液的浓度与被测物的总浓度不成正比。

（2）反应条件的改变

显色反应多是分步进行，溶液酸度、显色时间等反应条件改变，都会引起有色化合物的组成发生变化，从而使溶液颜色的深浅度发生变化，导致产生误差。

2. 仪器误差

仪器误差是指由使用分光光度计所引人的误差。

（1）仪器精度引起

复色光引起对比尔定律的偏差；波长标度尺做校正时引起光谱测量的误差；吸光度测量受光度标度尺误差的影响等。

（2）仪器噪声的影响

仪器噪声会影响光度测定的准确度和精密度。

（3）吸收池（下称比色皿）引起

比色皿不匹配或透光面不平行，对光方向不正等，都会使透光度产生差异，从而影响测量误差。

二、设备器材（分光光度计）

分光光度计是分光光度法的主要使用设备。分光光度计的种类很多，总体可归纳为单光束、双光束、双波长三种基本类型、按提供的测量范围不同可分为可见光分光光度计、紫外分光光度计、可见紫外分光光度计、红外分光光度计。

（一）分光光度计的组成

1. 光源

可见区最常用的白炽光源是钨丝灯，它所发出的连续光谱波长范围为 320～2500 nm，适宜于可见及近红外光谱区的测量。

紫外光区主要采用氢灯或氘灯等光源，能发射 180～375nm 波长的连续光谱。由于玻璃能强烈地吸收紫外线，故一般都用石英灯泡制作，如果用玻璃灯泡，则光源射出部分必须安上石英窗才能用。

2. 分光系统（单色器）

分光系统（单色器）又称色散系统，是将混合的光波按波长顺序分散为不同波长的单色光波的装置。主要由棱镜和光栅、狭缝及透镜系统所组成。

（1）狭缝

当光线进入单色器之前，先照射到入射狭缝上，使光线成一条细的光束照射平行光镜（准直镜），则成为平行的光线投射到棱镜或衍射光栅上。色散后的光波通过转动棱镜可获得所需的单色光波，由出射狭缝分出

（2）棱镜

由玻璃或石英制成，玻璃棱镜的色散能力比石英棱镜好，分辨本领也强，但强烈吸收紫外线，所以紫外光区的色散必须用石英棱镜，且在石英棱镜的反面镀铝，因为铝比银对紫外光的反射力强。

3. 吸收池

即通常所讲比色皿，玻璃池只用于可见光区，石英池可用紫外光区以及可见光区、

正确地使用比色皿应注意以下几点：第一，样品与标准要用相同大小的比色皿。第二，比色皿必须进行成套性检查。具体操作是：使用前将相同规格的比色皿用氯仿、纯水洗净，注入纯水，用其中一只调零，然后测量其他比色皿的吸光度，若均为零，便可用于日常检测使用；否则，就在测定样品时减去差值。第三，手切勿接触到透光面，以免指纹影响测定。第四，显色液不可注满，只可装至比色皿的70%～80%。第五，每次使用完后要及时、彻底地清洗比色皿。例如，检测阴离子洗涤剂由于使用亚甲基蓝令比色皿变蓝，可先用水冲洗，再用铬酸洗液浸泡，立即取出，用自来水、纯水依次冲洗后晾干。但测铬用的比色皿不能用铬酸洗液洗涤，应改用浓硝酸，如仍不能洗净，可用氯仿或丙酮，效果较好。第六，洗净备用的比色皿要倒立于清洁纱布上，干后放好，避免灰尘沾污

4. 检测器

检测器是将透过吸收池的光信号转变为可测量的电信号的光电转换元件，主要分为光电管和光电倍增管。

上述是构成目前常用的紫外可见分光光度计的基本元件近年来，双波长分光光度计的出现，使分析方法的准确度和灵敏度明显提高，特别对高浓度样品和浑浊样品以及多组分混合物样品的定量分析，更显示出独特优点。

（二）分光光度计的日常维护

分光光度计属于精密仪器，应设置专门仪器室，有专人负责检查、保养，操作人员使用前应仔细阅读仪器的使用说明书，熟悉仪器的操作。日常使用和维护中应注意以下几点。

1. 防震

仪器应安放在牢固的工作台上。必须移动时应将检流计短路，防止检流计受震动，影响读数的准确性。

2. 防腐蚀

在使用过程上，应防止侵蚀性气体（如 SO_2、H_2S、NO_2 及酸雾）腐蚀仪器。应注意比色槽及比色皿架上的清洁。

3. 防潮

湿度较大可能导致仪器数显不稳，无法调零或满度，反射镜发霉或沾污，影响光效率，杂散光增加。因此，仪器室应干燥、通风。仪器中应放置硅胶干燥剂，发现硅胶变色应及时更换。

4. 防光

仪器应置于避光处，并应防止阳光直接或长时间照射。

三、检测项目

（一）六价铬

铬是生物体所必需的微量元素之一，若缺少会导致糖、脂肪等代谢系统紊乱，

但浓度过高又会对生物和人体有害。水中铬主要有三价（Cr_2O_3）和六价（CrO_4^{2-}、$Cr_2O_7^{2-}$、$HCrO_4^{2-}$）两种价态。其中，六价铬的毒性比三价铬高 100 倍，更易于被人体吸收及蓄积。当水中六价铬浓度为 1 mg/L 时，水呈淡黄色并且有涩味；三价铬浓度为 lmg/L 时，水的浑浊度明显增加因此，铬是我国公布的优先控制污染物。

1.二苯碳酰二肼分光光度法

（1）应用范围

本法适用于生活饮用水及水源水中六价铬的测定。

本法最低检测质量为 0.2 μg 六价铬若取 50mL 水样测定，则最低检测浓度为 0.004 mg/L。

（2）原理

在酸性溶液中，六价铬可与二苯碳酰二肼作用，生成紫红色络合物，比色定量。

（3）仪器

所有玻璃仪器（包括采样瓶）要求内壁光滑，不能用铬酸洗液浸泡。可用合成洗涤剂洗涤后再用浓硝酸洗涤，然后用自来水和纯水淋洗干净。50mL 具塞比色管。100mL 烧杯。分光光度计。

（4）试剂

第一，二苯碳酰二肼丙酮溶液（2.5g/1）：称取 0.25g 二苯碳酰二肼［CO（HN·NH·C_6H_5）$_2$，又名二苯氨基脲］，溶于 100mL 丙酮。盛于棕色瓶中置冰箱内可保存半月，颜色变深时不能再使用。

第二，硫酸溶液：（1+7）。

第三，六价铬标准溶液［ρ（Cr^{6+}）=1 μg/mL］。

第四，氢氧化锌共沉淀剂。硫酸锌溶液（80g/L）：称取硫酸锌（$ZnSO_4$·$7H_2O$）8g，溶于纯水并稀释至 100mL。氢氧化钠溶液（20 g/L）：称取氢氧化钠 24 g，溶于新煮沸放冷的纯水并稀释至 120mL。将硫酸锌溶液（80 g/L）和氢氧化钠溶液（20 g/L）混合。

（5）分析步骤

吸取 50.0mL 水样，置于 50mL 比色管中。另取 50mL 比色管 9 支，向水样管及标准管中各加 2.5mL 硫酸溶液（试剂（2））及 2.5mL 二苯碳酰二肼溶液，立即混匀，放置 10 min。于 540 nm 波长下，用 3 cm 比色皿，以纯水作为参比，测定样品及标准系列液吸光度。以浓度为横坐标，吸光度为纵坐标绘制校准曲线。

根据测得的样品吸光度在校准曲线上查出样品管中六价铬的含量（mg/L）。有颜色的水样应由样品管溶液的吸光度减去水样空白吸光度，再在校准曲线上查出样品管中六价铬的含量。

（6）方法注释

第一，铁、钼、铜、汞、钒等对测定有干扰经实验证实，Fe^{3+} 与二苯碳酰二肼产生黄褐色，当含铬 5 μg 时，5.0 mg/L Fe^{3+} 产生干扰；含铬 2 μg 时，2.5 mg/L Fe^{3+} 产生干扰。钒亦显红褐色，其浓度 10 倍于铬时产生干扰，但显色 10 min 后钒与试剂产生的颜色几乎全部消失掉。此外，钼与试剂呈紫色，但小于 2mg/L 无影响；有 Cl^- 存

在时可防止 Hg^+ 及 Hg^{2+} 的干扰。

第二，色度校正，如水样有色但不太深，另取一份水样，在待测水样中加入各种试液进行同样的操作时，以 2mL 丙酮代替显色剂，最后以此水样作为参比来测定待测水样的吸光度。

如水样有颜色时，另取 50mL 水于 100mL 烧杯中，加入 2.5mL 硫酸溶液，于电炉上煮沸 2min，使水样中的六价铬还原为三价，溶液冷却后转入 50mL 比色管中，加纯水至刻度后再多加 2.5mL 二苯碳酰二肼溶液，摇匀，放置 10 min，于 540 nm 波长用 3cm 比色皿，以纯水为参比测量空白吸光度。

第三，对浑浊、色度较深的水样可以用锌盐沉淀分离预处理。取适量水样（含六价铬少于 100μm）置 150mL 烧杯中，加水至 50mL，滴加 2g/L 氢氧化钠溶液，调节溶液 pH7 ~ 8。在不断搅拌下，滴加氢氧化锌共沉淀剂至溶液 pH8 ~ 9，将此溶液转移至 100mL 容量瓶中，用水稀释至标线。用慢速滤纸过滤，弃去 10 ~ 20mL 初滤液，取其中 50mL 滤液供测定。

2. 注意事项

采集水样时应用玻璃瓶，采集时加入氢氧化钠调节水样 pH 值约为 8，采集后应尽快测定。二苯碳酰二肼为白色结晶，见光变色，易溶于乙醇或丙酮，配成溶液后应避光冷藏保存。如溶液颜色变红，应另新配。显色剂加入后应立即混匀，因试剂中丙酮会还原铬，使结果偏低。反应时溶液的酸度应控制在氢离子浓度为 0.05 ~ 0.3 mg/L，以 0.2 mol/L 时显色最稳定。反应时的温度以及放置时间对显色都有影响。15℃时颜色最稳定，显色后 2 ~ 3 min 颜色可达最深，在 5 ~ 15min 内显色稳定。1h 后明显褪色。

（二）氰化物

氰化物在水体中存在的形式可分为有机氰化物和无机氰化物无机氰化物有简单氰化物和金属铬合氰化物。简单氰化物易溶于水，毒性大。络合氰化物的毒性虽小，但在 pH、水温和日光照射等的影响下容易分解为简单氰化物。

氰化物的急性毒性很强：与某些呼吸酶作用，引起组织内窒息；慢性中毒主要衷现为神经衰弱综合症、眼及上呼吸道刺激、皮疹、皮肤溃疡等等。

1. 异烟酸 – 吡唑酮分光光度法

（1）应用范围

本法适用于测定生活饮用水及其水源水中游离氰和部分络合氰的含量。本法最低检测质量为 0.1μg，若取 250mL 水样蒸馏测定，则最低质量浓度为 0.002 mg/L。

（2）原理

在 PH=7.0 的溶液中，用氯胺 T 将氰化物转变为氯化氰，再与异烟酸 – 吡唑酮作用，生成蓝色染料，比色定量。

（3）仪器

全玻璃蒸馏器：500mL 具塞比色管：25mL、50mL。恒温水浴锅。分光光度计。

（4）试剂

氰化钾标准溶液 ［ρ（Cl^-）=100μg/mL］：目前氰化钾标准品多从国家标准品的

机构购买。再用氢氧化钠溶液（1 g/L）稀释成 $p(CN^-)=1.00\mu g/mL$ 的标准使用液；酒石酸固体；甲基橙指示剂（0.58/1）；乙酸锌溶液（100 g/L）；氢氧化钠溶液（20 g/L）；氢氧化钠溶液（1 g/L）；乙酸溶液（0.5tnol/L）；0.1% 酚酞溶液；磷盐缓冲溶液（pH 7.0）：称取 34.0 g 磷酸二氢钾（KH_2PO_4）和 35.5 g 磷酸氢二钠（Na_2HPO_4）溶于纯水中，并稀释至 1000mL；异烟酸 – 吡唑酮溶液：称取 1.5g 异烟酸（$C_6H_5O_2N$），溶于 24mL 氢氧化钠溶液（20g/L）中，用纯水稀释至 100mL；另取 0.25g 吡唑酮（$C_{10}H_{10}NO_2$），溶于 20mLN– 二甲基甲酰胺（[$NCON(CH_3)_2$]）中。合并两种溶液，混匀。

氯胺 T 的有效氯含量对本法影响较大，已经分解的或配制后浑浊的氯胺 T 不能使用。氯胺 T 有效氯含量为 22% 以上，保存不当时易分解，必要时需用碘量法测定有效氯含量后再用。

（5）分析步骤

于 50mL 具塞比色管预先放置 5mL 氢氧化钠溶液（20 g/L）作吸收液。量取 250mL 水样（氰化物含量超过 20 pig 时，可以取适量水样，加纯水至 250mL，测得结果要除以相应稀释倍数），置于 500mL 全玻璃蒸馏器内，加入 2 ~ 3 滴甲基橙指示剂（0.5g/L），再加 5mL 乙酸锌溶液（100g/L）。

加入 1 ~ 2g 固体酒石酸。此时溶液颜色由橙黄变成橙红，迅速进行蒸馏。蒸馏速度控制在每分钟 2 ~ 3mL。收集蒸馏液于比色管中，务必使冷凝管下端插入吸收液中。收集蒸馏液至 50mL，混合均匀。取 10.0mL 蒸馏液，置 25mL 具塞比色管中。

向水样管和各标准管中各加 5.0mL 磷酸盐缓冲溶液。置于左右恒温水浴中，准确加入 0.25mL 氯胺 T 溶液，加塞混合，放置 5min，然后加入 5.0mL 异烟酸 – 吡唑酮溶液，加纯水至 25mL，混匀。于 25 ~ 40℃放置 40 min。于 638 nm 波长下，用 3 cm 比色皿，以纯水作参比，测定吸光度。][水中氰化物浓度是横坐标，吸光度为纵坐标绘制校准曲线。

2. 注意事项

多数干扰物可于水样蒸馏时除去。挥发酚含量低于 500 mg/L 时，对本法无干扰。采集水样时，于每升水样中加入 2 g 固体氢氧化钠，使 pH > 12，保存并尽快测定。水样中有氧化剂（如游离氯、次氯酸盐等）可分解氰化物，用碘化钾 – 淀粉试纸检查显蓝色，可在水样中加 0.1 g/L 亚砷酸钠或 0.1 g/L 的硫代硫酸钠除去干扰，至检查呈阴性。硫化物在高 pH 时能迅速将氰化物转变为硫氰化物，用乙铅试纸检查，若呈阳性，应在加氢氧化钠固定之前，加镉盐或铅盐使生成硫化物沉淀，过滤除去亚硝酸盐浓度高时存在干扰，可在蒸馏前 10 min 加氨基磺胺排除干扰。一般 1mg 亚硝酸盐加 2.5 mg 氨基磺胺。蒸馏速度控制为 2 ~ 3mL / min，可以保证氰化物完全被收集。

显色反应的 pH 应控制在 6.8 ~ 7.5 范围内，低于或高于此范围，吸光度均显著降低。可在加入磷酸盐缓冲溶液之前，加入 1 滴酚酞，用乙酸溶液调至红色刚好消失氯胺 T 固体易受潮结块，不易溶解，可致显色无法进行，应注意保存条件干燥，最好冷藏。此外，加入氯胺 T 溶液应控制在 0.3mL 以下，超过时吸光值下降。异烟酸配成溶液后呈淡黄色，致空白值增高，可过滤。异烟酸浓度小于 2 g/L 时，达到最大吸光值所需时间较长；大于 2g/L 时，40 min 内就能达到最大吸光值。显色反应控制在 25 ~ 35℃、40 min。

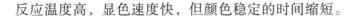

反应温度高，显色速度快，但颜色稳定的时间缩短。

（三）氟化物

氟化物在自然界广泛存在，适量的氟被认为是对人体有益的元素，但摄入量过多对人体有害，可致急、慢性中毒（慢性中毒主要表现为氟斑牙和氟骨症）。水中的氟多以可溶性氟化物形式存在，在悬浮颗粒物中的氟常是不溶性的氟化物

水中氟化物的测定，可采用离子选择电极法、离子色谱法、氟试剂分光光度法、双波长系数倍率氟试剂分光光度法和锆盐茜素比色法。电极法的适应范围宽，浑浊度、色度较高的水样均不干扰测定。受设备条件所限，离子色谱法在基层单位应用少。分光光度法和比色法适用于较清洁水样，当干扰物质过多时，水样需预先进行蒸馏下面介绍锆盐茜素比色法。

1. 应用范围

本法规定了用锆盐茜素目视比色法测定生活饮用水和其水源水中的氟化物。本法的最低检测量为 5 叫氟化物。若取 50mL 水样测定，则最低检测浓度为 0.1 mg/1。本法仅适用于较洁净和干扰物质较少水样。

2. 原理

在酸性溶液中，茜素磺酸钠与锆盐形成红色络合物，当有氟离子存在时，形成无色的氟化锆而使溶液褪色，用目视比色法定量。

3. 仪器

50mL 具塞比色管。

4. 试剂

氟化物标准溶液（10.00 mg/L）。盐酸 – 硫酸混合溶液：取 101mL 盐酸（ρ_{20}=1.19g/mL），加到 300mL 纯水中，另取 33.3mL 硫酸（ρ_{20}=1.84g/mL），加到 400mL 纯水中，冷却后合并两溶液。茜素磺酸钠 – 氧氯化锆溶液：取 0.3g 氧氯化锆（$ZrOCl_2 \cdot SH_2O$）溶于 50mL 纯水中，另称取 0.07g 茜素磺酸钠（$C_{14}H_7SNa \cdot H_2O$，又名茜素红 S）溶于 50mL 纯水中，将此溶液缓缓加入氧氯化锆溶液中，均匀，放置，使澄清。茜素锆试剂：将盐酸 – 硫酸混合溶液和茜素磺酸钠 – 氧氯化锆溶液合并，用纯水稀释成 1000mL，放置 1h，溶液由红色变成黄色，贮存于冷暗处，可在 2 ~ 3 个月内使用。亚砷酸钠溶液（5g/L）。

5. 分析步骤

取 50.0mL 澄清水样于 50mL 比色管中，检测有游离余氯的水样时，加入 1 滴亚砷酸钠溶液（5g/L）脱氯。另外取 50mL 具塞比色管 9 支，用纯水稀释至 50.0mL。向水样管和标准管中各加 2.5mL 茜素锆试剂，混匀后放置 1 h，目视比色。记录水样氟化物的含量（mg/L）。

6. 方法注释

当水中下列物质超过一定限度时将形成干扰，需要将水样先行蒸馏。氯化物 500 mg/L；硫酸 200mg/L；铝 0.1mg/L；磷酸盐 1.0mg/L；铁 2.0mg/L；浑浊度 25 度；色度 25 度。其中，氯化物、铝盐使结果偏低；硫酸盐、磷酸盐、铁、锰使结果偏高。当有

游离氯、二氧化锰等存在时会对有色络合物起漂白作用，使测定结果偏高，可加入亚砷酸钠溶液脱氯。

7.注意事项

由于氟化物易与玻璃中的硅、硼反应，或吸附于瓶壁，采样时应直接将水样放入洗净的聚乙烯瓶中，不能使用玻璃容器。加入锆盐茜素溶液前，应先将水样管和标准管放置至室温。严格控制水样、空白和标准系列加入试剂的量及反应温度、茜素磺酸钠为橙黄色粉末，易溶于水，水溶液呈褐色，pH3.7时呈黄色，PH5.2时呈紫色。亚砷酸钠是剧毒物质，使用过程应遵循剧毒品管理规定，防止危害。

（四）氨氮

水中氨氮一般含量对人体无危害性，氨氮高时表示水源不久前受到了污染，水中如果仅含 NO_3^- 而不含 NH_4^+ 与 NO_2^-，表示污染物中有机物质分解完了，在这个过程中，水中致病微生物也逐渐清除。测定此类氮素化合物，可以帮助了解水的"自净"情况。

氨氮的测定方法通常有纳氏试剂分光光度法、酚盐分光光度法、水杨酸分光光度法，其中纳氏试剂分光光度法应用较普遍，而水杨酸盐分光光度法由于能避免水中余氯的影响而逐渐被广泛的应用。

1.纳氏试剂分光光度法

（1）适用范围

本法适用于测定生活饮用水及其水源水中氨氮含量。本法最低检测质量为 $1.0\mu g$ 氨氮，若取 50mL 水样测定，最低检测浓度为 0.02mg/L。

（2）原理

水中氨与纳氏试剂（ K_2Hg_{14} ）在碱性条件下生成黄色至棕色的化合物（ NH_2HgOI ），其色度与氨氮含量成正比。

（3）试剂

无氨水：一般纯水经强酸型阳离子交换树脂获得；或加硫酸和高锰酸钾后重新蒸溜。氨氮标准使用液（10.00 mg/L），临用时配制。硫代硫酸钠溶液（3.5g/1）。酒石酸钾钠溶液（500g/L）：称取酒石酸钾钠（ $KNaC_4H_4O_6 \cdot 4H_2O$ ），溶于100mL纯水中，加热煮沸至不含氨为止，冷却后再用纯水补充至100mL。氢氧化钠溶液（350 g/L）。纳氏试剂：称取100g碘化汞（ HgI_2 ）及70g碘化钾（KI），先以少量纯水溶解碘化押，再逐少加入碘化汞至朱红色沉淀，将此上清液缓缓倾入已冷却的500mL氢氧化钠溶液中，并不停搅拌，最后以纯水稀释至1000mL。摇匀，避光保存，静置过夜，取上清液使用。硫酸锌溶液（100 g/L）氢氧化钠溶液（240 8/%）。

（4）仪器

全玻璃蒸馏器：500mL；具塞比色管：50mL；分光光度计。

（5）样品保存

水样中的氨氮不稳定，采样时每升水样加 0.8mL 硫酸（ ρ_{20}=1.84 mg/L），4℃保存并尽快分析。

（6）样品预处理

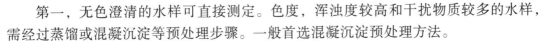

第一，无色澄清的水样可直接测定。色度，浑浊度较高和干扰物质较多的水样，需经过蒸馏或混凝沉淀等预处理步骤。一般首选混凝沉淀预处理方法。

第二，混凝沉淀操作。取200mL水样，加入2mL硫酸锌溶液，混匀，加入0.8～1mL氢氧化钠溶液，使PH=10.5，静置数分钟，倾出上清液供比色用。

（7）分析步骤

取50.0mL澄清水样或预处理的水样于50mL比色管中，另取50mL比色管8支，以纯水定容至50mL；向水样及标准溶液管内分别加入1mL酒石酸钾钠溶液，混匀，加1.0mL，纳氏试剂混匀后放置10 min。于420nm波长下，用1 cm比色皿，以纯水作参比，测定吸光度。如氨氮含量低于$30\mu g$（即水样为50mL时，氨氮浓度低于0.6 mg/L），改用3cm比色皿，低于$10\mu g$（即水样为50mL时，氨氮浓度低于0.2 mg/L）可用目视比色。以浓度为横坐标、吸光度为纵坐标绘制校准曲线。根据分析测得的样品吸光度在校准曲线上查出样品管中氨氮的含量（mg/L）。或目视比色记录水样中相当于氨氮标准含量。

（8）方法注释

Ca^{2+}，Mg^{2+}、Fe^{3+}等离子在测定过程中生成沉淀，加入50%酒石酸钾钠清除。氯与氨生成氯胺，可加入硫代硫酸钠（3.5g/L）脱氯。余氯为1 mg/L的水样，每0.4mL能除去200mL水样中的余氯。使用时应按水样中余氯的质量浓度计算加入量。水中浑浊度大，悬浮物多时，用混凝沉淀法进行水样预处理。硫化物、铜、醛等亦可引起溶液浑浊。脂肪胺、芳香胺、亚铁等可与碘化汞钾产生颜色水中带有颜色的物质，亦能产生干扰，遇此情况，可用蒸馏法除去。经蒸馏处理的水样，只向各标准管中各加5mL硼酸溶液，然后向水样及标准管中各加2mL的纳氏试剂。关于纳氏试剂的配制，按标准方法腆化汞及碘化钾过量太多（碘化汞剧毒！），由于加入36g碘化汞已达过饱和有的实验室从环保考虑，对纳氏试剂的配制方法进行了改进，并证明使用改进方法配制的纳氏试剂，对检测结果没有影响。

改进后的配制方法如下（供参考）：称取36g碘化隶（HgI_2）及25g碘化钾（KI），先以少量纯水溶解碘化钾，再逐步加入碘化汞至朱红色沉淀，将此上清液缓缓倾入已冷却的500mL氢氧化钠溶液中，并不停的搅拌，最后以纯水稀释至1000mL摇匀，避光保存，静置过夜，取上清液使用。

（9）注意事项

对于直接测定的水样，加硫酸固定时注意酸的用量，切勿过量，以免加显色剂后pH值不能控制在10.5～11.5。用"无氨水"配制所有试剂；在配制纳氏试剂时，称量碘化钾要准确，否则过量碘离子将影响络合生成，将碘化汞加入到碘化钾溶液中至朱红色沉淀物不溶解为止（即稍有碘化汞沉淀）。

储存已久的纳氏试剂，使用前应先用已知量的氨氮标准溶液显色，并核对吸光度；加入试剂后2 h内不得出现浑浊，否则应当重新配制。配制纳氏试剂过程中使用的碘化汞是剧毒物质，应遵循剧毒品管理规定。

2.水杨酸盐分光光度法

（1）适用范围

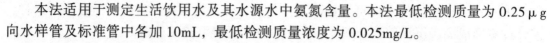

本法适用于测定生活饮用水及其水源水中氨氮含量。本法最低检测质量为 0.25μg 向水样管及标准管中各加 10mL，最低检测质量浓度为 0.025mg/L。

（2）原理

在亚硝基铁氰化钠存在下，氨氮在碱性溶液中与水杨酸盐－次氯酸盐生成蓝色化合物，其色度与氨氮含量成正比。

（3）试剂

第一，氨氮标准使用液（5.0 mg/L），第二，亚硝基铁氰化钠溶液（10g/L）：用少量纯水溶解 1 g 亚硝基铁氰化钠 [$Na_2Fe(CN)_5$·NO−2H2O，又名硝普钠]，并稀释至 100mL，保存于冰箱中。如果发现空白值增高，应重配。第三，氢氧化钠溶液（280g/L）：将 140g 氢氧化钠溶于 550mL 纯水中，煮沸并蒸发至约为 450mL，冷却后用纯水稀释至 500mL。第四，柠檬酸钠溶液：将 200g 柠檬酸钠（C6H5O7Nai·2H2O）溶于 600mL 纯水中，煮沸并蒸发至约为 450 tnL，冷却后用纯水稀释至 500mL。第五，含氯缓冲液：称取 12 g 无水碳酸钠及 0.8 g 碳酸氢钠，溶于 100mL 纯水中。加入 34mL 次氯酸钠溶液（30g/L），并加纯水至 200mL，放置 1 h 后即可使用。第六，水杨酸－柠檬酸盐溶液（显色剂）：称取 3.5 g 水杨酸（ChH4OHCOOH）加入 5.0mL 氢氧化纳溶液（试剂（3）），水杨酸溶解后，加入 1.5mL 亚硝基铁氰化钠溶液以及 25mL 柠檬酸钠溶液，摇匀。临用时配制。

（4）仪器

具塞比色管：10mL；分光光度计。

（5）样品预处理

如样品需经过蒸馏处理，用 50mL 硫酸（0.02 mol/L）作为吸收液。

（6）分析步骤

第一，试剂空白的制备：吸取 0.4mL 含氯缓冲液加到 10mL 纯水中，混匀，静置半小时后加 1.0mL 水杨酸－柠檬酸盐溶液，第二，吸取 10.0mL 澄清水样或水样蒸馏液于 1.0mL 具塞比色管中。另外取 10mL 比色管 8 支，以纯水定容至 10mL。第三，以浓度为横坐标，吸光度为纵坐标绘制校准曲线。第四，根据分析测得的样品吸光度在校准曲线上查出样品管中氨氮的含量（mg/L）。

（7）方法注释

含氯缓冲溶液校验方法：吸取 1mL 溶液稀释至 50mL，加入 1g 碘化钾及 3 滴硫酸，以淀粉溶液作指示剂，用硫代硫酸钠标准溶液（0.025 mol/L）滴定生成的碘，应消耗 5.6mL 左右，如低于 4.5mL 应补加次氯酸钠溶液。

（五）亚硝酸盐氮

亚硝酸盐氮是含氮化合物分解的中间产物，性质极不稳定，易被氧化为硝酸盐氮，也可被还原为氨。在正常的情况下，饮用水中亚硝酸盐本身并不稳定，存在的浓度很少可能会达到影响人体健康的水平。

由于亚硝酸盐的不稳定性，采样后应尽快进行分析。水中亚硝酸盐氮的测定方法通常采用重氮偶合分光光度法，该方法灵敏、选择性强。离子色谱法由于需要专用设备的投入，在基层单位应用较少。重氮偶合分光光度法方法。

1. 适用范围

本法适用于测定生活饮用水及其水源水中亚硝酸盐氮含量。本法最低检测质量为0.05 μg 亚硝酸盐氮，若取 50mL 水样测定，最低检测浓度为 0.001 mg/L。

2. 原理

在 pH 1.7 以下，水中亚硝酸盐氮与对氨基苯磺酰胺重氮化，再和盐酸 N-（1-萘）-乙二胺产生偶合反应，生成紫红色的偶氮染料，比色定量。

3. 试剂

（1）氢氧化铝悬浮液

称取 125g 硫酸铝钾 [$KAl(SO_4)_2 \cdot 12H_2O$] 或硫酸铝铵 [$NH_4Al \cdot (SO_4)_2 \cdot 12H_2O$]，溶于 1000mL 纯水中。加热至 60℃，缓缓加入 55mL 氨水（$\rho_{20}=0.88g/mL$），使氢氧化铝沉淀完全。充分的搅拌后静置，弃去上清液，用纯水反复洗涤沉淀至倾出上清液中不含氯离子（用硝酸银硝酸溶液试验）为止然后加入 300mL 纯水成悬浮液，使用前振摇均匀。

（2）对氨基苯磺酰胺溶液（10g/L）

称取 5g 对氨基苯磺酰胺（$H_2NC_6H_4SO_3NH_2$），溶于 350mL 盐酸溶液（1+6）中。用纯水稀释至 500mL。

（3）盐酸 N-（1-萘）-乙二胺（又名 NEDD）溶液（1.0g/L）

称取 0.2g 盐酸 N-（1.萘）-乙二胺（$C_{10}H_7NH_2CHCH_2 \cdot NH_2 \cdot 2HCl$），溶于200mL 纯水中。贮存于冰箱内。可稳定数周，如试剂颜色变深，应弃去重配。亚硝酸盐氮标准使用溶液（0.10 mg/L）。

4. 仪器

具塞比色管：50mL；分光光度计。

5. 样品预处理

色度、浑浊度较高和干扰物质较多的水样，可以先取 100mL 水样，加入 2mL 氢氧化铝悬浮液，搅拌后静置数分钟，过滤。

6. 分析步骤

将水样或处理后的水样用酸或碱调至中性，取 50.0mL 备用。另取 50mL 比色管 8 支，以纯水定容至 50mL。向水样及标准溶液管内分别加入 1mL 对氨基苯磺酰胺溶液（10g/L），混匀后放置 2～8 min，加入 1.0mL 盐酸 N-（1.萘）-乙二胺溶液（1.0g/L），立即摇匀。于 540nm 波长下，用 1 cm 比色皿，以纯水作参比，在 10 min～2 h 内测定吸光度。如亚硝酸盐氮浓度低于 0.004 mg/L，改用 3 cm 比色皿。以浓度为横坐标、吸光度为纵坐标绘制校准曲线；根据测得的样品吸光度在校准曲线上查出样品管中亚硝酸盐氮的含量（mg/L）。

7. 方法注释

水中常见的 Fe^{3+}、Pb^{2+} 等离子可产生沉淀，Cu^{2+} 可催化重氮盐分解，造成结果偏低。

（六）硝酸盐氮

硝酸盐是氮循环中最稳定的氮化合物硝酸盐主要用作无机肥料，在地下水和地表水中硝酸盐浓度通常会较低，但可能受农用渗沥或排放的影响而达到高浓度。通过对水中硝酸盐的分析，可以大体了解水体的污染情况。

水体中氮循环情况：仅有硝酸根，其他有机氮及亚硝酸根不存在；含有较多硝酸根，其他氮化合物也存在；硝酸根含量较低，含有较高的氨。

水质卫生学评价意义：污染过程大体结束，有机污染物分解完成；水体正遭受污染，有机物的分解作用还未完成；水体刚遭受污染。

麝香草酚分光光度法是检测饮用水中硝酸盐氮含量最常采用的方法，方法的特点是简便易行，干扰物质少，利用氨基磺酸铵和硫酸银可以简便而有效地消除 NO_2 和 Cl^- 的干扰，结果准确可靠；紫外分光光度法方法简单，仪器易于普及，但干扰因素比较多；离子色谱法由于设备普及原因，基层单位较少应用，故此处不做详细介绍。

1.麝香草酚分光光度法

（1）适用范围

本法适用于测定生活饮用水和其水源水中硝酸盐氮含量。本法最低检测质量为 0.5 叫硝酸盐氮，若取 1.00mL 水样测定，最低检测质量浓度为 0.5 mg/L。

（2）原理

硝酸盐和麝香草酚在浓硫酸溶液中形成硝基酚化合物，碱性溶液中发生分子重排，生成黄色化合物，比色测定。

（3）试剂

硝酸盐氮标准使用溶液（ $10 \mu g/mL$ ）；氨水；乙酸溶液（1+4）；氨基磺酸铵溶液（20g/L）：称取 2.0g 氨基磺酸铵（ $NH_4SO_3NH_2$ ），用乙酸溶液溶解，并稀释至 100mL；麝香草酚乙醇溶液（5 g/L）：称取 0.5 g 麝香草酚 [$(CH_3)(C_3H_7)C_6H_3OH$ ，Thymol，又名百里酚]，溶于无水乙醇中，并稀释至 100mL；硫酸银硫酸溶液（10g/L）：称取 1.0g 硫酸银（ Ag_2SO_4 ），溶于 100mL 浓硫酸中。

（4）仪器

具塞比色管：50mL；分光光度计。

（5）分析步骤

取 1.00mL 水样于干燥的 50mL 比色管中。另外取 50mL 比色管 7 支，以纯水定容至 1.00mL；向各管加入 0.1mL 氨基磺酸铵溶液，摇匀后放置 5 min；各加 0.2mL 麝香草酚乙醇溶液；摇匀后加 2mL 硫酸银硫酸溶液，混匀后放置 5 min；加 8mL 纯水，混匀后滴加氨水至溶液黄色到达最深，并使氯化银沉淀溶解为止。加纯水至 25mL 刻度，混匀；于 415mn 波长，2cm 比色皿，以纯水为参比，测量吸光度；以浓度为横坐标、吸光度为纵坐标绘制校准曲线；根据分析测得的样品吸光度在校准曲线上查出样品管中硝酸盐氮的含量（mg/L）。

（6）方法注释

加氨基磺酸铵的目的是消除亚硝酸盐的干扰。加硫酸银是为了能消除氯化物的负干扰。每个样品加硫酸银硫酸溶液 2mL，可去除 4.55 mg 氯离子。实际水样氯化物含

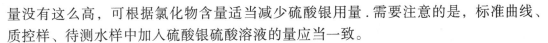

量没有这么高，可根据氯化物含量适当减少硫酸银用量．需要注意的是，标准曲线、质控样、待测水样中加入硫酸银硫酸溶液的量应当一致。

（7）注意事项

（加入氨基磺酸铵溶液和麝香草酚乙醇溶液时，需由比色管中央直接滴加到溶液中，勿沿管壁流下。否则乙醇挥发，大部分试剂附于管壁，使结果偏低。而加入硫酸银硫酸时，则沿管壁缓缓注入，切勿过快导致硫酸大量产热。根据水样的硝酸盐含量来确定标准曲线，可制备高低浓度两条曲线以作必要时使用。因测定硝酸是取 1mL 水样测定，应尽量避免稀释水样来测定其含量，以免引起误差。

2. 紫外分光光度法

（1）适用范围

本法适用测定未受污染的生活饮用水及其水源水中硝酸盐氮含量。本法最低检测质量为 10 网硝酸盐氮，若取 50mL 水样测定，最低检测质量浓度为 0.2 mg/L。测定范围为 0 ~ 11 mg/L。

（2）原理

利用硝酸盐在 220 nm 波长具有紫外吸收和在 275 mn 波长不具吸收的性质进行测定，于 275 nm 波长测出有机物的吸收值在测定结果中校正。

（3）试剂

硝酸盐氮标准使用溶液（10μg/mL）；无硝酸盐纯水：采用了重蒸馏或蒸馏——去离子法制备，用于配制试剂及稀释样品；盐酸溶液（1+11）。

（4）仪器

紫外分光光度计及石英比色皿；具塞比色管：50mL。

（5）分析步骤

第一，水样预处理：吸取 50mL 水样于 50mL 比色管中（必要时应用滤膜除去浑浊物质），加 1mL 盐酸溶液酸化。第二，另取 50mL 比色管 7 支，以纯水定容至 50mL，各加 1mL 盐酸溶液。第三，用纯水调节仪器吸光度为 0，分别在 220 nm 和 275 nm 波长测量吸光度。

（7）计算

在标准及样品的 220 nm 波长吸光度中减去 2 倍于 275 nm 波长的吸光度，绘制标准曲线并在曲线上直接读出样品中的硝酸盐氮的质量浓度（NO_3^-N，mg/L）。

（8）方法注释

可溶性有机物、表面活性剂、亚硝酸盐和 Cr^{6+} 对本标准有干扰，次氯酸盐与氯酸盐也能干扰测定。低浓度的有机物可以测定不同波长的吸收值再予以校正。浑浊度的干扰可以经 0.45 膜过滤除去。氯化物不干扰测定，氢氧化物和碳酸盐（浓度可达 1000mg/L $CaCO_3$ 的干扰，可用盐酸酸化予以消除。若 275 nm 波长吸光度的 2 倍大于 220 mn 波长吸光度的 10% 时，本法不能适用。

（七）铝

铝广泛存在于自然界，天然水中铝的含量变化幅度比较大。饮用水净化处理过程中广泛使用铝的化合物作为混凝剂。铝属低毒性，早老性痴呆可能与饮水中的铝有关。

水中微量铝的测定方法有分光光度法、原子吸收光谱法以及电感耦合等离子体发射光谱或质谱法等。分光光度法测定铝是国内外采用最广泛的铝分析方法。近年来随着一些高灵敏度、高选择性的显色体系的出现，分光光度法又呈现多元化发展的趋势，较常见的有铬天青 S 法、铝试剂法、邻苯二酚紫法、茜素磺酸钠法等。

1. 铬天青 S 分光光度法

（1）适用范围

本法适用于生活饮用水及其水源水中铝的测定。本法最低检测质量为 0.2 μg，若取 25mL 水样，最低检测质量浓度为 0.008 mg/L。

2. 原理

在 PH 6.7 ~ 7.0 范围内，铝在聚乙二醇辛基苯醚（OP）和溴代十六烷基吡啶（CPB）的存在下与铬天青 S 反应生成蓝绿色的四元胶束，比色定量。

（3）试剂

第一，铬天青 S 溶液（1 g/L）：称取 0.1 g 铬天青 S（$C_{23}H_{13}O_9SCl_2Na_3$）溶于 100mL 乙醇溶液（1+1）中，混匀。铬天青 S 与铝的反应必须在乙醇中进行，但是铬天青 s 在乙醇中的溶解度极小导致大量无法溶解的铬天青 S 仍以颗粒状态存在，给分析带来较大误差。故采用（1+1）乙醇溶液。

第二，乳化剂 OP 溶液（3+100）。吸取 3.0mL 乳化剂 OP 溶于 100mL 纯水中。

第三，溴代十六烷基吡啶（CPB）溶液（3 g/L）：称取 0.6 g 溴代十六烷基吡啶（$C_{21}H_{36}\cdot BrN$）溶于 30mL 乙醇［φ（C_2H_5OH）=95%］中，加水稀释至 200mL。由于 CPB 在乙醇中的溶解度比在水中大，故先用少量乙醇溶解后，再加纯水稀释。

第四，乙二胺 – 盐酸缓冲溶液（pH6.7 ~ 7.0）：取无水乙二胺（$C_2H_8N_2$）100mL，加纯水 200mL，冷却后，缓缓加入 190mL 盐酸（ρ_{20}=1.19g/mL），混匀。此溶液的 pH 必须严格控制，最好临用前配制，放置一晚等其稳定后再使用，保存期不能超过两个月。若 pH 大于 7 时，以浓盐酸调低 pH，小于 6 时，以乙二胺溶液（1+2）调高 pH。

第五，对硝基酚乙醇溶液（1.0 g/L）：称取 0.1 g 对硝基酚，溶于 100mL 乙醇［φ（C_2H_5OH）=95%］中。

（4）仪器

具塞比色管：50.nL，在使用前需用硝酸（1+9）浸泡清洗干净；酸度计或 pH 试纸；分光光度计。

（5）分析步骤

取 25.0mL 水样于 50mL 具塞比色管中；另取 50mL 比色管 8 支，以纯水定容至 25mL。向各管加一滴对硝基酚溶液，混匀，滴加氨水（5 ~ 6 滴）至浅黄色，加硝酸溶液至黄色消失，再多加 2 滴。此步骤必须在通风橱中操作，边滴加边轻轻振摇。加 3.0mL 铬天青 S 溶液，混匀。沿管壁缓慢加入 1.0mL 乳化剂 OP 溶液，2.0mL CPB 溶液，3.0mL 缓冲液，加纯水至 50.0mL，混匀，放置 30 min。于 620 nm 处，用 2 cm 比色皿以试剂空白为参比，测量吸光度。以浓度为横坐标、吸光度为纵坐标绘制校准曲线。

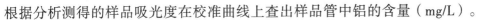

根据分析测得的样品吸光度在校准曲线上查出样品管中铝的含量（mg/L）。

（6）方法注释

水中的铜、锰、铁干扰测定，1mL抗坏血酸（100g/L）可消除25叫铜、30叫锰的干扰。2mL巯基乙醇酸（10g/L）可消除25μg铁的干扰。一般情况下，钛可用甘露醇掩蔽，铜可用硫脲掩蔽。

乙二胺－盐酸缓冲液的pH范围必须严格控制，该溶液配制完成时呈黄色，放置后呈橙黄色，表示缓冲体系已经稳定，需注意其变化，定时检查pH值，保证缓冲液的有效性。在微酸性溶液中，铝与铬天青S生成红色的二元络合物，其组成随着显色剂的浓度、溶液酸度的改变而不同。

（7）注意事项

所有玻璃仪器必须用（1+9）硝酸浸泡，使用前用纯水直接冲洗干净否则在滴加硝酸溶液至黄色消失后，溶液会逐渐呈粉红色，影响测定。对硝基酚溶液、氨水、硝酸溶液滴加过程必须准确，不可过量，边加边混匀。乳化剂OP溶液需沿瓶壁缓缓加入，加入后，切勿剧烈摇晃，否则容易产生大量泡沫，影响溶液的均匀性。

2. 水杨基荧光酮－氯代十六烷基吡啶分光光度法

（1）适用范围

本法适用于生活饮用水和其水源水中铝的测定。本法的最低检测质量为0.2μg，若取10mL水样，最低检测质量浓度为0.02 mg/L。

（2）原理

水中铝离子与水杨基荧光酮及阳离子表面活性剂氯代十六烷基吡啶在PH5.2～6.8范围内形成玫瑰红色三元络合物，可比色定量。

（3）试剂

第一，铝标准使用溶液（1μg/mL）。第二，水杨基荧光酮溶液（0.2 g/L）：称取水杨基荧光酮（2，3，7-三羟基-9-水杨基荧光酮-6，$C_{19}H_{12}O_6$）0.020g，加入25mL乙醇及1.6mL盐酸，搅拌至溶解后加纯水至100mL。第三，氟化钠溶液（0.22g/L）。第四，乙二醇双（氨乙基醚）四乙酸（$C_{14}H_{24}N_2O_{10}$，简称EGTA）溶液（lg/L）：称取0.1 g EGTA，加纯水约80mL，加热并不断搅拌至溶解，冷却后加纯水至100mL。第五，二氮杂菲溶液（2.5g/L）：称取2.5 g二氮杂菲加纯水90mL，加热并不断搅拌至溶解，冷却后应加纯水至100mL。第六，除干扰混合液：临用前将EGTA溶液、二氮杂菲溶液及氟化钠溶液以4+2+1体积比配制混合液。第七，缓冲液：称取六亚甲基四胺16.4g，用纯水溶解后加入20mL三乙醇胺，80mL盐酸溶液（2mol/L），加纯水至500mL。此液用酸度计测定并用盐酸溶液（2 mol/L）及六亚甲基四胺调pH至6.2～6.3。第八，氯代十六烷基吡啶（简称CPC）溶液（10g/L）：称取1.0g氯代十六烷基吡啶，加入少量纯水搅拌成糊状，加纯水至100mL，轻轻搅拌并放置至全部溶解。此液在室温低于20℃时可析出固形物。浸于热水中即可溶解，仍可以继续使用。

（4）仪器

分光光度计；具塞比色管：25mL，使用前需经硝酸（1+9）浸泡除铝。

（5）分析步骤

取 10.0mL 水样于 25mL 比色管中；另取 25mL 比色管 6 支，以纯水定容至 10.0mL。于水样中及标准系列中加入 3.5mL 除干扰混合液摇匀。加缓冲液 5.0mL，CPC溶液 1.0mL，盖上比色管塞，上下轻轻颠倒数次（尽可能少产生泡沫以免影响定容），再加水杨基荧光酮溶液 1.0mL，加纯水至 25mL，摇匀。20min 后，于 560nm 处，用 1cm 比色皿，以试剂空白为参比，测量吸光度。以浓度为横坐标、吸光度为纵坐标绘制校准曲线。根据分析测得的样品吸光度在校准曲线上查出样品管中铝的含量（mg/L）。

（6）方法注释

在 EGTA 存在下，以下离子在以下浓度不干扰测定：Ca^{2+}200mg/L；Mg^{2+}100mg/L。在二氮杂菲存在下，Fe^{3+} 在 0.3 mg/L 浓度水平不干扰测定。磷酸氢二钾可隐蔽 0.4 mg/L Ti^{4+} 的干扰。Mo^{6+} 在 0.1 mg/L 浓度以上严重干扰实验。除余氯的 NaS_2O_3（7 ~ 21mg/L），二氮杂菲（0.1 ~ 0.4g/L），EGTA（0.2g/L）不干扰测定。

（7）注意事项

缓冲液的 pH 范围必须严格控制，保存期不得超过两个月，最好是临测前时配制，放置一晚待其稳定后再使用。所有玻璃仪器必须用（1+9）硝酸浸泡，用前用纯水直接冲洗干净。

3. 铝试剂法

（1）适用范围

本法适用于饮用天然矿泉水及其灌装水中铝的测定，目前推广在生活饮用水及其水源水中铝的测定。本法的最低检测质量为 0.5μg，若取 25mL 水样，最低检测质量浓度为 0.02 mg/L。

（2）原理

在中性或酸性介质中，铝试剂与铝反应生成红色络合物，其吸光度与铝的含量在一定浓度范围内成正比。pH=4 时，显色络合物最稳定，加入胶体物质亦可延长颜色稳定时间。

（3）试剂

铝标准使用溶液（1μg/mL）。氨水溶液（0.1 mol/L）：吸取 1mL 氨水，用纯水稀释至 150mL。盐酸溶液（0.1 mol/L）：吸取 1mL 盐酸，用纯水稀释至 120mL。抗坏血酸溶液（50g/L）：不可加热，用时现配。铝试剂溶液（0.5 g/L）：称取 0.25 g 铝试剂金精羧酸铵（$C_{22}H_{23}N_3O_9$）和 5.0 g 阿拉伯胶，加 250mL 纯水，温热至溶解，加 66.7g 乙酸铵（$CH_3 \cdot COONH_4$），溶解后，加 63.0mL 盐酸，稀释至 500mL。必要时过滤。贮于棕色瓶中，暗处保存，可稳定 6 个月。对硝基酚指示剂（1 g/L）。

（4）仪器

分光光度计；具塞比色管：50mL。

（5）分析步骤

吸取 25.0mL 水样于 50mL 具塞比色管中；另外取 50mL 比色管 6 支，以纯水定容至 25.0mL。加入 3 滴对硝基酚指示剂，若水样为中性，则显黄色，可滴加盐酸溶液恰至无色；若水样为酸性，则不显色，可先滴加氨水溶液至黄色，再滴加盐酸溶液至黄色恰好消失。加 1.0mL 抗坏血酸溶液，摇匀，加 4.0mL 铝试剂溶液，用纯水稀释至

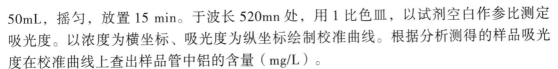

50mL，摇匀，放置 15 min。于波长 520mn 处，用 1 比色皿，以试剂空白作参比测定吸光度。以浓度为横坐标、吸光度为纵坐标绘制校准曲线。根据分析测得的样品吸光度在校准曲线上查出样品管中铝的含量（mg/L）。

（6）方法注释

三价铁干扰测定，加入抗坏血酸将其还原为二价铁以消除；二价铁较高时亦对本法有干扰，可以盐酸羟基或疏基乙酸掩蔽。

（7）注意事项

严格调节水样的 pH；高浑浊度水样对本法有干扰，需先进行离心沉淀进行预处理。

（八）铁

铁以多种形态在天然水中普遍存在，是人体的必需营养素水中含铁量在 0.3 ~ 0.5 mg/L 时无任何异味，达到 1 mg/L 时便有明显的金属味；饮用水中含铁 0.5 mg/L 时可使饮用水的色度达到 30 度，含铁超过 0.3 mg/L 时，可更洗涤的衣物以及管道设备染上颜色。铁也会促使"铁细菌"的生长。

检测水中铁的含量有二氮杂菲分光光度法、原子吸收分光光度法、电感耦合等离子体发射光谱法或质谱法。其中二氮杂菲方法是在基层单位最普遍使用的。

1. 适用范围

本法适用于测定生活饮用水及其水源水中总铁的含量。本法最低检测质量为 2.5 μg（以 Fe 计），若取 50mL 水样测定，则最低检测质量浓度为 0.05 mg/L。

2. 原理

在 PH3 ~ 9 的条件下，低价铁离子能和二氮杂菲生成稳定的橙红色络合物，在波长 510 nm 处有最大吸收。二氮杂菲过量时，控制溶液 pH 为 2.9 ~ 3.5，可使显色加快。

3. 仪器

锥形瓶：150mL；具塞比色管：50mL；分光光度计。

4. 试剂

铁标准使用液（10.0 mg/L）；盐酸溶液（1+1）；二氮杂菲溶液（1.0g/L）：称取 0.1g 二氮杂菲（$C_{12}H_8N_2 \cdot H_2O$）溶解于加有 2 滴浓盐酸的纯水中，并稀释至 100mL。此溶液 1mL 可测定 100 μg 以下的低铁。二氮杂菲又名邻二氮菲、邻菲绕啉，有水合物（$C_{12}H_8N_2 \cdot H_2O$）及盐酸盐（$C_{12}H_8N_2 \cdot HCl$）两种，都可以用。

盐酸羟胺溶液（100g/L）：称取 10g 盐酸羟胺（$NH_2OH \cdot HCl$），溶于纯水中，并稀释至 100mL。乙酸铵缓冲溶液（pH 4.2）：称取 250g 乙酸铵（$NH_4C_2H_3O_2$），溶于 150mL 纯水中，再加入 700mL 冰乙酸混匀，备用。

5. 分析步骤

吸取 50.0mL 振摇混匀的水样（含铁量超过 50 pg 时，可取适量水样稀释）于 150mL 锥形瓶中。总铁包括水体中悬浮性铁与微生物体中的铁，取样时应剧烈振摇成均匀的样品，并立即量取。取样方法不同，可能会引起很大的操作误差。

另取 150mL 锥形瓶 8 个，加纯水至 50mL。向水样及标准管中各加 4mL 盐酸溶液、1mL 盐酸羟胺溶液，小火煮沸至约 30mL，冷却至室温后移人 50mL 比色管中。

向水样及标准系列比色管中各加 2mL 二氮杂菲溶液，混匀后再加 10.0mL 乙酸铵缓冲溶液，各加纯水至 50mL 刻度，混匀，放置 10 ~ 15min。于 510 nm 处，用 2 cm 比色皿以纯水空白为参比，测量吸光度。以浓度为横坐标，吸光度为纵坐标绘制校准曲线；根据分析测得的样品吸光度在校准曲线上查出样品中铁的含量（mg/L）。

6. 方法注释

用本法测定的为总铁，水样过滤后不加盐酸羟胺测定得到溶解性低价铁；水样过滤后，加盐酸以及盐酸羟胺测定得到溶解性铁总量；从总铁中减去亚铁，即可得高铁含量。

钴、铜超过 5mg/L，镍超过 2mg/L，锌超过铁的 10 倍对此法均有干扰，铋、镉、汞钼、银可与二氮杂菲试剂产生浑浊现象。

7. 注意事项

所有玻璃仪器不得用铁丝柄的刷子涮洗。使用前必须用稀硝酸或盐酸（1+1）浸泡除铁，浸泡后用纯水淋洗净，不需用自来水淋洗，避免新的污染。某些难溶性亚铁盐要在 pH 2 左右才溶解，如果发现尚有未溶的铁可继续煮沸至剩 15mL。

总铁包括水体中悬浮性铁和微生物体中的铁，取样时应剧烈振摇成均匀的样品，并立即量取。取样方法不同，可能会引起很大的操作误差。乙酸铵试剂可能含有微量铁，故缓冲溶液的加入量要准确一致。若水样较清洁，含难溶亚铁盐少时，可将所加各种试剂用量减半，但标准系列与样品操作必须一致。

（九）锰

水中锰可来自自然环境和工业废水污染。环境水样中锰的含量可在几微克/升到几百微克/升范围。供水中锰超过 0.1mg/L 时，会给饮用水带来不好的味道，并使卫生洁具和衣物染色，也会导致配水系统沉积物积累，成为黑色沉淀物脱落。

检测水中锰含量的方法有过硫酸铵分光光度法、甲醛肟分光光度法、高碘酸银钾分光光度法、原子吸收分光光度法、电感耦合等离子体发射光谱法或质谱法、本教材仅对基层化验室普遍选用的过硫酸铵分光光度法、甲醛肟分光光度法做进一步介绍。

1. 过硫酸铵分光光度法

（1）适用范围

本法适用于测定生活饮用水及其水源水中总锰的含量。本法最低检测质量为 2.5μg，若取 50mL 水样测定，则最低检测质量浓度为 0.05 mg/L。

（2）原理

在硝酸根存在下，锰被过硫酸铵氧化成紫红色的高锰酸盐，其颜色的深度与锰的含量成正比。如溶液中有过量的过硫酸铵时，生成的紫红色至少能稳定 24h。

（3）试剂

配制试剂及稀释溶液所用的纯水不能含还原性物质，否则可加过硫酸铵处理。例如取 500mL 去离子水，加 0.5 g 过硫酸铵煮沸 2 min 放冷后使用。锰标准使用溶液（10 μg/mL）；过硫酸铵 $[(NH_4)_2S_2O_8]$：干燥固体。硝酸银 – 硫酸汞溶液：称取 75g 硫酸汞溶于 600mL 硝酸溶液（2+1）中，再加 200mL 磷酸及 35 mg 硝酸银，放冷后加

纯水至 1000mL，储于棕色瓶中。盐酸羟胺溶液（100g/L）。

（4）仪器

锥形瓶：150mL；具塞比色管：50mL；分光光度计。

（5）分析步骤

吸取 50.0mL 水样于 150mL 锥形瓶中。另取 150mL 锥形瓶 9 个，加纯水至 50.0mL。向水样及标准系列锥形瓶中各加 2.5mL 硝酸银 – 硫酸汞溶液，煮沸至剩约 45mL 时，取下稍冷，如有浑浊，可用滤纸过滤。将 1g 过硫酸铵分次加入锥形瓶中，缓缓加热至沸取下，放置 1 min，用水冷却。将水样及标准系列中的溶液分别移入 50mL 比色管中，加纯水至刻度，混匀。于波长 530nm 处，用 5cm 比色皿，以纯水作参比测定吸光度。以浓度为横坐标、吸光度为纵坐标绘制校准曲线；根据分析测得的样品吸光度在校准曲线上查出样品管中锰的含量（mg/L）。

（6）方法注释

氯离子因能沉淀银离子而抑制催化作用，可由试剂中所含的汞离子予以消除。小于 100mg 的氯离子不干扰测定；加磷酸可络合铁等干扰元素；如水样中有机物较多，可多加过硫酸铵，并延长加热时间，使溶液中保持有剩余的过硫酸铵。由于过硫酸铵在热的溶液中易于分解，所以在加完规定 W 的过硫酸铵，溶液显色即取下。在夏季或高温环境下，若任其自然冷却，需要较长时间，在此过程中过硫酸铵将继续分解，因而要用冷水加速冷却。

如原水样有颜色时，可向有色的样品溶液中滴加盐酸羟胺溶液，至生成的高锰酸盐完全褪色为止，此时测量水样的吸光度为样品空白吸光度计算结果时，应将样品的吸光度减去空白吸光度，再从工作曲线查出锰的质量。

（7）注意事项

过硫酸铵在干燥时较为稳定，水溶液或受潮的固体容易分解放出过氧化氢而失效，本法常因此试剂分解而失败，应注意。建议分装，或每次使用后置于干燥器中保存。

2. 甲醛肟分光光度法

（1）适用范围

本法适用测定生活饮用水及其水源水中总锰的含量。本法最低检测质量为 1.0 μg，若取 50mL 水样测定，则最低检测质量浓度为 0.02 mg/L。

（2）原理

在碱性溶液中，甲醛肟与锰形成棕红色的化合物，在波长 450nm 处测量吸光度。

（3）试剂

锰标准使用溶液（10μg/mL）；硝酸 pM=1.42g/mL；过硫酸钾；亚硫酸钠；硫酸亚铁铵溶液：称取 700mg 硫酸亚铁铵 [（NH₄）₂Fe（SO₄）₂•6H₂O]，加入硫酸溶液（1+9）10mL，用纯水稀释至 1000mL；氢氧化钠溶液（160 g/L）。乙二胺四乙酸二钠溶液（372g/L）：称取 37.2g 乙二胺四乙酸二钠，加入氢氧化钠溶液（试剂（6））约 50mL，搅拌至完全溶解，用纯水稀释至 100mL。甲醛肟溶液：称取 10g 盐酸羟胺（NH₂OH•HCl）溶于约 50mL 纯水中，加入 5mL 甲醛溶液，用纯水稀释至 100mL。将试剂存放在阴凉处，至少可保存 1 个月。氨水溶液：量取 70mL 氨水，用纯水稀释至 200mL；盐酸羟胺溶

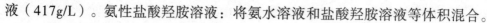

液（417g/L）。氨性盐酸羟胺溶液：将氨水溶液和盐酸羟胺溶液等体积混合。

（4）仪器

具塞比色管：50mL；分光光度计。

（5）分析步骤

取50mL水样于50mL比色管中；取50mL比色管8支,按表2-23加入锰标准溶液(试剂（1）)，加纯水至50.0mL。加1.0mL硫酸亚铁铵溶液、0.5mL乙二胺四乙酸二钠溶液混匀后，加入0.5mL甲醛肟溶液，并立即加1.5mL氢氧化钠溶液，混匀后打开管塞静置10 min；加3mL氨性盐酸羟胺溶液，至少放置1 h；于波长450mn处，用5cm比色皿，以纯水作参比测定吸光度；以浓度为横坐标、吸光度为纵坐标绘制校准曲线；根据分析测得的样品吸光度在校准曲线上查出样品管中锰的含量（mg/L）。

（6）方法注释

对浑浊水样，或含悬浮锰以及有机锰的水样，需要进行水样预处理，预处理方法：取一定量水样置于锥形瓶中，每100mL水样加硝酸1mL，过硫酸钾0.5g及数粒玻璃珠，加热煮沸约30min，稍冷后，以快速定性滤纸过滤，用稀硝酸溶液［c（HNO_3）=0.1mo1/L］洗涤滤纸数次。滤液中加约1.0g亚硫酸钠，用纯水定容至一定体积，作为测试溶液。

（7）注意事项

试验必须在中性或弱碱性情况下进行，才能准确检测出样品的浓度。市售的标准溶液或质控样通常为酸性介质，制作曲线的标准使用溶液必须调节pH值，否则会导致标准曲线偏低„环境标准样也同样要调节pH值，不然加试剂后也不显色，起不到质量控制的作用。稀释标准或质控样时，先用纯水稀释到一定体积，加160g/L氢氧化钠调节PH，然后再定容。即配即用。根据待检水样锰的含量来制定标准曲线，可制备高低浓度段两条曲线以备需要时使用。

（十）硫酸盐

硫酸盐在自然界中广泛存在，一般地下水及地面水均含有硫酸盐。不同地区天然水中硫酸盐的浓度相差很大水中的亚硫酸盐可被氧化为硫酸盐，而硫酸盐在缺氧的条件下易被还原为硫化物。饮用水中硫酸盐浓度过高，易使锅炉和热水器结垢，产生不良的水味。饮用硫酸盐含量较高的水，旅行者或偶然使用者通常出现轻泻，但短时间后可适应。

硫酸盐可用重量法、铬酸钡分光光度法、比浊法、离子色谱法测定。重量法比较准确，但手续繁杂，最低检测质量为5 mg，取样500mL时最低检测质量浓度为10 mg/L。比浊法适用于40 mg/L以下的水样，但必须严格的控制操作条件，离子色谱法因需要投入专用设备，因此其应用受到一定限制基层单位化验室应用铬酸钡分光光度法（冷法）较多。

1.适用范围

本法可适用于生活饮用水及其水源水中可溶性硫酸盐的测定。本法最低检测质量为0.05 mg，若10mL水样测定，则最低检测质量浓度为5 mg/L。本法适用于检测硫酸盐含量为 5 ～ 100 mg/L 的水样。

2. 原理

在酸性溶液中，硫酸盐与铬酸钡生成硫酸钡沉淀和铬酸离子，加入乙醇降低铬酸钡在水溶液中的溶解度，过滤除去硫酸钡及过量的铬酸钡沉淀，滤液中为硫酸盐所取代的铬酸离子，呈现黄色，比色定量。

3. 仪器

具塞比色管：25mL 和 10mL；分光光度计。

4. 试剂

硫酸盐标准溶液[$\rho(SO_4^{2-})$=0.5 mg/mL]；铬酸钡悬浊液：称取 2.5g 铬酸钡（$BaCrO_4$），加入 200mL 乙酸 – 盐酸混合液 [$c(CH_3COOH)$ =1 mol/L] 和 [$c(HCl)$=0.02 mol/L] 等体积混合中，充分振摇混合，制成悬浊液，贮存于聚乙烯瓶中，使用前摇匀。

如果只用 0.02 mol/L 盐酸配制，比色时由于溶液呈碱性，在钙存在下的空气中的 CO_2 溶入澄清的滤液形成碳酸钙使呈浑浊状。为避免这种干扰，在悬浊液中加入乙酸，当用氨水中和后，形成缓冲系统，使 pH 约为 10，碳酸钙不能析出，避免产生浑浊。钙氨溶液：称取 1.9g 氯化钙（$CaCl·2H_2O$），加 500mL 氨水 [$C(NH_3·H_2O)$=6mol/L] 中。密塞保存。氨水吸入空气中的二氧化碳形成碳酸铵，可使空白值升高，最好临用前配制。

5. 分析步骤

量取 10mL 水样，置于 25mL 具塞比色管中。另取 25mL 具塞比色管 7 支，以纯水稀释至 10.0mL。于水样和标准管中各加入 5.0mL 经充分摇匀的铬酸钡悬浮液，充分混匀，静置 3min。加入 1.0mL 钙氨溶液，混匀，加入 10mL 乙醇（，密塞，猛烈振摇 1 min。用慢速定量滤纸过滤，弃去 10mL 初滤液，收集滤液于 10mL 具塞比色管中，于 420nm 波长，3cm 比色皿，以纯水为参比，测量吸光度。以减去空白后的吸光度对应硫酸盐含量，绘制工作曲线，从曲线上查出样品管硫酸盐的含量（mg/L）。

6. 方法注释

水样中的碳酸盐可与钡离子生成沉淀，加入钙氨溶液消除碳酸盐的干扰。铬酸钡在水中有一定的溶解度，对低浓度硫酸盐影响很大，造成曲线向上弯曲。不加乙醇，空白很高，加入量越大，空白值越低。温度高时铬酸钡溶解度增加，空白值增大。水中阳离子总量大于 250 mg/L 或重金属离子浓度大于 10mg/L 时，应当将水样通过阳离子交换树脂柱除去水中阳离子。

（十一）挥发酚类

酚类主要来自炼油、煤气洗涤、炼焦、造纸、合成氨、木材防腐和化工等废水，酚类为原生质毒。长期接触被酚污染的水，可引起头昏、出疹、瘙痒、贫血、各种神经系统症状。酚具有异臭，对饮用水进行加氯消毒时，能够形成臭味更强烈的氯酚，往往引起使用者的反感，在酚类化合物中能与氯结合形成氯酚臭的，主要是苯酚、甲苯酚、苯二酚等在水质检验中能被蒸馏出和检出的酚类化合物。

酚类的分析方法很多，普遍采用的是 4– 氨基安替吡啉（4-AAP）分光光度法。当水样中挥发酚类低于 0.5 mg/L 时采用 4– 氨基安替吡啉三氯甲烷萃取分光光度法，

浓度高于 0.5 mg/L 时采用 4- 氨基安替吡啉直接光度法。

1. 适用范围

本法适用于生活饮用水及其水源水中挥发酚类的测定。本法最低检测质量为 0.5μg（以苯酚计），若 250mL 水样测定，则最低检测质量浓度为 0.002 mg/L（以苯酚计）。

2. 原理

在 PH（10.0±0.2）和铁氰化钾存在的溶液中，酚与 4- 氨基安替吡啉形成红色的安替吡啉染料，用三氯甲烷萃取后比色定量。

3. 仪器

全玻璃蒸馏器：500mL；分液漏斗：500mL；具塞锥形瓶：500mL；容量瓶：250mL；具塞比色管：10mL。比色管用前必须干燥，否则可使比色液浑浊；分光光度计。

4. 试剂

纯水，本法中所用纯水不得含酚及游离余氯。无酚水制备方法如下：以氢氧化钠调节 pH 1 ~ 12，加热蒸馏。原因是在碱性溶液中，酚形成酚钠不被蒸出。酚标准储备溶液（1000 mg/L）：冰箱保存，至少可保存 1 个月。酚标准使用溶液（1.00mg/L）：临用时配制；三氯甲烷；硫酸铜溶液（100g/L）；4- 氨基安替吡啉溶液（20g/L）：储存于棕色瓶中，临用时配制；铁氰化钾溶液（80g/L）：储存于棕色瓶中，临用时配制；溴酸钾 - 溴化钾溶液［c（1/6KBrO$_3$）=0.1 mo1/L］：称取 2.78 g 干燥的溴酸钾（KBrO$_3$），溶于纯水中，加入 10g 溴化钾（KBr），并稀释至 1000mL；硫酸溶液（1+9）；淀粉溶液（5g/L）：将 0.5g 可溶性淀粉用少量纯水调成糊状，再加刚煮沸的纯水至 100mL。冷却后加入 0.1 g 水杨酸或 0.4 g 氯化锌保存；氨水 - 氯化铵缓冲溶液（pH 9.8）：称取 20g 氯化铵（NH$_4$C1）溶于 100mL 氨水（ρ_{20}=0.88 g/mL）中。

5. 水样处理

量取 250mL 水样，置于 500mL 蒸馏器中，如含游离氯先加入亚砷酸钠脱氯，加入数滴甲基橙指示剂，用硫酸溶液调 pH 至 4.0 以下，使水由桔黄色变为橙色，加入 5mL 硫酸铜溶液及数粒玻璃珠，以先加入少量无酚水的 500mL 具塞锥形瓶作为收集器，加热蒸馏。待蒸馏出水超过水样总体积的 90%，停止蒸馏。稍冷，向蒸馏瓶内加入 25mL 纯水，继续蒸馏，直至收集 250mL 馏出液为止。

6. 测定步骤

将水样馏出液全部放入 500mL 分液漏斗中；取 8 个 500mL 分液漏斗，先加入 100mL 纯水，再补加纯水至 250mL。向各分液漏斗中分别加入 2mL 氨水 - 氯化铵缓冲溶液，混匀。再加入 1.50mL 4- 氨基安替吡啉溶液，混匀，最后加入 1.50mL 铁氰化钾溶液，充分混匀，准确静置 10min。加入 10.0mL 三氯甲烷，振摇 2min，静置分层。在分液漏斗颈部塞入滤纸卷，缓缓放出三氯甲烷，以干燥 10mL 具塞比色管收集。于 460nm 波长处，用 2cm 比色皿，以三氯甲烷为参比，测量吸光度。以浓度为横坐标，吸光度为纵坐标绘制校准曲线。根据测定步骤测得样品吸光度在校准曲线上查出样品中挥发酚的含量（mg/L）。

7. 方法注释

水中还原性硫化物、氧化剂、苯胺类化合物及石油等干扰酚的测定。硫化物经酸化及加入硫酸铜在蒸馏时与挥发酚分离；游离氯等氧化剂可在采样时加入硫酸亚铁或亚砷酸钠还原，或在蒸馏前滴加硫代硫酸钠除去。苯胺类在酸性溶液中形成盐类不被蒸出。石油可在碱性条件下用有机溶剂萃取后除去。

实际工作中，4-AAP 与酚在水溶液中生成的红色染料由于浓度低的原因，目视呈黄色，随着浓度的增大逐渐向红色变化。4-AAP 与酚在水溶液中生成的红色染料萃取至三氯甲烷中可稳定 4h，时间过长颜色由红变黄。

8. 注意事项

由于酚类化合物易氧化并为微生物所分解，采样时水样应加氢氧化钠保存剂至 pH ≥ 12。所有玻璃仪器不得使用橡胶塞、橡胶管连接蒸馏瓶及冷凝管，以防止对测定的干扰。所有玻璃仪器使用后必须用铬酸钾洗液洗涤，用自来水充分冲洗，以无酚水淋洗。

由于酚随水蒸气挥发，速度缓慢，收集馏出液的体积应与原水样体积相等。试验证明，接收的馏出液体积不和原水样相等，将影响回收率。各种试剂加入的顺序不得更改！缓冲液与铁氰化钾加入体积误差不超过 0.1mL，对测定没有影响，4-AAP 的加入量必须准确，以消除 4-AAP 可能分解生成的安替吡啉红，使空白值增高所造成的误差。4-AAP 的纯度影响灵敏度及重现性，应选用质量良好的成品，否则必须进行纯化。加入铁氰化钾后，必须严格控制加入铁氰化钾后用三氯甲烷萃取之前的时间，使空白与标准的放置时间一致，方能获得良好的结果。每次振荡的时间和力度必须保持一致，建议采用电动振荡器。控制室温，比色室的温度相对低时也可出现浑浊。

（十二）阴离子洗涤剂

阴离子表面活性剂主要指直链烷基苯磺酸钠（LAS）和烷基磺酸钠类物质。生活污水与表面活性剂制造工业的废水，含有大量的阴离子表面活性剂，容易在水面上产生不易消失的泡沫，并消耗水中的溶解氧，恶化水环境。阴离子洗涤用品属低毒性物质，通过皮肤吸附，高浓度时对多种脏器产生毒性影响，甚至累积，因此需严格控制废水排放。

水中阴离子合成洗涤剂的测定方法有亚甲蓝分光光度法、二氮杂菲萃取分光光度法，其中前者应用较为普遍。

1. 亚甲蓝分光光度法

（1）适用范围

本法适用生活饮用水及其水源水中阴离子洗涤剂的测定。本法用十二烷基苯磺酸钠作为标准，最低检测质量为 5μg 若取 100mL 水样测定，则最低检测质量浓度为 0.050 mg/L。

（2）原理

亚甲蓝染料在水溶液中与阴离子合成洗涤剂形成容易被有机溶剂萃取的蓝色化合物未反应的亚甲蓝则仍留在水溶液中。根据有机相蓝色的强度，测定阴离子合成洗涤剂（以十二烷基苯磺酸钠计）的含量。

（3）仪器

分液漏斗：125mL；具塞比色管：25mL；分光光度计。

（4）试剂

第一，十二烷基苯磺酸钠（DBS）标准溶液 $[\rho(DBS)=10 \text{ mg/L}]$。市售阴离子洗涤剂标准有两种，一种用十二烷基苯磺酸钠为原料配制，一种可用亚甲蓝活性物质配制。本法用十二烷基苯磺酸钠作为标准，购置时注意正确选取。

第二，亚甲蓝溶液：称取 30mg 亚甲蓝（$C_{16}H_{18}ClN_3S \cdot 3H_2O$）溶于 500mL 纯水中，加 6.8mL 浓硫酸（$\rho_{20}=1.84\text{g/mL}$）和 50g 磷酸二氢钠（$NaH_2PO_4 \cdot H_2O$），溶解后用纯水稀释至 1000mL。

第二，硫酸溶液 $[c(1/2H_2SO_4)=0.5 \text{ mol/L}]$：取 2.8mL 硫酸（$\rho_{20}=1.84\text{g/mL}$）加入纯水中，并稀释至 100mL。

第三，酚酞溶液（1g/L）：称取 1.0g 酚酞（$C_{20}H_{14}O_4$）溶于乙醇溶液（1+1）中，并稀释至 100mL。

第四，洗涤液：取 6.8mL 浓硫酸（$\rho_{20}=1.84\text{g/mL}$）和 50g 磷酸二氢钠（$NaH_2PO_4 \cdot H_2O$），溶于纯水中，并稀释至 1000mL。

（5）检测步骤

吸取 50.0mL 水样，置于 125mL 分液漏斗中。另取 125mL 分液漏斗 7 个，用纯水稀释至 50mL。向水样和标准系列中各加如 3 滴酚酞溶液，逐滴加入氢氧化钠至水呈碱性，即微红色，然后再逐滴加入硫酸溶液，使微红刚好褪去。加入 5mL 三氯甲烷，10mL 亚甲蓝溶液，猛烈振摇 0.5min，放置分层，若水相中蓝色耗尽，则应另外取少量水重新测定。将三氯甲烷相放入第二套分液漏斗中。向第二套分液漏斗中加入 25mL 洗涤液，猛烈振摇 0.5min，静置分层。在分液漏斗颈管内，塞入少许洁净的玻璃棉滤除水珠，将三氯甲烷缓缓放入 25mL 比色管中。各加 5mL 三氯甲烷于分液漏斗中，振荡并放置分层后，合并三氯甲烷相于 25mL 比色管中，同样再操作一次。最后用三氯甲烷稀释至刻度。于 650nm 波长，用 3 cm 比色皿，以三氯甲烷为参比，测量吸光度。以阴离子合成洗涤剂含量（mg/L）为横坐标，吸光度为纵坐标绘制校准曲线。根据检测步骤测得的样品吸光度在校准曲线上查出样品管中阴离子合成洗涤剂的含量（mg/L）。

（6）方法注释

能与亚甲蓝反应的物质对本法均有干扰。酚、有机硫酸盐、磺酸盐、磷酸盐以及大 M 氯化物（2000mg）、硝酸盐（5000mg）、硫氰酸盐等均可使结果偏高。余氯可产生正干扰，阳离子表面活性剂，胺类产生负干扰。若水样中阴离子合成洗涤剂小于 5μg，应增加水样体积。此时标准系列的体积应一致；若大于 100μg 时，取适量水样，稀释至 50mL。

（7）注意事项

水中阴离子合成洗涤剂不稳定，水样应稳定保存或采样后 24 h 测定。十二烷基苯磺酸钠标准溶液需用纯品配制配制时摇匀动作不可以过大，否则容易产生泡沫该标准溶液不稳定，建议临用时配制。所有玻璃仪器使用前先用水彻底清洁，然后用盐酸 - 乙醇溶液（1+9）洗涤，最后用水冲洗干净。分液漏斗的活塞不得用油脂润滑。绘制

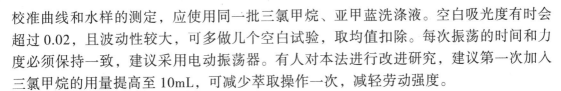

校准曲线和水样的测定，应使用同一批三氯甲烷、亚甲蓝洗涤液。空白吸光度有时会超过 0.02，且波动性较大，可多做几个空白试验，取均值扣除。每次振荡的时间和力度必须保持一致，建议采用电动振荡器。有人对本法进行改进研究，建议第一次加入三氯甲烷的用量提高至 10mL，可减少萃取操作一次，减轻劳动强度。

2. 二氮杂菲萃取分光光度法

（1）适用范围

本法适用于生活饮用水及其水源水中阴离子合成洗涤剂的测定。本法最低检测质量为 2.5 叫若取 100mL 水样测定，则最低检测质量浓度为 0.025mg/L（以十二烷基苯磺酸钠计）。

（2）原理

水中的阴离子合成洗涤剂与 Ferroin（Fe^{2+} 与二氮杂菲形成的配合物）形成离子缔合物，可被三氯甲烷萃取，于 510nm 波长下测定吸光度。

（3）仪器

分液漏斗：250mL；分光光度计。

（4）试剂

第一，十二烷基苯磺酸钠（DBS）标准溶液［ρ（DBS）=10mg/L］；三氯甲烷。

第二，二氮杂菲溶液（2g/L）：称取 0.2g 氮杂菲（$C_{12}H_8N_2 \cdot H_2O$）溶于纯水中，加 2 滴浓盐酸，ρ_{20}=l.18g/mL）并用纯水稀释至 100mL。

第三，乙酸铵缓冲溶液：称取 250g 乙酸铵（$NH_4C_2H_3O_2$），溶于 150mL 纯水中，再加入 700mL 冰乙酸，混匀。

第四，盐酸羟胺 - 亚铁溶液：称取 10g 盐酸羟胺，加入 0.211g 硫酸亚铁胺［$Fe(NH_4)_2(SO_4)_2 \cdot 6H_2O$］溶于纯水中，并稀释到 100mL。

（5）检测步骤

吸取 100mL 水样于 250mL 分液漏斗中；另外取 250mL 分液漏斗 8 只，加纯水至 100mL。

于水样及标准系列各加 2mL 二氮杂菲溶液、10mL 缓冲液、1.0mL 盐酸羟胺 - 亚铁溶液和 10mL 三氯甲烷（每加入一种试剂均需摇匀），萃取振摇 2 min，静置分层，于分液漏斗颈部塞入一小团脱脂棉，分出三氯甲烷相于干燥的 10mL 比色管中。于 510nm 波长，用 3cm 比色皿，以三氯甲烷为参比，测量吸光度。以浓度为横坐标、吸光度为纵坐标绘制校准曲线。根据检测步骤测得的样品吸光度在校准曲线上查出样品管中阴离子合成洗涤剂的含量（mg/L）。

（6）方法注释

生活饮用水及其水源水中常见的共存物质对本法无干扰。阳离子表面活性剂质量浓度为 0.1mg/L 时，会产生误差为 -28.4% 的严重干扰

（十三）总氯、游离氯

余氯系指用氯消毒时，加氯接触一定的时间后，水中所剩余的氯量，余氯包括游离余氯和化合余氯两种，游离余氯以次氯酸、次氯酸盐离子和溶解的单质氯形式存在

的氯。化合余氯是以氯胺和有机氯胺形式存在的总氯的一部分。总氯是指以"游离氯"和"化合氯"两种形式存在的氯总量。

氯胺是饮用水加氯消毒的副产物，当将氨加进氯化的饮用水时形成。根据氢原子被氯原子取代的数量，主要有一氯胺、二氯胺和三氯胺，其中一氯胺可保持余氯的消毒作用。

目前广泛使用的检测饮用水中总氯、游离氯的方法多采用 N，N- 二乙基对苯二胺分光光度法（DPD 光度法）。由于该项目为现场检测项目，通常使用便携式余氯仪在现场测定。DPD 试剂已实现试剂盒产业化，有分别测定总氯、游离氯的独立试剂包。

第五节 原子荧光分析法

一、方法概述

原子荧光光谱法是介于原子吸收光谱和原子发射光谱之间的光化学分析技术，与这两种分析方法有着许多共同之处。该方法具有谱线简单，高灵敏度，低检出限，可以同时测定多种元素等特点。

（一）原子荧光光谱法的基本原理

当气态基态原子被具有特征波长的共振线照射后，此原子的外层电子吸收辐射能，可从基态或低能态跃迁到高能态，其中大部分因为二次碰撞而跃迁回基态，不发生辐射。但少部分激发原子能迅速地从激发态返回基态时同时发射出与原激发波长相同或不同的辐射，这种光叫作原子荧光。原子荧光光谱法是通过测量待测元素的原子蒸气在辐射能激发下产生的荧光发射强度，来确定待测元素含量方法、

（二）应用情况

原子荧光法具有测定简单，检出限较低，可以测定多种元素等特点。线性测量范围可达 3 个数量级，对大多数样品无须稀释就可直接测定；同时原子荧光法允许的干扰物浓度较高，对于基体较复杂的样品一般不经分离即可直接测定。水质分析中，已应用该方法于水中砷、汞、镉、铅、镍、硒等项目的检测。

二、原子荧光光度计

（一）原子荧光光度计的构造

原子荧光光度计的结构由四部分组成，即激发光源、光学系统、原子化系统与测光系统。

1.激发光源

采用空心阴极灯，这种灯有两个阴极（主阴极和辅阴极），一个阳极、它发出的光谱与普通空心阴极灯比较，特征谱线强度更强，杂散谱线种类减少、强度相对降低。

2. 光学系统

采用无色散光学系统，即单透镜聚焦。氢化物发生 – 原子荧光仪器具有很好的自单色性。自单色性是指所用的元素灯发出特征波长的光。对原子化器中产生的基态原子激发是有选择性的。

3. 原子化系统

采用低温石英原子化器，整个石英管壁均没有加热，只在石英管端口装置有点火炉丝。点火炉丝的热量将整个石英炉间接加热，石英管的温度达到 200℃。这一温度是多数元素的最佳工作的温度。

4. 测光系统

原子化器产生的原子特征光源照射后发出荧光，荧光通过光检测器将光信号转变成电信号，被单片机采集，最后由系统机对数据进行处理和计算。

（二）原子荧光光度计的使用

实验室温度在 15 ~ 30℃，湿度小于 75%。应配备精密稳压电源且电源应有良好接地仪器台后部距墙面应有 50cm 距离，便于仪器的安装和维护；氩气纯度大于 99.99%，配备标准氧气减压阀；更换元素灯时一定要关闭主机电源；注意开机的顺序为计算机、仪器主机、顺序注射或双泵；将调光器放在原子化器石英炉芯上，分别调节 A、B 灯源的位置，使光斑位于调光器的十字线中心；仪器使用前应检查二级气液分离器（水封）中是否有水；调节泵管至合适的程度（观测排液是否正常，气液分离器及排废管不得有积液，同时不得有气泡带出）；测量前仪器应运行预热 1h；点火炉丝的上部与石英炉芯应在一水平面上。点火后最好能观测一下炉丝是否点亮；测量过程中不能进行其他软件操作；样品必须澄清不能有杂质，不能进浓度过高的标准和样品。

（三）仪器的日常维护

泵管定期滴加硅油；当不测量时应打开压块，不能长时间挤压泵管；定期检查注射器连接是否松动并拧紧（仅限 9 系列仪器）；测量结束后一定用纯水清洗进样系统；注意运行清洗程序时只能进纯水，绝对不能进其他试剂（仅限 9 系列仪器）；原子化器使用时间较长时，还原剂及其他杂质会令石英炉芯沾污，应将原子化器拆下后清洗石英炉芯（炉芯用硝酸（1+1）浸泡，直到污渍去除）。同时用湿布擦拭原子化器室；在使用一段时间后，应当随时向泵管与泵头间的空隙滴加硅油，以保护泵管；由于检测时样品酸度较高，造成自动进样器周围环境的空气酸度过大。自动进样器的导轨轴需要涂上润滑油（用机油或硅油）。

（四）期间核查

期间核查的目的是为了检查在检定周期之内运行的检测设备是否仍维持其计量性能的合格状态。若仪器使用频率较高，或仪器使用年限较久而性能已不太稳定，或在仪器故障修复之后重新投入使用之前，都有必要通过核查来检查仪器的性能状态。核查的具体方法可参考计量检定或校准规程选择部分内容进行，也可以参考仪器验收的方法选择部分内容进行。

三、检测项目

配备了原子荧光光度计的水质化验室，可以应用原子荧光法开展水中伸、汞、镉、铅、锑几个项目的检测。

（一）砷

砷在自然界中广泛存在。水中砷主要来自天然矿物和矿石溶出、工业废水、大气沉积。有些地区饮用水源水中，特别是地下水中砷的浓度很高，筛选饮用水水源时要引起重视。饮用水中伸的浓度不超过 0.05 mg / L 对人体健康是安全的。

1.范围

适用于生活饮用水及其水源水中砷的测定，若进样量为 0.50mL，本法最低检测质量浓度为 $1.0\mu g$ / L。

2.原理

在酸性条件下，三价砷与硼氢化钾反应生成砷化氢，由载气（氧气）带入石英原子化器，受热分解为原子态砷。在特制砷空心阴极灯的照射下，基态砷原子被激发至高能态，在去活化回到基态时，发射出特征波长的荧光，在一定的浓度范围内，其荧光强度与砷含量成正比，与标准系列比较定量。

3.试剂

（1）盐酸溶液（5+95）

吸取优级纯盐酸 50mL，用纯水稀释至 1000 ml。

（2）还原剂（0.5% 氢氧化钾 +1.0%，硼氢化钾）

称取 2.5g 氢氧化钾溶于 500mL 纯水中，再称取 5.0g 硼氢化钾溶于其中，摇匀。（注意：称量顺序不可颠倒。）

（3）硫脲 + 抗坏血酸溶液：称取 10.0g 硫脲加约 80mL 纯水，加热溶解，冷却后加入 10.0g 抗坏血酸，用纯水稀释至 100mL，临用时配。

（4）载流

盐酸溶液。

（5）砷标准储备液 $[\rho(As)=100\mu g$ / mL]

购买国家有证标准物质。

（6）砷标准中间液 $[\rho(As)=1.0\mu g$ / mL]

吸取 5.00mL 砷标准储备液于 500mL 容量瓶里，用盐酸溶液定容至刻度。储存于聚乙烯瓶中。

（7）砷标准使用液 $[\rho(As)=0.1\mu g$ / mL]

吸取 10.00mL 砷标准中间液，用盐酸溶液定容到 100mL。临用时配。

4.分析步骤

（1）取水样

取 50mL 水样于 50mL 比色管中。

（2）标准系列配制

分别吸取砷标准使用溶液 0mL、0.50mL、1.50mL，2.50mL、4.00mL、5.00mL 于

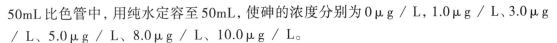

50mL 比色管中，用纯水定容至 50mL，使砷的浓度分别为 0μg／L，1.0μg／L、3.0μg／L、5.0μg／L、8.0μg／L、10.0μg／L。

（3）自动配制标准曲线

用 5mL 移液管吸取砷标准使用溶液至 50mL 容量瓶，用纯水定容至 50 m1。

（4）分别向样品加入试液

分别向样品管、标准溶液管加入 2.5mL 浓盐酸，加入 5.0mL 硫脲 + 抗坏血酸溶液，摇匀，30 min 后上机检测。

5.注意事项

标准溶液、样品均需用硫脲 + 抗坏血酸溶液，还原时间宜 30 min 以上（经验是 60 min 后荧光值才稳定）。如室温低于 15 应延长放置时间或置于 60℃以下水浴中适当的保温。

（二）汞

汞在自然界的分布极为分散，空气、水中仅有少量的汞，由于三废的污染，城市人口从空气、食品中吸入汞，经呼吸道进入体内。汞及其化合物为原浆毒，脂溶性。主要作用于砷经系统、心脏、肝脏和胃肠道，汞可在体内蓄积，长期摄入可引起慢性中毒。

地面的无机汞，在一定条件下可以转化为有机汞，并可通过食物链在水生生物（如鱿、贝类等）体内富集，人食用这些鱼、贝类后，可引起慢性中毒，损害神经和肾脏。

1.范围

适用于生活饮用水及其水源水中汞的测定，若进样量为 0.50mL，本法最低检测质量浓度为 0.05μg／L。

2.原理

在一定酸度下，溴酸钾与溴化钾反应生成溴，可将试样消解使所含汞全部转化为二价无机汞，用盐酸羟胺还原过剩的氧化剂，用硼氢化钾将二价汞还原成原子态汞，由载气（氧气）将其带入原子化器，在特制汞空心阴极灯的照射下，基态汞原子被激发至高能态，在去活化回到基态后，发射出特征波长的荧光在一定的浓度范围内，荧光强度与汞的含量成正比，与标准的系列比较定量。

3.试剂

（1）硝酸溶液（5+95）

吸取优级纯硝酸 50mL，用纯水稀释至 1000 m1。

（2）重铬酸钾硝酸溶液（0.5g／L）

称取 0.5g 重铬酸钾（$K_2Cr_2O_7$），用硝酸溶液溶解，并稀释到 1000 m1。

（3）还原剂（0.5% 氢氧化钾 +1.0% 硼氢化钾）：称取 2.5g 氢氧化钾溶于 500mL 纯水中，再称取 5.0g 硼氢化钾溶于其中，摇匀（注意：称量顺序不能颠倒）。

（4）载流

硝酸溶液。

（5）溴酸钾 – 溴化钾溶液

称取 2.784 g 无水溴酸钾（$KBrO_3$）和 10 g 溴化钾（KBr），溶于纯水中并稀释至 1000m1。

（6）盐酸羟胺溶液（100g／L）

称取 10g 盐酸羟胺（$NH_2OH \cdot HC1$）溶于纯水并稀释至 100 m1。

（7）汞标准储备液 [p（Hg）=100μg／mL]

购买国家有证标准物质。

（8）汞标准中间液 [p（Hg）=0.1 μg／mL]

吸取汞标准储备液 10.00mL 于 1000mL 容量瓶中，用重铬酸钾硝酸溶液定容。再吸取此溶液 10.00 m L 于 100mL 容量瓶中，用重铬酸钾硝酸溶液定容，储存于聚乙烯瓶里。

（9）汞标准使用液 [p（Hg）=0.01μg／mL]

吸取 10.00mL 汞标准中间液，用硝酸溶液定容至 100 m1，临用时配。

4. 分析步骤

取 50mL 水样于 50mL 比色管中。标准曲线的配制：分别吸取汞标准使用液 0mL，0.25mL、0.50mL、1.00mL、2.00mL、3.00mL、4.00mL、5.00mL 于 50mL 比色管中，用纯水定容至 50mL，使汞的浓度分别为 0μg／L、0.05μg／L、0.1Oμg／L、0.20μg／L、0.40μg／L、0.60μg／L、0.80μg／L、1.00μg／L。

若自动配制标准曲线，用 5.0mL 移液管吸取汞标准使用溶液至 50mL 容量瓶，用纯水定容至 50 m1；分别向水样、标准溶液管中加入 2.5mL 浓硝酸、2.5m L 溴酸钾 - 溴化钾溶液，摇匀 10 min 后，滴加几滴盐酸羟胺溶液至黄色褪尽（中止溴化作用），上机检测。

5. 上机测定

开机，设定仪器最佳条件，点燃灯和原子化器炉丝，稳定 30 min 之后开始测定，绘制标准曲线、计算回归方程。以所测样品的荧光强度，从回归方程中查得样品溶液中汞元素的质量浓度（μg／L）。

6. 方法注释

汞可分热汞检测和冷汞检测，进行热汞测定时，因硼氢化钾溶液浓度较高，还原产生的出在点燃氩氢火焰的同时，稀释了被还原成原子态的 Hg 的密度，并且 Hg 原子因受热挥发而有所损失，所以热汞较之冷汞在检测灵敏度上通常低一个数量级。硼氢化钾溶液浓度越低，测 Hg 灵敏度越高，同时还可大大降低各种干扰（但不能低于 0.01%）。

7. 注意事项

由于汞的检测浓度很低，而汞又是很容易挥发的元素，因此，检测汞时应注意防止来自各个方面的汞污染。比如：来自实验室环境的、来自试剂不纯的、来自采样容器不洁的、来自管路残留带来的记忆干扰等。实验室在配制钠氏试剂时应注意环境不被碘化汞污染。测汞时灯电流不可太大，太大的话会产生自吸现象，一般不要超过 40 mA。若仪器被高含量汞的样品污染了，可以采取以下措施处理：反复测量 0.5% 重铬酸钾 +5% 硝酸溶液；把所有管路、气液分离器都拆下来，浸在 10% 硝酸里，然后用

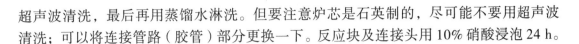

超声波清洗，最后再用蒸馏水淋洗。但要注意炉芯是石英制的，尽可能不要用超声波清洗；可以将连接管路（胶管）部分更换一下。反应块及连接头用10%硝酸浸泡24 h。

（三）镉

镉是有毒元素。天然水体中，镉主要在底部沉积物中和悬浮的颗粒中。饮用水中的镉污染可能来自镀锌管中锌的杂质和焊料及某些金属配件。从食物和饮水中摄入镉可能造成慢性中毒，在日本发生的"痛痛病"就是典型例子。

1. 范围

适用于生活饮用水及其水源水中镉的测定。若进样量为0.50mL，本法最低检测质量浓度为0.5μg／L。

2. 原理

在酸性条件下，水样中的镉与硼氢化钾反应生成镉的挥发性物质，由载气带入石英原子化器，在特制镉空心阴极灯的激发下产生原子荧光，其荧光强度在一定范围内和被测定溶液中镉的浓度成正比，与标准系列比较定量。

3. 试剂

第一，盐酸（ρ_{20}=1.19g／mL）：优级纯。第二，盐酸溶液（2+98）：吸取优级纯盐酸20mL，用纯水稀释至1000ml。第三，还原剂（1.1% 氢氧化钾 +4.0% 硼氢化钾）：称取1.1g氢氧化钾溶于100mL纯水中，加入4.0g硼氢化钾，混匀。此溶液现用现配。第四，钴溶液（1.0mg／mL）；称取0.4038g六水氯化钴（CoCl$_2$•6H$_2$O，优级纯），用纯水溶解定容至100mL，临用时配成100 μg／mL。）第五，焦磷酸钠（20g／L）：取2.0g焦磷酸钠溶解于100mL纯水中。第六，硫脲（10g／L）：称取1.0g焦磷酸钠溶解于100mL纯水中。第七，载流：盐酸溶液。第八，镉标准储备溶液［ρ（Cd）=1000μg／mL］：购买国家有证标准物质。第九，镉标准中间溶液［ρ（Cd）=1.00μg／mL］：取1.00mL镉标准储备溶液于100mL容量瓶中，用盐酸溶液稀释至刻度。再取此溶液10.00mL于100mL容量瓶中用盐酸溶液稀释至刻度。第十，镉标准使用溶液［ρ（Cd）=0.010μg／mL］：取1.0mL镉标准中间溶液于100mL容量瓶中，用纯水定容至刻度。

4. 分析步骤

取50mL水样于比色管中。标准曲线的配制：分别吸取镉标准使用溶液0mL、0.50mL、1.00mL、1.50mL、2.50mL，3.5mL、5.00mL于比色管中，用纯水定容至50mL，使镉浓度分别为0μg／L、0.10μg／L、0.20μg／L、0.30μg／L、0.50μg／L、0.70μg／L、1.00μg／L。若自动配制标准曲线，用5.00mL移液管吸取镉标准使用溶液（试剂（10））至50mL容量瓶，用纯水定容至50ml。分别向样品溶液和标准溶液加入1.0mL盐酸、1.0mL钴溶液（100μg／mL）、5.0mL硫脲、2.0mL焦磷酸钠混匀后上机测定

5. 上机测定

开机，设定仪器最佳条件，点燃原子化器炉丝，稳定30 min后开始测定，绘制标

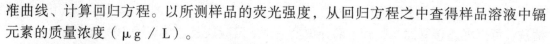

准曲线、计算回归方程。以所测样品的荧光强度，从回归方程之中查得样品溶液中镉元素的质量浓度（μg／L）。

6.方法注释

焦磷酸钠是用于克服铜、铅产生的干扰。如水体中铜含量＜2μg／L，铅含量＜20μg／L，可不加焦磷酸钠。硫脲及钴溶液两者共用，可以增加镉的挥发性组分形成效率，有利于提高灵敏度。在载流中加入含钴溶液，有利于提高测量的重复性。

7.注意事项

Cd形成挥发性气体组分的酸度范围很窄，如样品需消解，需将酸赶净，确保标准溶液及消解后的样品酸度一致，因灵敏度较高，需注意各方面的污染所用玻璃器皿用10%硝酸浸泡，临用时冲洗待用。

（四）铅

天然水含铅量低微，很多种工业废水、粉尘、废渣中都含有铅及其化合物，自来水的铅主要来自含铅管道腐蚀。从管道系统溶出铅的量与几个因素有关，包括自来水的 pH、温度、水的硬度和水在管道中停留时间。软水、酸性水是管道中铅溶出的主要因素。铅可在骨骼中蓄积，可与体内的一系列蛋白质、酶和氨基酸内的官能团络合，干扰机体许多方面的生化和生理活动。

1.范围

适用于生活饮用水及其水源水中铅的测定。若进样量为 0.50mL，本法最低检测质量浓度为 1.0μg／L。

2.原理

在酸性介质中，水样中的铅与以硼氢化钠或硼氢化钾反应生成挥发性氢化物（PbH_4），由载气带进石英原子化器，在特制铅空心阴极灯的激发下产生原子荧光，其荧光强度在一定范围内与被测定溶液中铅的浓度成正比，与标准系列比较定量。

3.试剂

第一，硝酸（ρ_{20}=1.42g／mL）：优级纯。第二，硝酸溶液（1+99）：吸取优级纯硝酸10mL，用纯水稀释至1000mL。第三，还原剂（1.4% 氢氧化钾 +1.0% 硼氢化钾）：称取 1.4g 氢氧化钾（或 1.0g 氢氧化钠）溶于 100mL 纯水中，加入 1.0g 硼氢化钾，混匀。再加 1.0g 铁氰化钾，混匀，现用现配。第四，铅标准储备溶液［ρ（Pb）=1000μg／mL］：购买国家有证标准物质。第五，铅标准中间溶液［ρ（Pb）=1.00μg／mL］：取 1.00mL 铅标准储备溶液于 100mL 容量瓶中，用硝酸溶液稀释至刻度再取此溶液10.00mL 于 100mL 容量瓶中用硝酸溶液稀释至刻度。第六。铅标准使用溶液［ρ（Pb）=0.10μg／mL］：取 10.0mL 铅标准中间溶液（试剂（6））于 100mL 容量瓶中，用纯水定容至刻度。第七，草酸（20g／L）；称取 2.0g 草酸，溶于 100mL 纯水中，混匀。第八，硫氰酸钠（20g／L）：称取 2.0g 硫氰酸钠，溶于 100mL 纯水中，混匀。

4.分析步骤

第一，取 50mL 水样于比色管中。第二，标准溶液的配制：分别吸取铅标准使用溶液 0mL、0.50mL，1.00mL、1.50mL、2.50mL、3.5mL、5.00mL 于比色管中，加入

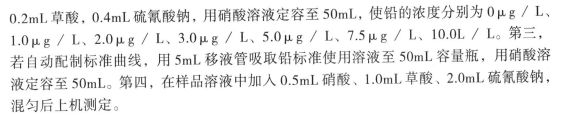

0.2mL 草酸，0.4mL 硫氰酸钠，用硝酸溶液定容至 50mL，使铅的浓度分别为 0μg／L、1.0μg／L、2.0μg／L、3.0μg／L、5.0μg／L、7.5μg／L、10.0L／L。第三，若自动配制标准曲线，用 5mL 移液管吸取铅标准使用溶液至 50mL 容量瓶，用硝酸溶液定容至 50mL。第四，在样品溶液中加入 0.5mL 硝酸、1.0mL 草酸、2.0mL 硫氰酸钠，混匀后上机测定。

5. 测定

开机，设定仪器最佳条件，点燃原子化器炉丝，稳定 30 min 后开始测定，绘制标准曲线、计算回归方程。以所测样品的荧光强度，从回归方程中查到样品溶液中铅元素的质量浓度（μg／L）。

6. 方法注释

若环境水样中干扰组分含量较低，测定时可不加入草酸掩蔽剂。

7. 注意事项

Pb 形成氢化物的酸度范围很窄，应严格控制标准溶液及样品的酸度，并通过调节还原剂中硼氢化钾的量，使反应后废液的 pH 值介于 8 ~ 9 之间。Pb 属易污染元素，在其氢化物发生过程中用到的所有试剂，几乎都可能因含有一定量的 Pb 而达不到使用的纯度，应注意检测试剂空白，以避免因背景过高而干扰测定。

（五）锑

锑是生成硬质合金的原料。锑可能从垃圾掩埋和污水污泥中渗入地下水、地表水和沉积物中。饮用水中锑最常见的来源是从金属管材和管件溶出。

1. 范围

适用于生活饮用水及其水源水中锑的测定。若进样体积为 0.50mL，本法最低检测质量浓度为 0.5μg／L。

2. 原理

在酸性的条件下，以硼氢化钾为还原剂使锑生成锑化氢，由载气带入原子化器原子化。受热分解为原子态锑，基态锑原子在特制锑空心阴极灯的激发下产生原子荧光，其荧光强度与锑含量成正比。

3. 试剂

第一，盐酸（ρ_{20}=1.19g／mL）：优级纯。第二，盐酸溶液（5+95）：吸取优级纯盐酸 50mL，用纯水稀释至 1000mL。第三，还原剂（0.5% 氢氧化钾 +1.0% 硼氢化钾）：称取 2.5g 氢氧化钾溶于 500mL 纯水中，再称取 5.0g 硼氢化钾溶于其中，摇匀。（注意：称量顺序不可颠倒）。第四，硫脲 + 抗坏血酸溶液：称取 10.0g 硫脲加约 80mL 纯水，加热溶解，冷却后加入 10.0g 抗坏血酸，用纯水稀释至 100mL，临用时配。第五，载流：盐酸溶液。第六，锑标准储备液［ρ（Sb）=100μg／mL］：购买国家有证标准物质。第七，标准中间液［ρ（Sb）=1.0μg／mL］：吸取 5.00mL 锑标准储备液于 500mL 容量瓶中，用盐酸溶液定容至刻度，储存于聚乙烯瓶中。第八，锑标准使用液［ρ（Sb）=0.1μg／mL］：吸取 10mL 锑标准中间液，用盐酸溶液定容到 100 mL，临用时配。

4. 分析步骤

第一，取 50mL 水样于 50mL 比色管中。第二，标准溶液的配制：分别吸取了锑标准使用液 0mL、0.50mL、1.00mL、2.00mL、3.00mL、4.00mL、5.00mL 于比色管中，用盐酸溶液定容至 50mL，使锑的浓度分别为 $0\mu g / L$、$1.0\mu g / L$、$2.0\mu g / L$、$4.0\mu g / L$、$6.0\mu g / L$、$8.0\mu g / L$、$10.0\mu g / L$。第三，若自动配制标准曲线，用 5.0mL 移液管吸取锑标准使用溶液至 50mL 容量瓶，用纯水定容至 50mL。第四，分别向样品溶液和标准溶液中加入 2.5mL 浓盐酸，加入 5mL 硫脲和抗坏血酸溶液，摇匀，30 min 后上机检测。

5. 测定

开机，设定仪器最佳条件，点燃原子化器炉丝，稳定 30 min 后开始测定，绘制标准曲线，计算回归方程。以所测样品的荧光强度，从回归方程中查得样品溶液中锑元素的质量浓度（$\mu g / L$）。

6. 注意事项

样品和标准溶液均需用硫脲 + 抗坏血酸溶液将 Sb（Ⅴ）还原至 Sb（Ⅲ），还原时间以 30 min 以上为宜（经验是 60 min 后荧光值才稳定下来）。如室温低于 15℃时，应延长放置时间或置于 60℃以下的水浴中适当保温。

四、原子荧光分析中的注意事项

（一）仪器条件参数

1. 光电倍增管负高压（PMT）

光电倍增管的作用是把光信号转换成电信号，并通过放大电路将信号放大。在一定范围内负高压与荧光强度，成正比。负高压越大，放大倍数越大，但同时噪声也相应增大。因此，在满足分析要求的前提下，尽量不能将光电倍增管的负高压设置太高。

2. 灯电流的设置

灯电流的大小决定激发光源发射强度的大小，在一定范围内随灯电流增加，荧光强度增大。但灯电流过大，会发生自吸现象，而且噪声也会增大，同时灯的寿命缩短。

汞灯灯电流不宜过高，适宜范围为 15 ~ 40mA；砷、硒、锑、铅、镉灯适宜范围为 60 ~ 80 mA。

3. 原子化器的温度

原子化器温度是指石英炉芯内的温度，即加热温度。当氢化物通过石英炉芯进入氩氢火焰原子化之前，应适当的预加热温度，可以提高原子化效率、减少淬灭效应和气相干扰。

原子化器在石英炉芯出口处环绕一圈电热丝，待点火炉丝点燃约 10 min 后，石英炉芯内的温度达到平衡，约为 200℃。此温度基本上是多个元素的较佳预加热温度。

4. 原子化器高度

理论上各个元素的原子蒸汽密度最大值并不在同一高度上，但在实际测量时，由于元素灯照射在火焰上的光斑较大，而元素间最佳的观测高度相差又很小，因此，需要调节的原子化器高度范围很小，可以固定在某一个位置上。

5. 气流量

载气流量的大小在反应条件一定的情况下对氩氢火焰的稳定性、测量荧光强度的大小有很大影响。载气流量小，氩氢火焰不稳定，测量的重现性差，载气流量极小时，由于氩氢火焰很小，有可能测量不到信号；载气流量大，原子蒸气被稀释，测量的荧光信号降低，过大的载气流量还可能导致氩氢火焰被冲断，无法形成氩氢火焰，使测量没有信号。

屏蔽气流量过小时，氩氢火焰肥大，信号不稳定；屏蔽气流量过大时，氩氢火焰细长，信号稳定并且灵敏度降低。

6. 读数时间、延迟时间

读数时间是指进行测量采样的时间，即元素灯以事先设定的灯电流发光照射原子蒸气使之产生荧光的整个过程。读数时间的确定以峰面积积分的时间计算时，以将整个峰形全部采入为最佳。

延迟时间是指当样品与还原剂开始反应后，产生的氢化物进入原子化器需要一个过程，其所用时间即为延迟时间。在读数时间固定的情况下，如果延迟时间过长，会导致读数采样滞后，损失测量信号；延迟时间过短，会减少灯的使用寿命，增加空白噪声。在进行元素灯的预热时，必须在测量状态下进行，通常预热 20 min 即可。只开主机电源，而未测量，元素灯是起不到预热作用的。

（二）试剂

1. 水

建议使用电阻值在 $18M\Omega$ 以上的纯水。

2. 酸

在盐酸、硝酸等酸中常含有杂质（汞、砷、铅等），因此实验中必须采用较高纯度的酸。在实验之前必须认真挑选，可将待用的酸按标准空白的酸度在仪器上进行测试，选用荧光信号较平直的酸。如空白比较高，将影响工作曲线的线性、方法的检出限和测量的准确度。

3. 还原剂

要求 KBH_4（$NaBH_4$）质量分数＞95%。硼氢化钾（钠）溶液中要含有一定量的氢氧化钾（钠），以保证该溶液稳定性。硼氢化钾（钠）的质量分数为 0.2% ~ 0.5%，过低的浓度不能有效地防止硼氢化钾（钠）分解，过高的浓度则会影响氧化还原反应的总体酸度。配制时要注意先将氢氧化钾（钠）溶解于水中，然后再将硼氢化钾（钠）加入该碱性溶液中，宜现用现配。

4. 试剂的验收

将试验中用到酸、氢氧化钾、硼氢化钾等试剂配成所需的浓度，测定待测元素的试剂空白。查看信号，若信号呈直线形，则证明该批试剂不含待测元素。若信号有峰形，则试剂空白较高，应逐个更换试剂后，配成所需浓度进行空白测定，以确定试剂是否合格。

（三）污染问题

污染是影响氢化物发生——原子荧光分析测量准确性的重要因素，产生污染的原因、污染的种类很多。

1. 实验器皿污染

实验所用各种玻璃器皿由于未清洗干净或洗净后由于长时间放置而吸附了空气中的污染物造成沾污。

解决办法：将玻璃器皿在 20% 硝酸溶液中浸泡 12h 以上，使用前用自来水冲洗干净后，再用纯水冲洗 3 遍以上。沾污严重的器皿可采用超声波，或用浓的硝酸浸泡等手段清洗。

2. 试剂污染

试剂由于使用、保存不当，造成外界的污染物进入试剂中。

解决办法：重新配置试剂。平时使用时应注意：用移液管吸取试剂前要把移液管清洗干净并保持干燥，盛放试剂的容器用完后要即刻密封好，或把要使用的试剂分别取出一部分放在干净容器中当次使用，未用完的不能再倒回试剂瓶中。

3. 环境污染

室内空气、纯水等被污染。由于样品、试剂存放不当或长期积累造成实验环境被污染。

解决办法：实验室应对易受影响的检测区域做有效隔离。平时注意实验室通风和清洁，不存放易污染、挥发性强的物质，配制钠氏试剂时要特别注意 HgI 对实验场所造成的污染。

4. 仪器使用中产生的污染

如果进行了含量很高的样品测试，则会造成仪器的污染

解决办法：立即清洗反应系统的管道、原子化器清洗时可先用稀酸清洗，待信号值降下来后，再用清水清洗检测人员应有保护仪器的意识，对未知浓度范围的特殊样品，应该先稀释才上机测试，根据具体事件的背景情况从最大稀释度开始逐步试验。

（四）污染原因排查

出现未知污染源的污染，先从所用的容器开始排查，可以用确保干净的容器（可将容器用浓硝酸进行涮洗，用纯水淋洗后使用），重新配制试剂后，上机检测，查看峰形，若峰形呈直线形，则证明之前的容器受到污染。若更换容器后空白还是很高，有可能是试剂空白高，则对试剂逐个更换后，配成所需浓度进行空白测定，以排查试剂带来的污染。

第六节　微生物检测分析

一、微生物基础知识

（一）微生物一般分类

一切肉眼看不见或看不清的微小生物称为微生物。微生物个体微小（一般小于0.1mm），是单细胞或个体结构简单的多细胞、甚至无细胞结构，必须借助光学或电子显微镜才能观察到的低等生物微生物一般分为以下三大类群。

1. 病毒

包括病毒和亚病毒等非细胞型生物。其特点是没有完整的细胞结构，个体组成仅有单种核酸和（或）蛋白质组分。

2. 原核微生物

包括细菌、蓝细菌（蓝藻）、放线菌、支原体、衣原体、立克次氏体、螺旋体等单细胞微生物，特点是细胞核发育不完全，无核膜包裹，只有一个核物质高度集中的核区。

3. 真核微生物

包括藻类、真菌、原生动物和微型后生动物等单细胞或简单多细胞生物。特点是有真正的细胞核结构，功能更为复杂，遗传信息量更多

（二）微生物区别于其他生物的特征

微生物由于形体微小而区别于其他生物的五大共性。

1. 体积小，比表面积（表面积/体积）大

个体微小的微生物的比表面积比其他任何生物都大。如大肠杆菌的比表面积约为人的30万倍。

2. 吸收多，转化快

微生物巨大的表面积与外界环境接触，使其吸收营养物质、排泄代谢废物、传递信息的功能很强：如大肠杆菌在1 h内可消耗其体重1000～10 000倍的乳糖。

3. 生长旺，繁殖快

微生物代谢速率高，使其能以几何级数的速度生长繁殖。

4. 适应强，易变异

微生物高效、灵活的代谢机制，可以产生多种诱导酶，因而表现出对各种环境，尤其是恶劣环境的极其灵活的适应性。

5. 分布广，种类多

微生物依赖其上述几种特性得以在地球上各种环境中生存、发展。

由于微生物的这些特性，使得它们对人类的利与害都非常突出，其活动与人类的生产、生活息息相关。

（三）微生物在给水工程中的作用

水是微生物生长繁殖的极好介质，大部分微生物都可以水为媒介传播和转移。广东地区江、河、湖泊分布广泛，地表水充足，微生物种类和含量丰富，其对水质有重大影响，对给水处理工程带来的影响既有利也有弊。

1. 有利方面

（1）水体的自净依赖于微生物的作用

有些种类的细菌能分解水中有机物，降低水的 COD，如光合细菌能用于处理高浓度的有机废水；生物预处理常用方法就是通过向微污染水体曝气，增加水中的溶解氧，促进水中好氧菌大量繁殖，消耗水中有机物；活性炭滤池也是利用活性炭做载体，供有益微生物附着生长，达到降低水体 COD 目的。藻类能吸收水中的氮、磷、钾等营养盐和各种有机物，也能吸收重金属、氰化物等有害物质。

（2）亚硝化细菌能将水中氨氮氧化为亚硝酸盐氮

硝化细菌能将亚硝酸盐氮氧化为硝酸盐氮，这些转化作用普遍出现在生物预处理、活性炭滤池和普通砂滤池中，在无余氯、高 l > H 值、高溶解氧的水中，转化效率非常高。反硝化细菌能将硝酸盐氮和亚硝酸盐氮还原为氮气，都可以应用于净化水质。滤砂和活性炭中附着的锰细菌、铁细菌能吸附水中溶解性的铁和锰，从而降低其含量。有些种类的细菌通过培养能产生微生物絮凝剂，有良好的脱色以及除味效果，适应于处理有机污染较严重的水体。

2. 不利方面

致病微生物通过水体传播，会危害人体健康，如肝炎病毒、霍乱弧菌、流行性感冒杆菌、贾第氏鞭毛虫和隐孢子虫等。水源污染严重，细菌含量高时，影响消毒效果。过多的藻类会造成水体有异色和异味，影响混凝沉淀效果，增加了矾耗和氯耗，穿透滤池或造成滤池堵塞，降低滤池运行周期。藻类是摇蚊幼虫的主要食物来源。铜绿微囊藻、水华微囊藻等蓝藻会分泌出微囊藻毒素。藻类大量繁殖并爆发形成"水华"。铁细菌能将低价铁氧化为高价铁，是铸铁水管腐蚀和水黄的主要原因。

（四）给水工程中的环境因素对微生物的影响

微生物正常生长，除营养外还需要适当的温度、pH 值、溶解氧、渗透压等环境因素，水体中的 COD、水处理过程中的消毒剂、絮凝剂等也会对微生物的种类和数量有直接影响。

1. 温度

是微生物最重要的生存条件之一。微生物尤其是细菌，大部分是嗜中温菌，适宜生活温度在 10 ~ 40℃之间，广东地区春、夏、秋三季温度范围大多除此之间，很适合微生物的生长繁殖。藻类、摇蚊幼虫数量也较多。

2. pH 值

大多数微生物繁殖的最适 pH 范围是 6 ~ 8，在 4 ~ 10 之间能够生存。原水一般是接近 pH 7.0 的弱酸性或弱碱性水，适合大多数微生物的生长繁殖。pH 的控制在给水处理中有重要意义。如亚硝化细菌和硝化细菌适合于 pH 8 ~ 9 的环境中生长，反硝化细菌则适应弱酸性环境，此时它们对氨氮有较高的转化效果。

2.COD

COD高的原水，细菌和藻类数量都较多，自来水的COD较高，细菌易进行二次繁殖，易造成管网水微生物超标，摇蚊幼虫在此环境下生长繁殖速度也较快净水生产中，应尽可能降低自来水的COD值，从而确保水质稳定性。

4.溶解氧

大部分微生物只生长在有氧环境中，称好氧微生物；部分微生物在缺氧环境下生长，称厌氧微生物；有少数微生物在两种条件下都能生长良好的，称兼性厌氧微生物硝化细菌和亚硝化细菌是好氧微生物，反硝化细菌是厌氧微生物，大肠杆菌属兼性厌氧微生物。

5.消毒剂

某些化学药剂对微生物的影响会很大，如强氧化剂可氧化细菌的细胞物质而使细菌的正常代谢受到阻碍，甚至死亡。给水处理中常用的臭氧、氯、二氧化氯、高锰酸钾等就有良好的消毒作用。0.1%的高锰酸钾溶液常用于消毒共用茶餐具，1：4～1：8的生石灰乳可有效地消毒排泄物。

除此之外，还有紫外线、渗透压等因素也会影响微生物的代谢繁殖。

二、微生物实验室的环境要求

（一）微生物实验室（预处理间）基本要求

通风良好，避免尘埃、过堂风和温度骤变，保持室内空气高度清洁和实验室用具的整洁，应每天进行清扫整理，桌柜等表面应每天用消毒液擦拭，保持无尘，杜绝污染。

实验室合理布局、分区（制备培养基、灭菌区域、无菌室等等）。仪器、实验器皿要摆放合理，并有固定位置。测试用过的废弃物要分门别类放置在固定的箱桶内，并及时处理。

墙壁要刷漆覆盖，地板要使用光滑和防透水材料，以便刷洗和消毒。工作台应足够宽敞、高度适宜、保持水平和无渗漏，台面和墙转角位置尽量使用光滑、防透水、惰性、抗腐蚀的、具有最少接缝的表面材料，以便于减少容纳微生物。

（二）微生物无菌实验室要求

无菌室应采光良好、避免潮湿、远离厕所及污染区。面积一般不得超过10m²，不小于5m²；高度不超过2.4m。由1～2个缓冲间、操作间组成，操作间和缓冲间的门不宜正对，且两者之间应有具备灭菌功能的样品传递箱在缓冲间内应有洗手盆、毛巾、无菌衣裤放置架及挂钩、拖鞋等，不应放置培养箱和其他杂物；无菌室内应六面光滑平整，能耐受清洗消毒。墙壁与地面、天花板连接处应呈凹弧形，无缝隙，不留死角操作间内不应安装下水道。无菌操作工作区域应保持清洁及宽敞，必要物品.例如试管架、移液器、吸管或吸头盒等可以暂时放置，其他实验用品用完即应移出，以利于气流之流通。

无菌操作室应具有空气除菌过滤的单向流空气装置，操作工作区域洁净度要求100级或放置同等级别的超净工作台，环境洁净度要求10 000级，室内温度控制在18 ~ 26℃间，相对湿度45% ~ 65%缓冲间及操作室内均应设置能达到空气消毒效果的紫外灯或其他适宜的消毒装置，空气洁净级别不同的相邻房间之间的静压差应大于5Pa，洁净室（区）与室外大气的静压差大于10Pa。无菌室内的照明灯应嵌装在天花板内，室内光照应分布均匀，光照度不能低于300lx。

缓冲间和操作间一般设置紫外线灯消毒要求用于消毒的紫外线灯在电压为220V、环境相对湿度为60%、温度为201时，辐射的253.7nm紫外线强度（使用中的强度）不得低于70）μW/cm²（普通30W直管紫外线灯在距灯管1m处测定）。紫外线穿透力有限，空气湿度大，灰尘多，会明显降低紫外线杀菌效果，紫外线消毒的适宜温度范围是20 ~ 40℃，适宜湿度范围应低于80%，如果环境温湿度条件不好，可适当延长照射时间。可用紫外线测强仪或紫外线强度监测指示卡定期检查辐射强度，不符合要求的紫外杀菌灯应及时更换。

无菌室及无菌操作台以紫外灯照射30 ~ 60min灭菌，关闭紫外灭菌灯，并开启无菌操作台风扇运转10 ~ 30min后，才人内工作。实验前后以消毒酒精擦拭无菌操作台面，实验完毕后，将实验物品带出工作台后。工作完毕离开无菌室后，应再开紫外灭菌灯照射30 ~ 60min。

应清洁手后进入缓冲间更衣，同时换上消毒隔离拖鞋，脱去外衣，用消毒液消毒双手后戴上无菌手套，换上无菌连衣帽（不得让头发、衣服等暴露在外面），戴上无菌口罩。再经风淋室30S风淋后进入无菌室。对于来自病原菌株如耐热大肠菌群等应特别小心操作。每周彻底清洁无菌室一次，清除灰尘应用真空吸尘器，不能使用扫把。

（三）无菌室环境卫生要求及质量控制方法

1. 环境卫生要求

每工作日工作前用紫外灯照射无菌室至少要30min。每周第一个工作日进行卫生清洁工作，工作内容包括：用打扫无菌室专用的抹布、盆、地拖、拖桶对无菌室内、传送窗、风淋室、缓冲间进行清洁、整理。打开风淋室及传送窗靠无菌室内门，紫外灯照射至少30min。每间隔半年将无菌室出风口内防尘网拆下清洗后安装。每四年或更短期内（视使用情况而定）更换无菌室粗效过滤器、中效过滤袋、高效过滤器，并请第三方进行环境洁净度的检测。

2. 质量控制

（1）过程空白

在检测菌落总数时，打开1个空白培养皿，时间段为从第一个样品到最后一个样品检测的全过程，然后倾入15mL营养琼脂培养基，和样品同时进行培养，每工作日一次。

（2）环境监测

在无菌室消毒完毕后，取4个空白培养皿倾入15mL营养琼脂培养基，在无人条件下，在室内各个区域（要顾及工作区域和普通区域）各摆放一个，打开皿盖30min后，

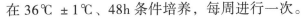

在 36℃ ±1℃、48h 条件培养，每周进行一次。

（3）质控要求

工作区域为 100 级洁净度级别区域，要求菌落总数 ≤ 1CFU；普通区域为 10000 级洁净度级别区域，要求菌落总数 ≤ 3CFU。

三、微生物检测设备器材分类、使用和注意事项

开展微生物项目检测，微生物实验室应具备下列仪器：电热恒温培养箱、高压灭菌锅、普通冰箱、低温冰箱、显微镜、离心机、超净台、振荡器、普通天平、千分之一天平、电热恒温烘箱、恒温水浴锅、生化培养箱、PH 汁等。

实验室所使用的仪器、容器砼符合标准要求，要保证准确可靠，凡计量器具须经计量部门检定合格方能使用。仪器应分门别类合理安放，消毒灭菌的仪器、配制培养基的仪器应和处理实验废弃物的仪器设备分开 K 域放置，以防交叉污染。

（一）显微镜

显微技术是微生物检验技术中最常用的技术之一显微镜的种类很多，在实验室中常用的有：普通光学显微镜、暗视野显微镜、相差显微镜、荧光显微镜和电子显微镜等。而在微生物检验中最常用的还是普通光学显微镜。

1. 使用

当使用和调整任何一台显微镜时，要按照制造商的说明书进行目前我们所使用的显微镜一般使用模式大致如下。

低倍镜观察（100 倍、200 倍）：先将低倍物镜位置固定好，然后放置标本片，转动反光镜，调好光线．将物镜提高，向下调至看到标本，再用细调对准焦距进行观察：除少数显微镜外，聚光镜的位置都要放在最高点如果视野中出现外界物体的图像，可以将聚光镜稍微下降，图像就可以消失，聚光镜下的虹彩光圈应调到适当的大小，以控制摄入光线的量，增加明暗差。

高倍镜观察（400 倍或以上）：显微镜的设计通常是共焦点的低倍镜对准焦点后，转换到高倍镜基本上也对准焦点，只要稍微转动微调即可，有些简易的显微镜不是共焦点，或者是由于物镜的更换而达不到共焦点，就要采取将高倍物镜下移至肉眼观测到最接近玻片处，再向上调准焦点的方法虹彩光圈要放大，使之能形成足够的光锥角度稍微上下移动聚光镜，观察图像是否清晰。

油镜的使用方法：先将镜筒升高，在玻片上加一滴香柏汕，川粗调旋钮降下镜筒，俯身侧视，直到油镜的前透镜浸没在香柏油中。从目镜中观察视野，M 时用微调旋钮缓缓提升镜筒，直至视野出现清晰物像。

油镜用毕要及时将香柏油擦拭干净，勿使干涸。先用干净的擦镜纸擦拭 1 ~ 2 次，再用滴有乙醚混合物（乙醚与乙醇的体积比为 7 ：3）的擦镜纸擦两次，最后再用干净的擦镜纸完全擦干。

2. 维护

显微镜是精密贵重的仪器，必须很好地保养。要注意下列事项：

观察液体标本时，一定要加盖玻片观察完后，移去观察的载玻片标本，用过油镜的，应先用擦镜纸将镜头上的油擦去，再用擦镜纸蘸着乙醚混合物擦拭 2 ~ 3 次，最后再用擦镜纸将二甲苯擦去。转动物镜转换器．最好能以无镜头的一侧对着镜台，如装满物镜，则以低倍镜对着镜台．将镜身下降到最低位置，调节好镜台上标本移动器的位置，罩上防尘套。

镜头的保护最为重要镜头要保持清洁，只可用软而没有短绒毛的擦镜纸擦拭。擦镜纸要放在纸盒中，以防沾染灰尘切勿用手绢或纱布等擦镜头。不要在阳光直射、高温或高湿、多尘以及容易受到剧烈震动的地方使用显微镜，环境温度要求为 5 ~ 40℃，最大相对湿度为 80%。在移动仪器时，要确保电源关闭，仪器各组件的连接状况稳定，小心拿稳主机进行移动。

所有仪器组件均为精密元件，除专业维修工程师，自己不要拆卸任何组件，否则容易导致发生故障或降低性能。保持良好的散热，保持电源器和灯室之间至少 10cm 的距离。清洁各种玻璃部件时，用纱布轻轻擦拭除掉指纹或油渍，要用少量乙醚（70%）和酒精（30%）混合液沾湿纱布擦拭。对于显微镜非玻璃组件，不要使用有机溶剂擦拭，可以用干净布进行擦拭。

（二）灭菌设备

灭菌设备通常为高压蒸汽灭菌器（用于湿热灭菌）和电热恒温烘箱（用于干热灭菌）。蒸汽比干燥空气更为有效，因此所需要的时间更短对于这两种灭菌器，操作时应遵循以下原则：灭菌物品应直接和热接触，如果外包有机塑料层或堆放拥挤，应增加灭菌时间；微生物不会立即失活，需要在特定的灭菌温度下持续一段时间

1. 高压蒸汽灭菌器

（1）温度校准和验证

由于高压灭菌器的性能主要依赖于设定时间周期内的温度与压力的测量和控制，因此必须定期进行校准和检定每批次进行灭菌时，实验室可自行对灭菌效果进行验证，有以下三种方法。

第一，物理监测法：将留点温度计包裹或夹带在被灭菌的物体中，然后进行高压灭菌。灭菌后取出查看读数。如读数达到灭菌要求温度如 121T，可以证明灭菌温度符合要求。

第二，化学指示剂法：可间接指示灭菌效果。采用的有化学指示胶带、化学指示卡、化学指示管等。通过颜色的变化可以证明达到要求的灭菌温度或效果。

第三，生物指示剂法：利用非致病菌的芽孢作为指示菌，直接检测灭菌的效果。

（2）使用和记录

按生产商的操作说明设定灭菌条件。操作前必须检查舱内的水是否干净。如果缺水，应及时补充，如果水脏，应马上更换。舱内的水应每月更换一次。使用的水必须是纯水。装载的灭菌物品不能太多，不要超过灭菌仓容积的 60%，以免降低灭菌效果。灭菌完毕，待压力自然降至零时，温度低于 60℃ 时，方可开盖。每一次灭菌实验均需做好记录，包括灭菌条件、操作人员、日期、仪器使用情况等。

（3）维护

每年进行检定，定期清洗灭菌器的内舱、密封圈以除去污垢及外物。

2.电热恒温烘箱

适用于耐高温的玻璃、金属制品等物品的灭菌。需要高温160～180℃持续1～2h。其校准和验证与高压灭菌器的方法大致相同。

（1）使用和记录

灭菌物品放入箱内，不可紧靠四壁，尽量分散摆放以允许热量均衡，停止加热后，箱内温度下降到50℃以下时，才能打开箱门，取出灭菌物品。

（2）维护

定期清洁烘箱，检查烘箱的垫圈、插销、加热丝等部件。

（三）离心机

使用时按设备的操作说明设定离心条件，包括：离心的温度、速度和时间，其中离心速度可分为每分钟转速（r/min）和离心力（cfg）两种。离心桶和十字轴要按质量配对，并在装载离心管后正确平衡，空离心桶应用蒸馏水来保持平衡

为了避免样本等残留物的污染，应经常对离心机外壳和离心室进行清洁处理。清洁离心室时，先打开离心机盖，拔掉电源线，用专用设备例如六角匙等将离心机转子旋下，再用中性去污剂（70%的异丙醇/水混合物或乙醇去污垢）清洁；离心室内的橡胶密封圈经去污剂处理后，用水冲洗，再用甘油润滑。同时应对转子进行清洁维护。

（四）电热恒温水浴锅

水浴锅应置于坚固的水平台上，电源电压须匹配、在水浴锅内注入清洁温水至总高度的1/2～1/3处。打开电源开关，把温度控制器的温度调节旋钮调至设定温度，：当水槽内测定温度达到设定温度时，加热中断，指示灯熄灭，温度保持稳定。如需精确控制温度，在每次水浴锅使用前，可放入标准温度计同时监测实际水温，以校正温度。水浴锅如不需精确控温，只用于熔化或保持培养基处于熔化状态，不需检定或校正温度。水浴锅不用时应当进行清空，内外应保持清洁，外壳忌用腐蚀性溶液擦拭。

（五）冰箱

冰箱应放置于水平地面并留有一定的散热空间。外接电源电压必须匹配，并要求有良好的接地线。冰箱内禁止存放与实验无关的物品。放入冰箱内的所有试剂、样品、质控品等必须密封保存。

保持冰箱出水口通畅；非自动除霜冰箱应定期除霜；定期清洁冰箱，清洁时切断电源，用软布蘸水擦拭冰箱内外，必要时可以用中性洗涤剂每日由专人负责观察冰箱内温度并记录于表中，记录表贴于门上，每月一张，一年装订成册存档。若温度超出规定范围，调节温控使其回到正常范围，并进行记录。

若冰箱较长时间不用或需要送修时需按以下步骤操作：关闭冰箱电源，并拔下电源插头。清空冰箱内的所有贮存物，并妥善放置到其他冰箱内。打开冰箱门，等待冰箱内的霜化完。用肥皂水擦净冰箱内胆，后用10%次氯酸钠溶液擦洗一次，保持冰箱

门打开待其自然干燥。

（六）洁净工作台

新安装或长期未使用的工作台，使用前必须用超净真空吸尘器或不产生纤维的物品认真进行清洁工作。

接通电源，使用前应当提前 15 ~ 30min 同时开启紫外灯和风机组工作。当需要调节风机风速时，用工作台操作面板上的风速调节钮进行调节。风机、照明均由指示灯指示其工作状态。

进行检验之前要用消毒液擦拭工作台面，台面禁止存放不必要的物品，以保持工作区的洁净气流不受干扰。不能在工作台面上记录书写，工作时应尽量避免明显扰动气流的动作；禁止在预过滤进风口部位放置物品，以免挡住进风口造成进风量减少，降低净化能力。

每次使用结束后均需对洁净台进行清洁将实验物品取出，用消毒液清理工作台面，打开紫外灯，15 ~ 30min 后关闭紫外灯，关闭洁净台电源长期不使用的工作台清拔下电源插头。

日常维护应注意，根据环境洁净程度，不定期将预过滤器中的滤料拆下清洗可让有资质的检测和维护维修机构定期检定洁净台的洁净度是否达到要求，是否需要维修或更换中或高效空气过滤器。

（七）酒精灯

酒精灯灯芯通常用多股棉线拧在一起，插进灯芯瓷套管中新灯芯应充分浸透，调好其长度（浸入酒精后还要长 4 ~ 5cm）后才能点燃：因为未浸过酒精的灯芯，一点燃就会烧焦。

对于旧灯，特别是长时间未用的灯，在取下灯帽后，应提起灯芯瓷套管，用洗耳球或嘴轻轻地向灯内吹一下，以赶走其中聚集的酒精蒸气，再放下套管检查灯芯，若灯芯不齐或烧焦都应用剪刀修整为平头等长

灯壶内酒精少于其容积 1/2 的都应添加酒精酒精不能装得太满，以不超过灯壶容积的 2/3 为宜。酒精量太少则灯壶中酒精蒸气过多，易引起爆燃；酒精量太多则受热膨胀，易使酒精溢出，发生事故添加酒精时一定要借助小漏斗，以免酒精洒出决不允许燃着时加酒精，否则，很容易着火，造成事故。点燃酒精灯一定要用燃着的火柴，决不能用燃着的酒精灯对火，否则易将酒精洒出，引起火灾。

加热时若无特殊要求，一般用温度最高的外焰来加热器具加热的器具与灯焰的距离要合适，过高或过低都不正确与灯焰的距离可用专用垫木或支撑物来调节。被加热的器具必须放在支撑物（三脚架、铁环等）上或用坩埚钳、试管夹夹持，决不允许手拿器具加热。

需熄灭灯焰时，可用灯帽将其盖灭，决不允许用嘴吹灭，不用的酒精灯必须将灯帽罩上，以免酒精挥发如长期不用，灯内的酒精应倒出，以免挥发、万一洒出的酒精在灯外燃烧，不要慌张，可用湿抹布或砂土扑灭。

四、培养基基本常识

培养基是液体、半固体或固体形式的，含天然或合成成分，用在保证微生物繁殖或保持其活力的物质。

为了满足微生物生长和代谢的需要，培养基一般包含碳源、氮源、水、无机盐和生长因子五大类营养物质.但由于微生物营养类型复杂，不同微生物对营养物质的需求是不一样的，因此要根据不同微生物的营养需求配制针对性强的培养基就微生物主要类型而言，有细菌、放线菌、酵母菌、霉菌、原生动物和藻类及病毒之分，培养它们所需的培养基各不相同。

（一）培养基分类

1.按化学成分分类

纯化学培养基和非纯化学培养基。

2.按物理状态分类

（1）液体培养基

不含凝固剂，利于菌体的快速繁殖、代谢和积累产物。

（2）流体培养基

含 0.05% ~ 0.07% 琼脂粉，可降低空气中氧进入培养基的速度，利于一般厌氧菌的生长繁殖。

（3）半固体培养基

含 0.2% ~ 0.8% 琼脂粉，多用于细菌的动力观察、菌种传代保存及贮运细菌标本材料。

（4）固体培养基

含 1.5% ~ 2% 琼脂，用来细菌的分离、鉴定、菌种保存及细菌疫苗制备等。

3.按用途分类

运输培养基（能保质但不能增殖）、保藏培养基（一定期限内保护和维持微生物活力）、复苏培养基（修复受损或应激微生物，恢复正常生长状态）、增菌培养基（选择性和非选择性）、分离培养基（选择性和非选择性）、鉴别培养基、鉴定培养基。

（二）培养基购置和验收

购买：购买培养基要有计划，数量要适当，不得大量购入久存不用。对购置和验收的环节，要进行相应的质量控制对于商业化的合成培养基，生产企业应提供下列材料以证明其产品的有效性。

培养基名称、成分及产品编号；批号；培养基使用前的 pH；储藏信息和有效期；性能评价和所用的测试菌株；技术数据清单；质控证书；必要的安全 / 危害数据。

实验室收到培养基后，应进行验收，检查要点有：培养基的名称和批号；接收日期；有效期；包装及其完整性。

对于新开封的脱水培养基，通过粉末的流动性、均匀性、结块情况和色泽变化等判断脱水培养基的质量变化。在使用过程中，应不定期检查容器密闭性、首次开封日期、内容物感观检查（如粉末流动性、均匀性、色泽等），如有结块、变色或显示有其他变质情况的培养基必须弃去，不得再用。未开启的培养基严格按照生产商提供的贮存条件和有效期进行保存和使用。

（三）培养基的实验室制备和注意事项

1. 依据和记录

自配培养基时，要按标准介绍的配方准确配制，使用商品化合成培养基时，严格按照厂商提供的使用说明配制。记录配制日期、名称、配制方法、成分、质量/体积、pH、制备条件、灭菌条件、配置人签名等。

2. 水

由于自来水中含有钙、镁等杂质，能与培养基中的其他成分如蛋白胨和牛肉浸汁中的磷酸盐起作用生成不溶性的沉淀物，不适用于培养微生物，所以在配制培养基时必须使用蒸馏水或相同质量的水，以排除测试条件下抑制或影响微生物生长的物质、盛放蒸馏水的容器最好是由中性材料制成的（如中性玻璃、聚乙烯等）

3. 称量和溶解

称取所需量的脱水培养基（注意缓慢操作，必要时佩戴口罩或在通风柜中操作，以防吸入含有有害物质的培养基粉末），先加入少量的水，充分混合，注意避免培养基结块，必要时可适当加热，然后再加水至所需的量

4. 灭菌前的分装

一般分装培养基不宜超过容器的2/3，以免灭菌时外溢、分装时注意勿使培养基粘附于瓶口部位，以免沾染棉塞滋生杂菌乳糖蛋白陈培养基/EC培养基应按定量加入（如10mL/管），同时要求包括接种的样品量在内不超过试管的2/3。

5. 调节 pH

各类微生物生长繁殖或产生代谢产物的最适 pH 条件各不相同，过碱或过酸都能影响细菌酶的活动，易使微生物死亡，因此培养基的 pH 必须控制在一定的范围内，以满足不同类型微生物的要求。一般来讲，细菌与放线菌适于在 pH 为 7 ~ 7.5 范围内生长。在配制培养基时，pH 值测试应以培养基温度处于 60 ~ 70℃为宜；用酸度计测定较为适宜，也可使用精确到 0.1 pH 单位的精密 PH 试纸。培养基灭菌后冷却到 25℃时，pH 变化不应超过 0.2 个单位。通常使用浓度约为 40 g/L（约 1 mo1/L）的氢氧化钠溶液或浓度约为 36.5 g/L（约 1 mo1/L）的盐酸溶液调节 pH 调试需注意逐步滴加，勿使过酸或过碱而破坏培养基中的某些组分。

6. 灭菌

培养基的灭菌方法有湿热灭菌、煮沸灭菌和过滤灭菌三种。

（1）湿热灭菌

在高压蒸汽灭菌器中进行，一般采用 115℃/121℃维持 15min/20min 的条件当培养基成分中含有明胶、血清、糖类等不耐高温的物质，应采用高压低温灭菌法或间歇灭菌法灭菌。一般情况下，含糖培养基经 115℃/15min 高压蒸汽灭菌，不含糖培养基经 121℃/20min 高压蒸汽灭菌，营养琼脂培养基、生理盐水等用 121℃/20min 高压蒸

汽灭菌；乳糖蛋白胨培养基、EC 培养基、伊红美蓝培养基、品红亚硫酸钠培养基、EC-MUG 培养基和 NA-MUG 培养基经 115℃ /15min 高压蒸汽灭菌。

2. 煮沸灭菌

含有对光或热敏感的物质时，只得煮沸灭菌煮沸后应迅速冷却，避光保存。如 MFC 培养基在加热煮沸后应立即离开热源，不可高压灭菌。有些试剂则不需灭菌，可直接使用，如氨苄西林。品红亚硫酸钠培养基内亚硫酸钠的灭菌不进行高压，而应直接加入到无菌水中煮沸 10min 以灭菌。

过滤灭菌：利用颗粒直径的不同将微生物与其他成分分开。可在真空负压或正压的条件下，使用孔径为 0.22μm 的滤膜和过滤垫，过滤前先将滤膜和滤垫灭菌。过滤器于 121℃ /15min 条件灭菌（可以整体灭菌也可以拆卸后灭菌），灭菌后在无菌条件下组装。

7. 灭菌后的分装

有些特殊的培养基，其热不稳定的添加成分应放置在室温，在基础培养基冷却至 47℃ ±2℃时加入，缓慢充分混匀，尽快分装到待用的容器中。

倾注融化的培养基到平皿中，使之在平皿中形成一个至少 2mm 厚的琼脂层（直径 90mm 的平皿通常要加入 15mL 琼脂培养基）；盖好皿盖后放到水平平面使琼脂冷却凝固凝固后的培养基应立即使用或存放于冷暗处或 4℃冰箱，做好标记，标记的内容包括名称、制备日期或有效期。也可以使用适宜的培养基编码系统进行标记。放入密封袋冷藏保存可延长保存期限。为了避免产生冷凝水，平板应冷却后再装入袋中。贮存前不要对培养基表面进行干燥处理。

8. 配制好培养基的质量控制

无菌试验以及已知菌生长试验。无菌试验一般为随机抽取配好的培养基在 37℃条件下培养 48 h，证明无菌，同时再用已知菌检查在此培养基上生长繁殖情况，符合要求后方可使用。每批培养基使用前应进行上述试验。

9. 培养

培养时每垛最多堆放 6 个平板，培养箱不能放得太满太密，保留一定空隙以保证空气流通，使培养物的温度尽量与培养箱温度达到一致。

10. 弃置

微生物检验接种培养过的各种培养基（液体培养液、琼脂平板等）应高压灭菌 121℃ /30min，再弃置或处理。

11. 保存

不同种类的培养基保存时间各不相同，但配制好的培养基，不能保存过久，以少量勤配制为宜。通常情况下基础培养基如使用紧盖三角瓶盛装，可在 4℃保存 3 个月。使用前要观察培养基颜色变化，是否有蒸发（脱水），是否有微生物生长，当培养基发生这类变化时，要禁止使用。

（四）培养基质量常见问题

1. 异常现象

培养基不能凝固、pH 值不正确、颜色异常、产生沉淀、培养基出现抑制 / 重复性差、选择性差。

2. 可能原因

制备过程中过度加热、低 pH 值造成琼脂酸解、琼脂量不足、琼脂未完全溶解、培养基成分未充分混匀；制备过程中过度加热、水质不佳、外部化学物质污染、测定 pH 时温度不正确、pH 计没有正确校准、脱水培养基质量差；制备过程中过度加热、水质不佳、脱水培养基质量差、pH 不正确、外来污染；制备过程中过度加热、水质不佳、脱水培养基质量差、pH 未正确控制；制备过程中过度加热、水质不佳；脱水培养基质量差、使用成分不正确，如成分称量不准，添加物浓度不正确；制备过程中过度加热、脱水培养基质量差、配方使用不对、添加成分不正确，如添加时培养基过热或浓度错误。

五、检测项目

现行国家标准《生活饮用水卫生标准》中要求必检的微生物项目有：菌落总数、总大肠菌群、耐热大肠菌群、大肠埃希氏菌、贾第氏鞭毛虫和隐孢子虫。

（一）菌落总数

菌落总数对于评价水质清洁度以及给水净化效果具有非常重要的意义。水中的细菌来自空气、土壤、污水及垃圾等各方面，能够介水传播的细菌性疾病有痢疾、伤寒、霍乱、肝炎、急性肠胃炎等，其危害巨大，能在同一时间内使大量饮用者染病。资料显示，在清洁的天然水中菌落总数多半不超过 100 个 /mL 经过净化消毒的饮用水，如果菌落总数不超过 100 个 /mL，则可认为该水是清洁和适合饮用的，存在致病菌的可能性极少。菌落总数的检测方法介绍如下。

水样在营养琼脂上有氧条件下 371 培养 48 h 后，所得 1mL 水样所含菌落的总数。由于国标对培养条件有明确限制，所以此法所得结果可能要低于实际存在的活菌总数。

1. 培养基与试剂

（1）营养琼脂

第一，成分：蛋白胨 10g、牛肉膏 3g、氯化钠 5g、琼脂 10 ~ 20g、蒸馏水 1000mL。第二，制法：将上述成分混合后，加热溶解，调整 pH 为 7.4 ~ 7.6，分装于玻璃容器中（如用含杂质较多的琼脂时，应先过滤），经 103.43 kPa（121℃，I5 lb）灭菌 20min，储存于冷暗中备用。

（2）仪器

高压蒸汽灭菌器；干热灭菌箱；培养箱：36℃ +1℃；电炉；天平；冰箱；放大镜或菌落计数器；PH 计或精密 PH 试纸；灭菌试管、平皿（直径 9cm）、刻度吸管、采样瓶等。

2. 检验步骤

（1）生活饮用水

第一，以无菌操作方法用灭菌吸管吸取 1mL 充分混匀的水样，注入灭菌平皿中，倾注约 15mL 已融化并冷却到 45 丈左右的营养琼脂培养基，并立即旋摇平皿，使水样与培养基充分混匀每次检验时应做一平行接种，同时另用一个平皿只倾注营养琼脂培养基做空白对照。

第二，待冷却凝固后，翻转平皿，使底面向上，置于 36℃ +1℃培养箱内培养 48 h，进行菌落计数，即为水样 1mL 中的菌落总数。

（2）水源水

第一，以无菌操作方法吸取 1mL 充分混匀的水样，注入盛有 9mL 灭菌生理盐水的试管中，混匀成 1：10 稀释液。

第二，吸取 1：10 的稀释液 1mL 注入盛有 9mL 灭菌生理盐水的试管中，混匀成 1：100 稀释液按同法依次稀释成 1：1000，1：10000 稀释液等备用如此递增稀释一次，必须更换一支 1mL 灭菌吸管。

第三，用灭菌吸管取未稀释的水样与 2 ~ 3 个适宜稀释度的水样 1mL，分别注入灭菌平皿内。

3.菌落计数及报告方法

作平皿菌落计数时，可用眼睛直接观察，必要时用放大镜检查，以防遗漏。在记下各平皿的菌落数后，应求出同稀释度的平均菌落数，供下一步计算时应用。在求同稀释度的平均数时.若其中一个平皿有较大片状菌落生长时，则不宜采用，而应以无片状菌落生长的平皿作为该稀释度的平均菌落数若片状菌落不到平皿的一半，而其余一半中菌落数分布又很均匀，则可将此半皿计数后乘 2 以代表全皿菌落数。然后再求该稀释度的平均菌落数。

4.注意事项

吸取水样前必须混合均匀，避免吸取到聚集的菌落或无菌的水样。对水样进行稀释时，每一次稀释都必须更换灭菌吸管或吸头，确保稀释度的准确。培养基倾注温度应在 45℃ ±1℃之间，以不烫手为宜，温度过高将有可能杀灭部分细菌。

培养基倾注体积约 15 因为培养基倾注太多，混匀时会淌到皿盖，可能粘走部分菌落；反之太少则不能提供足够养分，致使菌落生长过慢或过小，影响检测结果。若是多菌样品，稀释梯度一定要控制好，至少两个连续稀释梯度，计数时平板上的菌落数应在 30 ~ 300 个菌落之间。倾注培养基后，应当尽量将其混匀，可以先按顺时针或逆时针的方向打圆圈，再以上、下、左、右的方向打十字。菌落计数的报告，在 100以内时按实有数报告，大于 100 时，采用两位有效数字，在两位有效数字后面的数值，以四舍五入法计算。

（二）总大肠菌群

总大肠菌群是饮用水的微生物学常规检验指标之一，流行病学研究认为水中病原菌的存在与肠道携带的细菌相关，因此常以总大肠菌群作为指示微生物评价水体的卫生状况。

其中卫生学概念，包括埃希氏菌属、克雷伯氏菌属、肠杆菌属和柠檬酸杆菌属等细菌。总大肠菌群本身不会致病，但其与致病的肠道病菌是同属，且比致病肠道病菌的抗氯能力强，经氯消毒后，如果总大肠菌群指标达标，就间接表征肠道病菌已被杀灭。

目前国标规定饮用水源水和自来水的常规检测方法有滤膜法、多管发酵法和酶底物法三种，还可以用总大肠菌群显色培养基进行快速检测：

1. 多管发酵法

以多管发酵法检测的总大肠菌群是指一群在37℃培养24 h能发酵乳糖、产酸产气、需氧和兼性厌氧的革兰氏阴性无芽孢杆菌。

（1）培养基与试剂

①乳糖蛋白胨培养液

第一，成分：蛋白胨10g、牛肉膏3 g、乳糖5 g、氯化钠5g、溴甲酚紫乙醇溶液（16g/L）1mL、蒸馏水1000mL。

第二，制法：将蛋白胨、牛肉膏、乳糖及氯化钠溶于蒸馏水之中，调整pH为7.2～7.4，再加入1mL 16g/L的溴甲酚紫乙醇溶液，充分混匀，分装于装有倒管的试管中，68.95 kPa（115℃、10 lb）高压灭菌20min，贮存于冷暗处备用。

②两倍浓缩乳糖蛋白胨培养液

按照上述乳糖蛋白胨培养液，除蒸馏水外，其他成分量加倍。

③伊红美蓝培养基

第一，成分：蛋白胨10g、乳糖10g、磷酸氢二钾2 g、琼脂20～30g、蒸馏水1000mL、伊红水溶液（20g/L）20mL，美蓝水溶液（5g/L）13mL。

第二，制法：将蛋白胨、磷酸盐和琼脂溶解于蒸馏水中，校正pH为7.2，加入乳糖，混匀后分装，以68.95 kPa（115℃，10 lb）高压灭菌20min。临用时加热融化琼脂，冷至50～55%；，加入伊红和美蓝溶液，混匀，倾注平皿。

④革兰氏染色液

结晶紫染色液：第一，成分：结晶紫lg、乙醇［φ（C_2H_5OH）=95%］20mL、草酸铵水溶液（10g/L）80mL。第二，制法：将结晶紫溶于乙醇中，然后与草酸铵溶液混合。结晶紫不可用龙胆紫代替，前者是纯品，后者不是单一成分，易出现假阳性结晶紫溶液放置过久会产生沉淀，不能再用。

革兰氏碘液：第一，成分：碘1 g、碘化钾2g、蒸溜水300mL。第二，制法：将碘和碘化钾先进行混合，加入蒸馏水少许，充分振摇，待完全溶解后，再加入蒸馏水。第三，脱色剂：乙醇［φ（C_2H_5OH）=95%］。

沙黄复染液：第一，成分：沙黄0.25g、乙醇［φ（C_2H_5OH）=95%］10mL、蒸馏水90mL。第二，制法：将沙黄溶解于乙醇中，待完全溶解后再加入蒸馏水。

染色法：将培养～24 h的培养物涂片；将涂片在火焰上固定，滴加结晶紫染色液，染1min，水洗；滴加革兰氏碘液，作用lmin，水洗；滴加脱色剂，摇动玻片，直至无紫色脱落为止，约30 s，水洗；滴加复染剂，复染1min，水洗，待干，镜检。

（2）仪器

培养箱：36℃±1℃；冰箱：0～4℃；天平；显微镜；平皿（直径为9cm）、试管、分度吸管（1mL，10mL）、锥形瓶、小导管、载玻片。

（3）检验步骤

①乳糖发酵试验

第一，取 10mL 水样接种到 10mL 双料乳糖蛋白胨培养液中，取 1mL 水样接种到 10mL 单料乳糖蛋白胨培养液中，另取 1mL 水样注入到 9mL 灭菌生理盐水中，混匀后吸取 1mL（即 0.1mL 水样）注入到 10mL 单料乳糖蛋白胨培养液中，每一稀释度接种 5 管。对已处理过的出厂自来水，需经常检验或每天检验一次的，可直接取 5 份 10mL 双料培养基，每份接种 10mL 水样。

第二，检验水源水时，如污染较严重，应当加大稀释度，可接种 1mL、0.1mL，0.01mL 甚至 0.1mL、0.01mL、0.001mL，每个稀释度接种 5 管，每个水样共接种 15 管。接种 1mL 以下水样时，必须作 10 倍递增稀释后，取 1mL 接种，每递增稀释一次，换用 1 支 1mL 灭菌刻度吸管。

第三，将接种管置 36℃ ±1℃ 培养箱内，培养 24h±2h，如所有乳糖蛋白胨培养管都不产气不产酸，则可报告为总大肠菌群阴性，如有产酸产气者，则按下列步骤进行。

②分离培养

将产酸产气的发酵管分别转种在伊红美蓝培养基或品红亚硫酸钠培养基上，于 36℃ ±1℃ 培养箱内培养 18 ～ 24h，观察菌落形态，挑取符合下列特征的菌落做革兰氏染色、镜检和证实试验。深紫黑色和具有金属光泽的菌落；紫黑色、不带或略带金属光泽的菌落；淡紫红色、中心较深的菌落。

③证实试验

经上述染色镜检为革兰氏阴性无芽孢杆菌，同时接种乳糖蛋白胨培养液，置 36℃ ±1℃ 培养箱中培养 24h±2h，有产酸产气者，即证实有总大肠菌群的存在。

（4）结果报告

根据证实为总大肠菌群阳性的管数，查 MPN 检索表，报告每 100mL 水样中的总大肠菌群最可能数 MPN 值。

（5）注意事项

吸取水样前必须要混合均匀，避免吸取到聚集的菌落或无菌的水样；检验水源水时，如污染严重，应加大稀释度；对水样进行稀释时，每一次稀释都必须更换灭菌吸管或吸头，确保稀释度的准确；混匀稀释水样时，应小心操作避免含菌水样溅出；初发酵实验时，乳糖蛋白胨培养液变黄色、浑浊即为产酸，未变色、澄清即为不产酸。倒置小试管内有气泡即为产气，没有气泡、充满液体即为不产气。不产酸不产气判为阴性，无需分离培养；产酸又产气为阳性，需进行分离培养；若发酵管只产酸，表现为变色、浑浊而无气泡，轻摇有气泡上浮者表示发酵正活跃，也需进行分离培养；分离培养进行划线接种时，动作要快，同时应当注意接种量的大小及避免交叉污染的产生，以确保不同的菌落得以完全分离。

2. 滤膜法

总大肠菌群滤膜法是指用孔径为 0.45μm 的微孔滤膜过滤水样，将滤膜贴在添加乳糖的选择性培养基上 37℃ 培养 24h，能形成特征性菌落的需氧和兼性厌氧的革兰氏阴性无芽孢杆菌以检测水中总大肠菌群的方法。

（1）培养基与试剂

第一，成分：蛋白胨 10g、酵母浸膏 5g、牛肉膏 5g、乳糖 10g、琼脂 I5 ~ 20g、磷酸氢二钾 3.5g、无水亚硫酸钠 5g、碱性品红乙醇溶液（50g/L）20mL、蒸馏水 1000mL。

第二，储备培养基的制备。先将琼脂加到 500mL 蒸馏水中，煮沸溶解，于另 500mL 蒸馏水中加入磷酸氢二钾、蛋白胨、酵母浸膏和牛肉膏，加热溶解，倒入已溶解的琼脂，补足蒸馏水至 1000mL，混匀后调 pH 为 7.2 ~ 7.4，再加入乳糖，分装，68.95 kPa（115℃、10 lb）高压灭菌 20min，储存于冷暗处备用。本培养基也可以不加琼脂，制成液体培养基，使用时加 2 ~ 3mL 于灭菌吸收垫上，再将滤膜置于培养垫上培养。

第三，平皿培养基的配制。将上法制备的储备培养基加热融化，用灭菌吸管按比例吸取一定量的 50 g/L 的碱性品红乙醇溶液置于灭菌空试管中，再按比例称取所需的无水亚硫酸钠置于另一灭菌试管中，加灭菌水少许，使其溶解后，置沸水浴中煮沸 10min 以灭菌。

用灭菌吸管吸取已灭菌的亚硫酸钠溶液，滴加于碱性品红乙醇溶液至深红色退成淡粉色为止，将此亚硫酸钠和碱性品红的混合液全部加到已融化的储备培养基内，并充分混匀（防止产生气泡），立即将此种培养基 15mL 倾入已灭菌的空平皿内。待冷却凝固后置冰箱内备用。此种已制成的培养基于冰箱内保存不宜超过两周。如培养基已由淡粉色变成深红色，则不能再用。

（2）仪器

滤器；滤膜：孔径 0.45 μm；抽滤设备；无齿镊子。

（3）检验步骤

①准备工作

第一，滤膜灭菌：将滤膜放入烧杯中，加入蒸馏水，置于沸水浴中煮沸灭菌 3 次，每次 15min。前两次煮沸后需更换水洗涤 2 ~ 3 次，以除去残留溶剂。

第二次，滤器灭菌：用点燃的酒精棉球火焰灭菌。也可用蒸汽灭菌器 103.43 kPa（121℃，15 lb）高压灭菌 20min。

②过滤水样

用无菌镊子夹取灭菌滤膜边缘部分，将粗糙面向上，贴放在已灭菌的滤床上，固定好滤器，将 10mL 水样（如水样含菌数较多，可减少过滤水样量，或者将水样稀释）注入滤器中，打开滤器阀门，在 -5.07×10^4Pa（负 0.5 大气压）下抽滤。

③培养

水样滤完后，再抽气约 5 S，关上滤器阀门，取下滤器，用灭菌镊子夹取滤膜边缘部分，移放在品红亚硫酸钠培养基上，滤膜截留细菌面向上，滤膜应与培养基完全贴紧，两者间不可留有气泡，然后将平皿倒置，放入 37℃恒温箱内培养 24h ± 2h。

（4）结果观察与报告

挑取符合下列特征菌落进行革兰氏染色、镜检。紫红色、具有金属光泽的菌落；深红色、不带或略带金属光泽的菌落；淡红色、中心色较深的菌落。

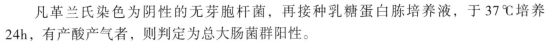

凡革兰氏染色为阴性的无芽胞杆菌，再接种乳糖蛋白胨培养液，于37℃培养24h，有产酸产气者，则判定为总大肠菌群阳性。

（5）注意事项

一切实验相关的器具都必须彻底灭菌，包括滤膜、滤器、镊子等用具。水样过滤完毕，无菌镊子应只夹取滤膜的边缘部分，不得触碰滤膜截留细菌的中心位置。滤膜应与培养基完全贴合，两者间不得留有空隙，以避免截留的细菌无法吸收营养。发现特征菌落，应进行革兰氏染色、镜检并复发酵，以确证总大肠菌群阳性。

3.瓜酶底物法

总大肠菌群酶底物法是指在选择性培养基上能产生 β－半乳糖苷酶的细菌群组，该细菌群组能分解色原底物释放出色原体使培养基呈现颜色的变化，以此技术来检测水中总大肠菌群的方法。

（1）培养基与试剂

①培养基

在本标准中酶底物法采用固定底物技术（Defined Substrate Technology，DST），本方法采用 Minimal Medium ONPG-MUG（MMO-MUG）培养基，可选用市售商品化制品。

每 1000mL MMO-MUG 培养基所含基本成分为：硫酸铵［$(NH_4)_2SO_4$］5.0g、硫酸锰（$MnSO_4$）0.5mg、硫酸锌（$ZnSO_4$）0.5 mg、硫酸镁（$MgSO_4$）100mg、氯化钠（NaCl）10g、氯化钙（$CaCl_2$）50mg、亚硫酸钠（Na_2SO_3）40mg，两性霉素 B（Amphotericin B）1 mg、邻硝基苯-β-D-吡喃半乳糖苷（ONPG）500mg、4-甲基伞形酮-β-D-葡萄糖醛酸苷（MUG）75mg、茄属植物萃取物（Solanium 萃取物）500mg、N-2-羟乙基哌嗪-N-2-乙磺酸钠盐（HEPES 钠盐）5.3g、N-2-羟乙基哌嗪-N-2-乙磺酸（HEPES）6.9g。

②生理盐水

第一，成分：氯化钠 8.5g、蒸馏水加至 1000mL。

第二，配制：溶解后分装到稀释瓶内，每瓶 90mL，于 103.43 kPa（121℃、15 lb）20min 高压灭菌。

（2）仪器设备

量筒：100mL、500mL、1000mL 容量；吸管：1mL、5mL、10mL 的无菌玻璃吸管或者塑料一次性吸管；稀释瓶：100mL、250mL，500mL 及 1000mL 能耐高压的灭菌玻璃瓶；试管：可高压灭菌的玻璃或塑料试管，大小约 15mm×10mm；培养箱：36℃±1℃；高压蒸汽灭菌器；干热灭菌器（烤箱）；定量盘：定量培养用无菌塑料盘，含51个孔穴，每一孔穴可容纳 2mL 水样；程控定量封口机：用于51孔或97孔法（MPN）定量盘的封口。

（3）检验步骤

①水样稀释

检测所需水样为 100mL。若水样污染严重，可以对水样进行稀释。取 10mL 水样加入到 90mL 灭菌生理盐水中，必要时可加大稀释度。

②定性反应

用100mL的无菌稀释瓶量取100mL水样，加入2.7g±0.5gMMO-MUG培养基粉末，混摇均匀使之完全溶解后，放入36℃±1℃的培养箱内培养24h。

③10管法

用100mL的无菌稀释瓶量取100mL水样，加入2.7g±0.5gMMO-MUG培养基粉末，混摇均匀使之完全溶解。准备10支15mm×10cm或适当大小的灭菌试管，用无菌吸管分别从前述稀释瓶中吸取10mL水样至各个试管中，放入36℃±1℃的培养箱中培养24h。

④51孔定量盘法

用100mL的无菌稀释瓶量取100mL水样，加入2.7g±0.5gMMO-MUG培养基粉末，混摇均匀使之完全溶解。将前述100mL水样全部倒入51孔无菌定量盘内，以手抚平定量盘背面以赶除孔穴内气泡，然后用程控定量封口机封口。放入36℃±1℃的培养箱中培养24h。

（4）结果报告

①结果判读

将水样培养24h后进行结果判读，如结果为可疑阳性，可以延长培养时间到28h进行结果判读，超过28h之后出现的颜色反应不作为阳性结果。

②定性反应

水样经24h培养之后如果颜色变成黄色，判断为阳性反应，表示水中含有大肠菌群。水样颜色未发生变化，判断为阴性反应。定性反应结果以大肠菌群检出或未检出报告。

（5）注意事项

水样必须混合均匀，避免吸取到聚集的菌落或无菌的水样培养基粉末应被水样完全溶解，才放置培养。

（三）耐热大肠菌群（粪大肠菌群）

耐热大肠菌为总大肠菌群的一个亚种，直接来自于粪便，具有耐热特性，在44.5℃的高温条件下仍可生长繁殖并将色氨酸代谢成吲哚，其他特性均与总大肠菌群相同。饮用水源水和自来水耐热大肠菌群（粪大肠菌群）的常规检测方法有多管发酵法和滤膜法。

1.多管发酵法

用提高培养温度的方法将自然环境中的大肠菌群与粪便中的大肠菌群区分开，在44℃仍可以生长的大肠菌群，称为耐热大肠菌群（粪大肠菌群）。

（1）培养基与试剂

第一，成分：胰蛋白胨20g、乳糖5g、3号胆盐或混合胆盐1.5g、磷酸氢二钾4g、磷酸二氢钾1.5g、氯化钠5g、蒸馏水1000mL。

第二，制法：将上述成分溶解于蒸馏水中，分装到带有倒管的试管中，68.95kPa（115℃ 10 lh）高压灭菌20min，最终pH为6.9±0.2。

（2）仪器

恒温水浴：44.5℃ ±0.5℃或隔水式恒温培养箱。

（3）检验步骤

自总大肠菌群乳糖发酵试验中的阳性管（产酸产气）中取 1 滴转种于 EC 培养基中，置 44.5℃水浴箱或隔水式恒温培养箱内（水浴箱的水面应高于试管中培养基液面），培养 24h ± 2h，如所有管均不产气，则可报告为阴性，如有产气者，则转种于伊红美蓝琼脂平板上，置 44.5℃环境培养 18 ~ 24h，凡是平板上有典型菌落者，则证实为耐热大肠菌群（粪大肠菌群）阳性。

如检测未经氯化消毒的水，且只想检测耐热大肠菌群（粪大肠菌群）时，或调查水源水的耐热大肠菌群（粪大肠菌群）污染时，可用直接多管耐热大肠菌群（粪大肠菌群）方法。

（4）结果报告

根据证实为耐热大肠菌群（粪大肠菌群）的阳性管数，报告每 100mL 水样中耐热大肠菌群（粪大肠菌群）的 MPN 值。

2. 滤膜法

耐热大肠菌群（粪大肠菌群）是指用孔径 0.45μm 的滤膜过滤水样，细菌被阻留在膜上，将滤膜贴在添加乳糖的选择性培养基上，44.5℃培养 24 h 能形成的特征性菌落，以此来检测水中耐热大肠菌群（粪大肠菌群）的方法。

（1）培养基与试剂

第一，成分：胰胨 10g、多胨 5g、酵母浸膏 3g、氯化钠 5g、乳糖 12.5g、3 号胆盐或混合胆盐 1.5g、琼脂 15g、苯胺蓝 0.2g、蒸馏水 100mL。

第二，制法：在 1000mL 蒸馏水中先加入含有玫红酸（10g/L）的 0.2 mol/L 氢氧化钠溶液 10mL，混匀后，取 500mL 加入琼脂煮沸溶解，于另外 500mL 的蒸馏水中，加入除苯胺蓝以外的其他试剂，加热溶解，倒入已溶解的琼脂，混匀调 pH 为 7.4，加入苯胺蓝煮沸，迅速离开热源，待冷却至 60℃左右，制成平板，不可高压灭菌。制好的培养基应存放于 2 ~ 10℃环境中不得超过 96h。本培养基也可不加琼脂，制成液体培养基，使用时加 2 ~ 3mL 于灭菌吸收垫上，再将滤膜置于培养垫上培养。

（2）仪器

隔水式恒温培养箱或恒温水浴；玻璃或塑料培养皿：60mm × 15min 或 50mm × 12mm。

（3）检验步骤

准备工作（同总大肠菌群滤膜法）；过滤水样（同总大肠菌群滤膜法）；培养：水样滤完后，再抽气约 5s，关上滤器阀门，取下滤器，用灭菌镊子夹取滤膜边缘部分，移放在 MFC 培养基上，滤膜截留细菌面向上，滤膜间不可以留有气泡，然后将平皿倒置，放入 44.5℃隔水式培养箱内培养 24h ± 2h 如使用恒温水浴，则需用塑料平皿，将皿盖紧，或用防水胶带贴封每个平皿，将培养皿成叠封入塑料袋内，浸到 44.5℃恒温水浴里，培养 24h ± 2h 耐热大肠菌群（粪大肠菌群）在此培养基上菌落为蓝色，非耐热大肠菌群（粪大肠菌群）菌落为灰色至奶油色，对可疑菌落转种 EC 培养基，44.5℃培

养 24h±2h，如产气则证实为耐热大肠菌群。

（4）结果报告

计数被证实的耐热大肠菌落数，水中耐热大肠菌群（粪大肠菌群）数系以 100mL 水样中耐热大肠菌群（粪大肠菌群）菌落形成单位（CFU）表示。

（5）注意事项

多管发酵法检测耐热大肠菌，需从总大肠菌群乳糖发酵的阳性管中转种至 EC 培养；MFC 培养基通过煮沸的方式灭菌，不能高压灭菌，且保存期只有 4 天；滤膜应与培养基完全贴合，两者间不得留有空隙。

六、实际生产影响水质的微型生物及检测

供水企业在实际生产运行过程中，常常需要了解水体中藻类、摇蚊幼虫、浮游动物等微型生物的分布或生长情况，将对这些项目的检测方法进行介绍。

（一）藻类

藻类作为供水系统中最为常见的浮游植物，对于我们的评价和监测水质起着非常重要的作用当水体变得富营养化，藻类就会大量繁殖，导致水体浑浊，溶解氧降低，造成水质恶化，严重时甚至形成"水华"，不仅会增加水体的色度，更会堵塞滤池并带来腥臭味，给净水处理造成困难再者，藻类本身还是水中化学需氧量（COD）、生化需氧量（BOD）及悬浮物的主要来源之一，同时藻类还是三卤甲烷（THMs）的主要前驱物质。

目前，藻类的去除方法有物理法、化学法和生物法等常用的物理法有混凝沉淀、气浮、过滤和活性炭吸附等，主要利用藻细胞的形态特征，将藻类从水中去除，但是物理法必须依据藻类的密度进行选择才能达到最优去除率；化学法可以在不改变现有水厂净水工艺的条件下，使用化学药剂对藻类进行去除，常用的除藻剂有硫酸铜、氯、二氧化氯、臭氧、高锰酸钾等，但化学法会产生副产物对水体造成二次污染；生物法利用生物膜对藻类的吸附、捕食与分解等作用起到去除藻类的效果，安全高效。

在藻类生物学检验中，常用的监测方法有计数法和叶绿素 a 检测法。计数法简单、直观，而叶绿素 a 检测只能作为间接衡量水中初级生产力的指标，不能直接反映水中藻类含量，因此目前倾向于使用计数法评价水中藻类含量，较为常用的有显微镜计数法。

1. 原理

显微镜计数法是利用鲁哥氏液将藻类染色固定，再通过沉淀或离心的方法，将一定体积水体中的藻类浓缩.使用计数框定量后，可通过显微镜观察并计数藻类个体数，最后计算出每升水样中藻类的个体数。

2. 仪器

光电显微镜；计数框（面积 20mm×20mm、容量 0.1mL，框内划分横直各 10 行共 100 个小方格），20mm×20mm 盖玻片；目镜测微尺（安装在显微镜目镜中）；微量移液枪（100μm）和相应的枪头；筒形分液漏斗或量筒（均为 1 L，如用沉淀浓缩法）；

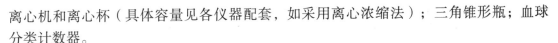

离心机和离心杯（具体容量见各仪器配套，如采用离心浓缩法）；三角锥形瓶；血球分类计数器。

3. 试剂

鲁哥氏液：称取 6 g 碘化钾和 4 g 碘于 20mL 蒸馏水中，待完全溶解之后，加 80mL 蒸馏水，避光保存。

4. 检测步骤

（1）采样

取水样 1000mL，加入 15mL 鲁哥氏液，鲁哥氏液用量为水样量的 1.5%。

（2）浓缩、定容

将水样倒入筒形分液漏斗或量筒，静置沉淀至少 24 h（沉淀浓缩法），或离心（1kg，20min）（离心浓缩法）。用虹吸管缓慢小心抽掉上清液，留适量沉淀液，摇匀后倒入三角锥形瓶，用吸出的上清液冲洗浓缩器皿（筒形分液漏斗 / 量筒 / 离心杯），一起定容。

（3）计数

将样品充分摇匀后，迅速用移液枪吸取 0.1mL 样品，注入计数框内，然后将盖玻片以 45° 的倾斜角度慢慢盖上，防止在计数框内形成气泡。不能有样品溢出。可使用显微镜的 10× 目镜，10× 或 40× 物镜，按个体观察计数。

（4）范围

可采用一定格数计数，最后乘比例系数得总数而格数的多少可视藻数的多少来定，但注意格数的随机分配。

5. 结果计算

把计数结果换算成为原采集水样中浮游藻类数量时用下列计算公式：

$$N = (A / A_C) \times (V_s / V_A$$

公式中 N——每升原采集水样的浮游藻类数量，个 /L；

A——计数框面积，mm^2 或格；

Ac——计数面积，mm^2 或格；

Vs——1L 水样浓缩后的样品体积，mL；

V_A——计数框体积，mL；

n——汁数所得浮游藻类的数目，个。

6. 质量控制

每一样品计数两次，取其平均值，每次计数的结果和平均值之差应不大于 ±15%。

7. 注意事项

当藻类数量太少时，应全片计数，以减少误差；若藻类数量较多时，可在全片均匀选取视野或格数进行计数。藻类数量少的样品，浓缩体积可相对少些，如定容至 30mL；藻类数量多的样品，如几百万甚至上千万，浓缩体积可相对多些，如几百毫升。硅藻细胞破壳或已发生质壁分离的藻类细胞不计数。虹吸管：可用 2 ~ 3 层 200 目筛绢包扎住吸水一端，以阻隔吸上清液时藻类的流失，可尽量减少误差。如遇到一个藻类个体或细胞的一部分在行格内，另一部分在行格外，则可按默认规则计数：在行格上线/左线的个体或细胞不加计数，而在下线/右线的则计数。计数单位可用个体或细胞表示。用个体计数较省时省力且操作度较高，所以本操作细则统一采用个体计数。如群生、裂殖湿气，或多细胞个体统一计为1个个体。离心浓缩时采用的离心参数是离心力1kg，离心时间20min。不一样的离心机的离心力取决于其离心臂长度等参数，所以设定离心机转速时要参照离心机的操作指南。

（二）摇蚊幼虫

在我国供水系统中，偶有出现红色的微型水生生物，俗称红虫在北方地区，供水系统中发现的红虫多为水蚯蚓；而在南方地区，供水系统中发现的红虫则以摇蚊幼虫为主。

摇蚊属于节肢动物门、昆虫纲、双翅目、摇蚊科，目前所知约有5000余种。成虫类似普通蚊子，静止时前足一般向前伸出并不停摇动，故名摇蚊。

摇蚊是一种完全变态昆虫（complete metamorphsis），其生活史经历4个不同的阶段，分别为：卵、幼虫、蛹和成虫。摇蚊生活史的不同阶段具有不同的特征，其中以幼虫阶段的历期最长，摇蚊幼虫身体呈圆柱蠕虫状，体长2~30mm，由头和13体节组成，头部甲壳质化，胸部有3个体节，腹部有10个体节，胸节和腹节外形无甚差别头部两侧有幼虫眼，口器位于头部腹面，第一胸节腹面有一对前伪足，第十腹节即最后一节常较小，有一对后伪足。摇蚊幼虫通过体壁在水中进行呼吸，幼虫发育经历三次蜕皮。对应摇蚊幼虫的4个不同龄期，随着幼虫不断长大，体色将逐渐加深，由早期的无色或乳白色，变成后期的红色和深红色。

摇蚊幼虫对水环境的适应范围甚广，无论在河流、水库、池塘还是臭水沟，只要有充足的有机质，都能发现摇蚊及其幼虫由于摇蚊的种群分布与水环境质量密切相关，因此，摇蚊幼虫常作为水环境监测的重要指示生物。摇蚊的生长繁殖除了受食物的制约，还受到温度、湿度、光照、浑浊度和藻类、pH、溶解氧及流速等因素的影响。

摇蚊生长的适宜水温为20~28℃，在南方地区摇蚊一年生长繁殖时间可长达8个月以上，水温越高，繁殖时间越短；水温越低，繁殖的时间越长。冬季水温降低到一定程度，摇蚊将停止生长繁殖，以幼虫形态越冬。湿度主要影响摇蚊的受精率，空气过于干燥会抑制受精南方地区高温高湿天气经常持续出现，也是导致雨后摇蚊大量孳生的重要原因。不同的光照时间对摇蚊的产卵情况也会有影响，资料显示在16 h光照时间下摇蚊的产卵率最高，过长或者过短的光照时间都会降低摇蚊的产卵率，南方夏季日照时间将近14h，对摇蚊的繁殖极为有利。摇蚊幼虫营底栖生活，以藻类及其他有机碎屑为食，也以絮凝物及碎屑作为筑巢基质，夏季藻类繁殖旺盛，食物的充足也是摇蚊大量孳生的原因之一。

摇蚊幼虫对酸碱度的适应范围甚广，当PH为3时，它几乎停止生长；pH为4~9时，可以正常生长，pH在7.0~8.0之间，其生长状况最好；当pH小于4或大于9时，其生长速度会下降。给水处理系统的pH值，正适合摇蚊幼虫的生长繁殖。当溶解氧小于 3mg/L，摇蚊幼虫会缺氧而死，当溶解氧大于 3.5mg/L，溶解氧含量越高，摇蚊幼虫生长得越好。水体流速会影响摇蚊幼虫的筑巢率，也会直接决定摇蚊幼虫是否在此水体产卵。供水系统极易受到摇蚊幼虫的污染，污染源有内源的也有外源的。

首先，摇蚊幼虫可能随原水进入水厂的净水系统，西江、北江、东江河水的溶解氧一般在 3.0 ~ 9.0 之间，进入水厂后原水经过曝气或不断流动，其溶解氧含量将会更高，而且供水系统的 pH 值又适合摇蚊幼虫的生长繁殖，从而更利于摇蚊幼虫的生长，能够生存下来的摇蚊幼虫继续生长繁殖，变成摇蚊在净水构筑物附近栖息，遇到合适的条件就纷飞，继而在净水构筑物产卵，造成二次污染；其次，水厂附近可能就是工业区或居民区，只要有沟渠或积水，就会有摇蚊滋生，这些摇蚊又会飞到净水构筑物产卵，造成污染，像沉淀池这样流速缓慢的构筑物，摇蚊就喜在其池壁产卵，从充足的絮凝物中获得足够的食物及筑巢基质，从而沉淀池也就成为了摇蚊繁殖的理想场所；再次，二次供水水池可能密封不严，清洗又不及时，导致摇蚊在内繁殖生长，直接污染用户饮用水。

目前，国家标准虽然没有对红虫等微型水生生物做出检测要求，但摇蚊幼虫作为肉眼可见物，严重影响着水质的感官性状，我们必须掌握其在供水系统的检测方法。

关于摇蚊幼虫的标准检测方法，早期的有国家技术监督局和环保局联合发布的《水质微型生物群落监测 PFU 法》，近期的有国家环保总局发布的《水和废水监测分析方法》，此外就是一些文献资料。上述标准的适用范围都是针对水源水，且是适用于所有的底栖生物，并非针对摇蚊幼虫，我们根据多年的检测实践建立了适合生产需要的检测技术。

对于水源水等地表水的检测方法有定性采样和定量采样两类，我们所关注的是定量采样的检测，我们尝试过和彼得逊采泥器和人工基质篮式采样器，对水源水进行采样监测结果发现彼得逊采泥器多适用于较坚硬的底质和淤泥底质。对于我们的水源不是太适用，用于湖泊、水库和流速较慢的河流效果会比较好；而且每次都需要动用船只去到水体中央区域进行采样，不便于长期、大范围采用人工基质篮式采样器，可依据标准方法，自行定制，应用时称为挂笼，应用在挂笼检测法中。根据摇蚊幼虫的产生途径，相应的检测技术可分为外源检测及内源检测。

内源检测主要是对水中已有的摇蚊幼虫进行检测，同时评估净水系统所受到摇蚊幼虫污染的情况，了解每个净水工艺对摇蚊幼虫的去除情况，以及当前出水的摇蚊幼虫存在情况检测的方法有挂笼法检测和滤袋法检测

外源检测主要是采用人工基质法对敞开式净水构筑物受到摇蚊二次产卵污染的情况进行检测及评估，对摇蚊的活动进行监测。主要的方法有挂片法检测和滤袋法检测。下面对挂笼、挂片、滤袋三种检测方法分别进行介绍。

1. 挂笼检测法

挂笼检测法主要适用于水源水检测，能反映源水中的摇蚊幼虫数量。

（1）监测设点

在水源地取水口处（吸水井）进行挂笼监测。

（2）检测器材

第一，挂笼规格：挂笼呈圆柱型，用孔径为 1 cm 的不锈钢网制作，高 20cm，直径 18cm。笼底平铺一层 100 目的尼龙网，其上装满鹅卵石，并封好笼盖。

第二，悬挂方式：使用尼龙绳或铁链进行悬挂，一端与挂笼相连，一端与岸上固定物（桩、铁环等）相连。

第三，悬挂要求：悬挂挂笼时，悬挂高度应充分考虑涨退潮水位的影响，笼子尽量靠近水底，要保证在低水位时挂笼不会露空，影响实验结果。

（3）检测步骤

将挂笼整体取出后放入胶桶拿回试验室，注意不要让笼中的泥洒落在桶外。往桶内加半桶水，拆开挂笼，把笼内的石块倒入桶内，用小刷将粘附在笼上的泥刷入桶内，再用小刷将石块刷净。将桶内洗下的泥水用 40 目标准筛过滤，把筛上的过滤物全部倒入白瓷盘内，加些清水，以肉眼观察并同时计数摇蚊幼虫的数量，将结果进行记录。将笼和石块洗干净后晾干，以备下一次挂笼。

2. 挂片检测法

主要适用于待滤水检测，能反映出摇蚊在净水构筑物产卵的二次污染情况。

（1）监测设点

每套净水系统选择一个沉淀池进行挂片监测，在靠近溢流出水堰的沉淀池池壁区域进行挂片。

（2）检测器材

①挂片

第一，挂片规格：挂片采用 40 目的黑色尼龙网制作，网长 lm、宽 0.3m。用不锈钢网作支撑，再用不诱钢夹将尼龙网固定在不锈钢网上。

第二，悬挂方式：使用金属丝（铁丝、铜丝等）进行悬挂，一端与挂片相连，一端与池壁固定物（齿形出水堰、铁钩、铁环等）相连。

第二，悬挂要求：将挂片垂直放入池边，其上端应离开水面 30 cm 以上。要保证挂片在水中垂直于水面。

②平皿

普通培养皿。

③体视显微镜

总放大倍数为 8 ~ 100 倍。

④解剖针

100 mm。

（3）检测步骤

解开挂片上的金属线，小心将挂片取出，动作要轻，避免扬起积聚的矾花。量好卵块的分布范围，记录好卵块数量。小心用镊子或其他适合的工具将卵块取下，放在平皿上，在体视显微镜下数卵块内卵的数量。如果一个挂片上的卵块多于 3 条，则随机取 3 条卵块数卵数，并记入表格。检查完后，把挂片清洗干净，以备下一次使用。

3. 滤袋检测法

滤袋检测法主要适用于滤池出水、清水池出水及出厂水等浑浊度较低的清洁水体，能反映水体中摇蚊幼虫的存在情况。

（1）监测设点

①滤池

对每套净水系统的滤池出水总渠进行滤袋法监测，每日过滤水量不得低于 15m³/d。

②清水池

每套净水系统抽取部分有代表性、容易滋生摇蚊幼虫的清水池进行滤袋法监测，每日过滤水量不得低于 20m³/d。监测地点应选择每个池中水流容易滞留，易积累污染的地点，用泵直接抽取进行过滤。采样管底部设计成 T 字形，尾部为穿孔管设计，尽可能使收集的水样范围大和代表性好。

③出厂水

对每套净水系统的出厂水进行滤袋法监测，每日过滤水量不得低于 20m³/d，尽可能使收集的水样代表性好。

④加压站管网水

对每个加压站的出水总管进行滤袋法监测，每日过滤水量不得低于 20m³/d，尽可能使收集的水样代表性好。

（2）检测器材

①滤袋

第一，滤袋规格：滤袋为圆台形设计，上口口径 16cm，底部口径 10cm，滤袋长 22cm，采用 300 目纱网缝制。上口缝制收缩绳，方便在过滤时包扎。

第二，悬挂方式：使用伸缩绳进行悬挂，在包好袋后，将伸缩绳绑扎在出水龙头上，固定滤袋，使其不会松脱。

第三，滤水方式：小型自吸泵，水量能达到 15 ~ 20m³/d。

②平皿

普通培养皿。

③体视显微镜

总放大倍数为 8 ~ 100 倍。

④解剖针

100 mm。

（3）检测步骤

拆下滤袋，不要让滤袋中的滤物被水冲走，出厂水系统及加压站在取下滤袋后立即装上干净的滤袋进行循环监测，其余流程拆下滤袋后关闭水泵。

用蒸馏水小心冲洗滤袋内壁，使滤袋内的过滤物尽量收集在底部，小心翻转滤袋，再用蒸馏水冲洗滤袋底部，用平皿收集冲洗水，放到体视镜下镜检，平皿底部划十字线，便于定位观察；或者将整个滤袋底部放到体视显微镜下，由上到下，从左到右详细镜检。

（三）浮游动物

浮游动物主要由原生动物、轮虫、枝角类和桡足类组成。其中对供水影响比较大的是剑水蚤。剑水蚤是水生浮游甲壳动物的一个重要类群，分类归于桡足纲剑水蚤目；

分布于海洋或江河、湖泊、水库等水环境，有时也出现在水草和藻类丛中、地下水中或植物的叶腋间；以藻类、低级水生动物幼虫等为食、在不良环境中，有的种类能产生休眠卵。有些种类可作为污染的指标种，还有些种类是寄生蠕虫的中间宿主剑水蚤的生长繁殖季节一般在冬春交季或者秋末时节寿命一般不超过一年，适宜生活温度为 $0 \sim 40℃$。

体型较大的剑水蚤肉眼可见，白色，针尖大小，大的体长为 $3 \sim 4mm$，小的不到 $1mm$，绝大部分需在显微镜下才能看到；呈卵圆形，有尾，头部有两条鞭毛，在水中做连续的跳跃式游动或做间断的游动。体视显微镜镜检实验方案：

1. 试剂

福尔马林固定液：福尔马林（40% 甲醛）4mL+ 甘油 10mL+ 纯水 86mL。

2. 检测器材

滤袋(或筛绢)：300 目；体视显微镜：放大倍数为 $8 \sim 100$ 倍，以能看清目标物为宜；玻璃培养皿。

3. 采样设点

（1）原水采样

设点尽可能和水质监测的采样点相一致。江河等流动水体，上下层混合较快，采集水面以下 0.5m 左右亚表层即可。

（2）自来水采样

设点可与摇蚊幼虫采样点一致。

4. 采样量

（1）原水采样量

以采集 $10 \sim 50$ L 原水为宜，原则上浮游生物密度高，采水量可少，密度低，采水量则多。

（2）自来水采样量

用 300 目滤袋包龙头，过滤 24h，过滤水量以 20L 为宜。

5. 水样固定和浓缩

（1）原水固定和浓缩

原水采集过后，现场通过 300 目筛绢初步过滤浓缩，并向每 100mL 水样加入福尔马林固定液 $4 \sim 5mL$。水样静置 24 h 后进一步浓缩，用小口径胶管（用 300 目筛绢扎住胶管吸液的一端）吸走上清液，最终浓缩至 30mL，分批吸入培养皿。

（2）自来水固定和浓缩

将过滤 20h 水样的滤袋取下，用约为 100mL 纯水冲洗滤袋内壁，加入了福尔马林固定液 $4 \sim 5mL$，静置 24h 后用小口径胶管（用 300 目筛绢扎住胶管吸液的一端）吸走上清液，最终浓缩至 30mL，分批吸入培养皿内。

6. 镜检

将浓缩样品在体视显微镜下计数。

参考文献

[1] 赵静，盖海英，杨琳 . 水利工程施工与生态环境 [M]. 长春：吉林科学技术出版社，2021.

[2] 韩世亮 . 水利工程施工设计优化研究 [M]. 长春：吉林科学技术出版社，2021.

[3] 万玉辉，张清海 . 水利工程施工安全生产指导手册 [M]. 北京：中国水利水电出版社，2021.

[4] 刘军，刘家文 . 水利工程施工安全生产标准化工作指南 [M]. 南京：河海大学出版社，2021.

[5] 赵满江，许庆霞 . 水利工程施工单位安全生产管理违规行为分类标准条文解读 [M]. 北京：中国水利水电出版社，2021.

[6] 项宏敏，侯志金 . 水利工程隧洞施工技术 [M]. 北京：中国水利水电出版社，2021.

[7] 谢文鹏，苗兴皓，姜旭民 . 水利工程施工新技术 [M]. 北京：中国建材工业出版社，2020.

[8] 束东 . 水利工程建设项目施工单位安全员业务简明读本 [M]. 南京：河海大学出版社，2020.

[9] 闫国新，吴伟 . 水利工程施工技术 [M]. 北京：中国水利水电出版社，2020.

[10] 张鹏 . 水利工程施工管理 [M]. 郑州：黄河水利出版社，2020.

[11] 倪泽敏 . 生态环境保护与水利工程施工 [M]. 长春：吉林科学技术出版社，2020.

[12] 赵永前 . 水利工程施工质量控制与安全管理 [M]. 郑州：黄河水利出版社，2020.

[13] 张义 . 水利工程建设与施工管理 [M]. 长春：吉林科学技术出版社，2020.

[14] 朱显鸽 . 水利水电工程施工技术 [M]. 郑州：黄河水利出版社，2020.

[15] 闫国新 . 水利水电工程施工技术 [M]. 郑州：黄河水利出版社，2020.

[16] 王仁龙 . 水利工程混凝土施工安全管理手册 [M]. 北京：中国水利水电出版社，2020.

[17] 马志登 . 水利工程隧洞开挖施工技术 [M]. 北京：中国水利水电出版社，2020.

[18] 代培，任毅，肖晶 . 水利水电工程施工与管理技术 [M]. 长春：吉林科学技术

出版社，2020.

[19] 罗永席 . 水利水电工程现场施工安全操作手册 [M]. 哈尔滨：哈尔滨出版社，2020.

[20] 姬志军，邓世顺 . 水利工程与施工管理 [M]. 哈尔滨：哈尔滨地图出版社，2019.

[21] 高喜永，段玉洁，于勉 . 水利工程施工技术与管理 [M]. 长春：吉林科学技术出版社，2019.

[22] 贺芳丁，刘荣钊，马成远 . 水利工程施工设计优化研究 [M]. 长春：吉林科学技术出版社，2019.

[23] 牛广伟 . 水利工程施工技术与管理实践 [M]. 北京：现代出版社，2019.

[24] 陈雪艳 . 水利工程施工与管理以及金属结构全过程技术 [M]. 北京：中国大地出版社，2019.

[25] 高明强，曾政，王波 . 水利水电工程施工技术研究 [M]. 延吉：延边大学出版社，2019.

[26] 丁长春 . 水利工程与施工管理 [M]. 长春：吉林科学技术出版社，2019.

[27] 吴志强，董树果，蒋安亮 . 水利工程施工技术与水工机械设备维修 [M]. 哈尔滨：哈尔滨工业大学出版社，2019.

[28] 郝秀玲，李钰，杨杨 . 水利工程设计与施工 [M]. 长春：吉林科学技术出版社，2019.

[29] 周峰，曹光超，宋先锋 . 水利工程与水电施工技术 [M]. 长春：吉林科学技术出版社，2019.

[30] 王东升，徐培蓁 . 水利水电工程施工安全生产技术 [M]. 北京：中国建筑工业出版社，2019.

[31] 李宝亭，余继明 . 水利水电工程建设与施工设计优化 [M]. 长春：吉林科学技术出版社，2019.

[32] 刘明忠，田淼，易柏生 . 水利工程建设项目施工监理控制管理 [M]. 北京：中国水利水电出版社，2019.

[33] 袁俊周，郭磊，王春艳 . 水利水电工程与管理研究 [M]. 郑州：黄河水利出版社，2019.

[34] 马乐，沈建平，冯成志 . 水利经济与路桥项目投资研究 [M]. 郑州：黄河水利出版社，2019.

[35] 张云鹏，戚立强 . 水利工程地基处理 [M]. 北京：中国建材工业出版社，2019.